数字电路
自学速成

段荣霞 赵小燕◎主编

人民邮电出版社
北京

图书在版编目（CIP）数据

数字电路自学速成 / 段荣霞，赵小燕主编. -- 北京：
人民邮电出版社，2021.10
ISBN 978-7-115-56749-9

Ⅰ. ①数… Ⅱ. ①段… ②赵… Ⅲ. ①数字电路
Ⅳ. ①TN79

中国版本图书馆CIP数据核字(2021)第126652号

内 容 提 要

本书深入浅出地介绍了电子工程师应该掌握的数字电路的相关知识。具体内容包括：数字电路基础与门电路，数制、编码与逻辑代数，组合逻辑电路，时序逻辑电路，脉冲信号的产生和整形，模/数和数/模转换电路，数据存储等。

本书内容丰富，讲解通俗易懂，适合广大电子工程师及电工电子技能爱好者学习参考。

◆ 主　　编　段荣霞　赵小燕
　　责任编辑　黄汉兵
　　责任印制　陈　犇
◆ 人民邮电出版社出版发行　　北京市丰台区成寿寺路 11 号
　　邮编　100164　　电子邮件　315@ptpress.com.cn
　　网址　https://www.ptpress.com.cn
　　北京联兴盛业印刷股份有限公司印刷
◆ 开本：787×1092　1/16
　　印张：13　　　　　　　　　2021 年 10 月第 1 版
　　字数：349 千字　　　　　　2021 年 10 月北京第 1 次印刷

定价：69.80 元
读者服务热线：(010)81055493　印装质量热线：(010)81055316
反盗版热线：(010)81055315
广告经营许可证：京东市监广登字 20170147 号

在电子电路中，信号一般分为模拟信号和数字信号，供给相关电路进行信号的传输、接收与处理，处理信号的电路也相对应分为模拟电路和数字电路。电子计算机、数字化通信、设备控制装置等都大量用到数字电路，可以说，数字电路已经应用到日常生活与生产的各个方面，数字电路的重要性也越来越突出，数字电路已经成为电子技术中的核心技术之一。

在电子技术快速发展的今天，数字电路知识已经是电子工程师必备的基础知识，这就需要电子工程技术人员不断学习与数字电路相关的知识和技能。本书从入门必备的数字电路基础开始讲解，深入浅出地介绍数字电路相关技术，并逐步深化内容的专业性和层次性，力求实现理论与现代先进技术相结合，为广大电子工程师推出一本看得懂、用得着的应用指导书。

总体说来，本书有以下四大特色。

作者权威

本书作者是高校资深教师，她们总结多年教学的心得体会以及设计经验，历时多年精心编著成书，力求全面细致地展现出电子应用领域的各种基础知识和基本技能。

内容全面

本书内容丰富，讲解通俗易懂，按照由浅入深的原则安排各章节的内容，并与实际应用结合紧密，适合于广大电子工程师及爱好电子技术的读者学习参考。

语言通俗易懂

数字电路涉及的专业术语比较多，晦涩难懂，本书结合具体内容用简洁通俗的语言进行描述，便于读者理解和掌握。

提升技能

本书结合大量的示例详细讲解了数字电路设计的基本要点，让读者在学习的过程中潜移默化地掌握电子基本理论和数字电路应用操作基本技巧，提升工程应用实践能力。

本书由陆军工程大学石家庄校区段荣霞老师和北京科技大学自动化学院赵小燕老师编写，其中1～5章由段荣霞负责编写，6～7章由赵小燕负责编写。在此对所有参编人员表示衷心地感谢。

由于编者能力有限，本书在编写过程中难免会有些许不足，还请各位读者联系 714491436@qq.com批评指正，提出宝贵的意见，以便于我们今后修改提高。

作者

2021.8

目 录

第1章　数字电路基础与门电路 ·············· 1

1.1　数字电路基础 ································· 1

1.1.1　模拟信号与数字信号 ············ 1

1.1.2　逻辑电平和数字波形 ············ 4

1.1.3　二极管的开关特性 ··············· 5

1.1.4　双极型三极管的开关特性 ······ 6

1.1.5　MOS 管的开关特性 ············· 7

1.2　基本门电路 ······························· 8

1.2.1　与门 ································· 8

1.2.2　或门 ································ 10

1.2.3　非门 ································ 11

1.3　组合门电路 ······························ 11

1.3.1　与非门 ····························· 11

1.3.2　或非门 ····························· 12

1.3.3　与或非门 ·························· 13

1.3.4　异或门 ····························· 13

1.3.5　同或门 ····························· 14

1.4　集成门电路 ······························ 15

1.4.1　TTL 集成门电路 ··············· 15

1.4.2　CMOS 集成门电路 ··········· 18

1.4.3　常见的 TTL 集成门电路 ······· 21

1.4.4　常见的 CMOS 集成门电路 ···· 22

第2章　数制、编码与逻辑代数 ·········· 25

2.1　数制 ····································· 25

2.1.1　十进制数 ·························· 25

2.1.2　二进制数 ·························· 26

2.1.3　八进制数 ·························· 26

2.1.4　十六进制数 ······················ 26

2.1.5　数制转换 ·························· 27

2.1.6　二进制运算 ······················ 29

2.1.7　二进制的反码和补码 ··········· 32

2.2　编码 ····································· 34

2.2.1　有权 BCD 码 ···················· 34

2.2.2　无权 BCD 码 ···················· 35

2.2.3　奇偶校验码 ······················ 37

2.3　逻辑代数 ································· 38

2.3.1　逻辑代数的常量和变量 ········· 38

2.3.2　逻辑代数的基本运算规律 ······ 38

2.3.3　逻辑函数的表示方法 ··········· 39

2.3.4　逻辑表达式的化简 ·············· 44

第3章　组合逻辑电路 ························ 50

3.1　组合逻辑电路分析与设计 ·············· 50

3.1.1　组合逻辑电路的特点 ··········· 50

3.1.2　组合逻辑电路的分析 ··········· 51

3.1.3　组合逻辑电路的设计 ··········· 55

3.2　加法器 ··································· 59

3.2.1　基本加法器 ······················ 59

3.2.2　并行加法器 ······················ 61

3.2.3　异步进位和超前进位加法器 ···· 62

3.2.4　常用集成加法器 ················· 64

3.3　编码器 ··································· 65

3.3.1　普通编码器 ······················ 65

3.3.2　优先编码器 ······················ 68

3.4　译码器 ··································· 69

3.4.1　二进制译码器 ···················· 69

3.4.2　二–十进制译码器 ··············· 73

3.4.3　显示译码器 ······················ 74

3.5 数值比较器 ························· 76
  3.5.1 一位数值比较器 ············· 76
  3.5.2 多位数值比较器 ············· 77
  3.5.3 集成数值比较器 ············· 78
3.6 数据选择器 ························· 78
  3.6.1 数据选择器的工作原理 ······ 79
  3.6.2 集成数据选择器 ············· 80
  3.6.3 集成数据选择器应用实例 ···· 81
3.7 奇偶发生（校验）器 ············· 82
  3.7.1 奇偶校验原理 ··············· 82
  3.7.2 奇偶校验器 ················· 83
3.8 组合逻辑电路的竞争和冒险 ····· 85
  3.8.1 竞争-冒险现象 ············· 85
  3.8.2 竞争-冒险的判断方法 ······· 86
  3.8.3 竞争-冒险的消除方法 ······· 86

第4章 时序逻辑电路 ············· 87

4.1 触发器 ····························· 87
  4.1.1 RS 锁存器 ················· 87
  4.1.2 RS 触发器 ················· 89
  4.1.3 D 触发器 ················· 91
  4.1.4 JK 触发器 ················· 95
  4.1.5 T 触发器 ················· 98
4.2 寄存器 ····························· 99
  4.2.1 数码寄存器 ················· 99
  4.2.2 移位寄存器 ················ 100
  4.2.3 集成移位寄存器 ············ 105
4.3 计数器 ···························· 106
  4.3.1 异步计数器 ················ 107
  4.3.2 同步计数器 ················ 110
  4.3.3 常用集成计数器 ············ 112
4.4 时序逻辑电路的分析与设计 ···· 115
  4.4.1 时序逻辑电路的特点 ······· 115
  4.4.2 时序逻辑电路的分析 ······· 116
  4.4.3 时序逻辑电路的设计 ······· 118
  4.4.4 任意进制计数器的设计 ····· 121
4.5 六十进制计数器的设计与制作 ·· 124
  4.5.1 六十进制计数器的设计 ····· 124
  4.5.2 六十进制计数器的制作 ····· 125

第5章 脉冲信号的产生和整形 ········· 127

5.1 单稳态电路 ······················ 127
  5.1.1 微分型单稳态电路 ·········· 127
  5.1.2 积分型单稳态电路 ·········· 128
  5.1.3 集成单稳态触发器 ·········· 129
5.2 施密特触发电路 ················· 133
  5.2.1 施密特触发电路的结构和原理 ··· 133
  5.2.2 施密特触发电路的应用 ····· 134
  5.2.3 集成施密特触发电路 ······· 136
5.3 多谐振荡电路 ··················· 137
  5.3.1 施密特触发电路构成的多谐振荡
      电路 ······················ 137
  5.3.2 门电路构成的多谐振荡电路
      构成 ······················ 138
  5.3.3 环形多谐振荡电路 ·········· 139
  5.3.4 石英晶体多谐振荡电路 ····· 139
5.4 555 时基电路 ··················· 141
  5.4.1 555 时基电路的结构与原理 · 141
  5.4.2 555 时基电路构成单稳态电路 ···· 144
  5.4.3 555 时基电路构成双稳态电路 ···· 145
  5.4.4 555 时基电路构成无稳态电路 ···· 147

第6章 模/数和数/模转换电路 ········· 152

6.1 概述 ···························· 152
6.2 数/模（D/A）转换器 ··········· 153
  6.2.1 权电阻型 D/A 转换器 ······ 153
  6.2.2 倒 T 形电阻网络 D/A 转换器 ·· 154
  6.2.3 开关树形 D/A 转换器 ······ 155
  6.2.4 DAC 转换器的主要技术指标 ···· 156
  6.2.5 DAC0832 集成转换器 ······ 157
6.3 模/数（A/D）转换器 ··········· 161
  6.3.1 A/D 转换原理 ············· 161
  6.3.2 逐次逼近式 A/D 转换器 ···· 163
  6.3.3 双积分型 A/D 转换器 ······ 164
  6.3.4 ADC 转换器的主要技术指标 ···· 167
  6.3.5 ADC0809 集成转换器 ······ 167
  6.3.6 MC14433 集成 ADC 转换器 ···· 170

第7章　数据存储 …………………………… 177

7.1　半导体存储器的基本知识 ………………… 177

　　7.1.1　基本半导体存储阵列 ……………… 177

　　7.1.2　半导体存储器的技术指标 ………… 178

　　7.1.3　半导体存储器的基本操作 ………… 178

　　7.1.4　半导体存储器的分类 ……………… 179

7.2　随机存储器（RAM） ……………………… 180

　　7.2.1　静态随机存储器（SRAM） ……… 180

　　7.2.2　动态随机存取存储器（DRAM）… 183

　　7.2.3　集成 RAM 电路 …………………… 185

7.3　只读存储器（ROM） …………………… 188

　　7.3.1　只读存储器（ROM）的结构和工作

　　　　　原理 ……………………………… 188

　　7.3.2　只读存储器（ROM）的分类 …… 190

　　7.3.3　只读存储器（ROM）的应用 …… 192

　　7.3.4　集成 ROM 电路 …………………… 194

7.4　存储器的扩展 …………………………… 197

　　7.4.1　存储器的位扩展 …………………… 198

　　7.4.2　存储器的字扩展 …………………… 198

　　7.4.3　存储器的字/位同时扩展 ………… 199

第1章

数字电路基础与门电路

数字电路的发展标志着现代电子技术发展的水准，电子计算机、数字化通信、设备的控制装置等都大量用到了数字电路。本章讲解了数字信号与模拟信号的特点，重点讲述了数字逻辑电路的基础知识、基本门电路、组合门电路以及集成电路，包括 TTL 集成门电路和 CMOS 集成门电路两种类型，并介绍了各种门电路的组成和工作特性。

1.1 数字电路基础

在电子电路中，信号的接收、处理、传输通常有多种形式，我们一般把信号分为两大类，模拟信号和数字信号，处理信号的电路相对应分为模拟电路和数字电路，处理模拟信号的电路是模拟电路，处理数字信号的电路是数字电路。掌握模拟信号和数字信号的特点以及它们的区别对于电路的分析尤为重要。

1.1.1 模拟信号与数字信号

1. 模拟信号

（1）常见的模拟信号

在实际的生产或生活中我们会遇到各种物理量，如温度、电压、电流、压力、湿度等，这些物理量都是随着时间的变化呈现连续的变化。

比如电子制造领域的回流焊技术，随着时间的变化，回流焊炉膛的温度呈现不同的变化，如图 1-1 所示。炉膛内的温度相对于时间是一个连续变化的物理量。

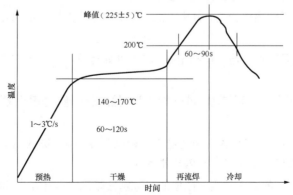

图 1-1　回流焊炉温度变化图

比如共发射极放大电路的输入和输出电压，输出电压的幅度是输入电压的 A_V 倍。

输入电压和输出电压信号随着时间的变化，幅度也发生变化，但是相对于时间是一个连续变化的物理量。共射极放大电路的原理图及输出电压波形图如图 1-2 所示。

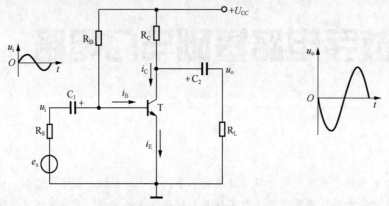

图 1-2　共射极放大电路的原理图及输出电压波形图

再比如咖啡机进行咖啡萃取所用的振动泵，如图 1-3（a）所示，振动泵的萃取压力与时间的关系曲线如图 1-3（b）所示，随着时间的变化，压力的大小也发生变化，压力是一个连续变化的物理量。

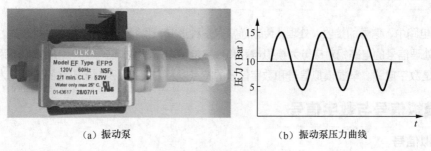

（a）振动泵　　　　　　　　　　　（b）振动泵压力曲线

图 1-3　振动泵压力曲线

（2）模拟信号的特征

通过上面几个模拟信号的实例，可以得到模拟信号的典型特点是连续性。模拟信号是连续变化的物理量，信号的幅度、频率、相位随时间做连续变化。模拟信号具有以下特征：

① 模拟信号是在时间和数值上都是连续变化的物理量；

② 模拟信号的信息密度相对较高，分辨率高，可以对自然界物理量的真实值进行尽可能逼近的描述；

③ 模拟信号的处理可以直接通过模拟电路组件（例如运算放大器等）实现，不涉及复杂的算法，信号处理相对简单；

④ 模拟信号的抗干扰能力相对较弱，进行长距离传输之后，随机噪声的影响可能会变得十分显著。

2. 数字信号

数字信号指自变量（t）是离散的、因变量（比如电压 u）也是离散的信号，这种信号的自变量用整数表示，因变量用有限数字中的一个数字来表示。

在计算机中，数字信号的大小常用有限位的二进制数表示，只有 0、1 两个状态。例如，一系列断续变化的电压脉冲（可用恒定的正电压表示二进制数 1，用恒定的负电压表示二进制数 0），如

图 1-4 所示。

　　数字信号一般是在模拟信号的基础上经过采样、量化和编码而形成的。采样是对连续信号在时间上进行离散，即按照特定的时间间隔在原始的模拟信号上逐点采集瞬时值；量化是把经采样测得的各个时刻的值用二进制码来表示；编码则是把量化生成的二进制数排列在一起形成顺序脉冲序列，如图 1-5 所示。

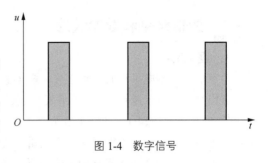

图 1-4　数字信号

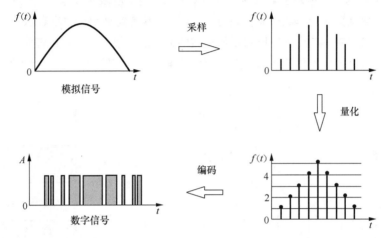

图 1-5　模拟信号转换为数字信号

数字信号主要有以下特征：

　　在幅度和时间上都是离散、突变的信号；与模拟信号相比，数字信号在传输过程中具有更高的抗干扰能力，更远的传输距离，且失真幅度小；数字信号便于加密、存储、处理和交换，设备便于集成化、微型化。

3. 模拟信号和数字信号的特点和区别

模拟信号和数字信号的特点和区别如图 1-6 所示。

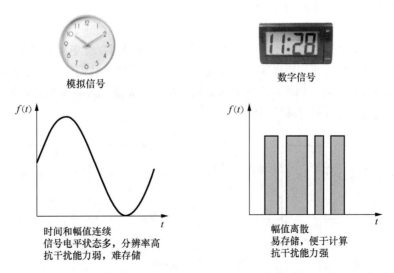

图 1-6　模拟信号和数字信号的特点和区别

1.1.2 逻辑电平和数字波形

1. 逻辑电平

数字信号有高电平和低电平之分，电平的高和低表示逻辑值 1 和 0 的关系并不是唯一的，既可以规定用高电平表示逻辑 1、低电平表示逻辑 0，也可以规定用高电平表示逻辑 0，低电平表示逻辑 1。用高电平表示逻辑 1、低电平表示逻辑 0 的规定称为正逻辑。反之，用高电平表示逻辑 0、低电平表示逻辑 1 的规定称为负逻辑。正逻辑是我们常用的逻辑关系。

用来表示 1 和 0 的电压称为逻辑电平。理想情况下，高电压表示高电平，低电平表示低电压，电压值在这两个数之间变化，非此即彼。如图 1-7 所示，数字信号用正逻辑表示为：0101010。

在实际的数字电路中，这个高电压可以是指定的最小值和最大值之间的任意值；低电压也可以是指定的最小值和最大值之间的任意值；在指定的高电平范围和低电平范围之间是不能有重叠的，如图 1-8 所示。

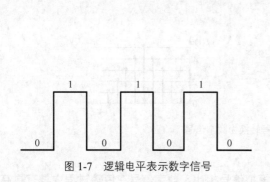

图 1-7 逻辑电平表示数字信号

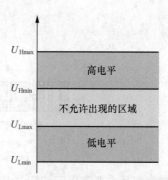

图 1-8 逻辑电平的电压范围

变量 U_{Hmax} 表示高电平的最大值，变量 U_{Hmin} 表示高电平的最小值。U_{Lmax} 表示低电平的最大值，U_{Lmin} 表示低电平的最小值。在正常的工作情况下，U_{Lmax} 和 U_{Hmin} 之间的电压值是不可以出现的。例如：在 CMOS 数字电路中，高电平值的范围为 2 ~ 3.3 V，低电平值的范围为 0 ~ 0.8 V。如果使用 3V 的电压，电路将把它看成高电平（二进制 1），如果使用 0.3 V 的电压，就表示低电平（二进制 0）。对于这种类型的电路，0.8 ~ 2V 的电压值是不可以出现的。

2. 数字波形

数字电路中常用的信号由两种不同的电平组合而成，它们在高、低电平或状态之间不断地变化。信号（比如电压）从低电平变到高电平，再从高电平变回到低电平我们称之正向脉冲，反之称为反向脉冲，理想的脉冲从低电平到高电平的变化是瞬间的，也就是说没有变化的时间范围，如图 1-9 所示。数字波形是由这一系列的脉冲组成的。

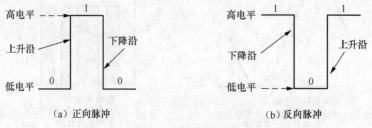

(a) 正向脉冲 　　　　　(b) 反向脉冲

图 1-9 理想的脉冲

大多数的数字波形可以假定为理想波形，但是在实际应用中，脉冲信号从低电平到高电平或者从高电平到低电平的变化是需要一定时间的，所有的脉冲或多或少都存在非理想的特性，如图 1-10 所示。

我们需要了解这种脉冲信号波形的一些重要参数。

（1）脉冲幅度 A：脉冲信号变化的最大值。

（2）脉冲上升时间 t_r：从脉冲幅度的 10% 上升到 90% 所需的时间。

（3）脉冲下降时间 t_f：从脉冲幅度的 90% 下降到 10% 所需的时间。

（4）脉冲宽度 t_w：从上升沿的脉冲幅度的 50% 到下降沿的脉冲幅度的 50% 所需的时间，这段时间也称为脉冲持续时间。

（5）脉冲周期 T：周期性脉冲信号相邻两个上升沿（或下降沿）脉冲幅度的 10% 两点之间的时间间隔。

（6）脉冲频率 f：单位时间的脉冲数，$f = 1/T$。

（7）占空比 q：它是脉冲宽度和周期的比值，用百分比来表示。

$$q = \frac{t_w}{T} \times 100\%$$

例如，图 1-11 所示为一个周期性数字波形的一部分，时间单位为 ms。

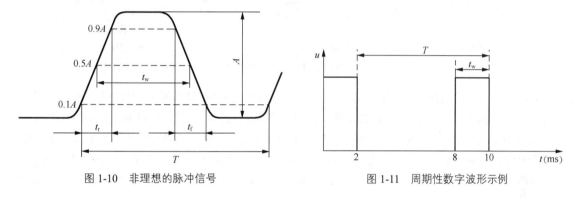

图 1-10　非理想的脉冲信号　　　　　　图 1-11　周期性数字波形示例

从图中可以看出，其周期为 8ms，频率 $f = 1/T = 1000/8 = 125\text{Hz}$，占空比 $q = \frac{t_w}{T} \times 100\% = \frac{2}{8} \times 100\% = 25\%$。

1.1.3　二极管的开关特性

半导体二极管具有单向导电性，外加正向电压时导通，外加反向电压时截止。当二极管的正向导通压降和正向电阻与电源电压和外接电阻相比均可忽略时，可以将二极管看作理想开关，相当于一个受外加电压极性控制的开关，如图 1-12 所示。

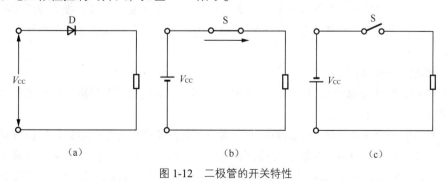

（a）　　　　　　　　　（b）　　　　　　　　　（c）

图 1-12　二极管的开关特性

当外加电压 V_{CC} 上正下负时，二极管加正向电压，二极管导通，相当于开关 S 闭合，电阻有电流流过，电路相当于图1-12（b）所示；当外加电压 V_{CC} 上负下正时，二极管加反向电压，二极管截止，相当于开关S断开，电路相当于图1-12（c）所示。

对于负载电阻来说，当二极管导通时，相当于得到一个高电平（二进制1）；当二极管截止时，相当于得到一个低电平（二进制0）。

1.1.4 双极型三极管的开关特性

1. 双极型三极管的输入和输出特性

以硅材料的 NPN 型三极管为例，电路及特性曲线如图1-13所示。

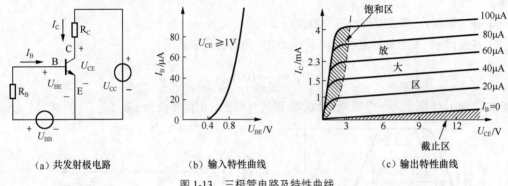

（a）共发射极电路　　　　（b）输入特性曲线　　　　（c）输出特性曲线

图 1-13　三极管电路及特性曲线

电路连接成共发射极形式，电压 U_{BE} 与电流 I_B 之间的关系曲线称为输入特性曲线，如图1-13（b）所示。在不同 I_B 值下集电极电流 I_C 和电压 U_{CE} 之间关系的曲线称为输出特性曲线，如图1-13（c）所示。从输出特性曲线可以得出，集电极电流 I_C 不仅受 U_{CE} 的影响，还受输入的基极电流 I_B 的控制。

输出特性曲线明显地分成3个区域。特性曲线右边水平的部分称为放大区（或者叫线性区）。放大区的特点是 I_C 随 I_B 成正比例地变化，而几乎不受 U_{CE} 变化的影响。I_C 和 I_B 的变化量之比称为电流放大系数 β，即 $\beta = \Delta I_C / \Delta I_B$，一般三极管的 β 值在几十到几百的范围内。

输出特性曲线靠近纵坐标轴的部分称为饱和区，见图1-13（c）所示的标注区域。饱和区的特点是 I_C 不再随 I_B 以 β 倍的比例增加而趋向于饱和。硅三极管开始进入饱和区的 U_{CE} 为 $0.6 \sim 0.7V$，在深度饱和状态下，集电极和发射间的饱和压降 $U_{CE(sat)}$ 在 $0.2V$ 以下。

输出特性曲线靠近横坐标轴，$I_B = 0$ 的那条输出特性曲线以下的区域称为截止区，见图1-13（c）所示的标注区域。截止区的特点是 I_C 几乎等于零。这时仅有极微小的反向穿透电流 I_{CEO} 流过。硅三极管的 I_{CEO} 通常都在 $1\mu A$ 以下。

因此，三极管有放大区、饱和区和截止区3个区域，在电子电路中对应着3种工作状态。在模拟电路中，三极管主要工作在放大状态。在数字电路中，三极管工作在截止或饱和状态，也称"开关"状态。

2. 三极管的开关特性

三极管与电阻器 R 连接成图1-14（a）所示的电路，当输出的信号受数字信号控制时，三极管就具有开关特性，如图1-14（b）所示。

三极管相当于一个受数字信号控制的开关，当输入的数字信号为低电平时，三极管基极电压很低，发射结不能导通，没有电流流过，三极管处于截止状态，相当于开关S断开；当输入的数字信号为高电平时，三极管基极电压很高，发射结导通，有较大的电流 I_B 和 I_C 流过，三极管处于饱和状态，相当于开关S闭合。

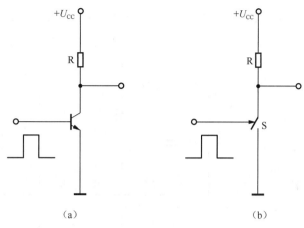

（a）　　　　　　　　　　　　（b）

图 1-14　三极管的开关电路

1.1.5　MOS 管的开关特性

金属-氧化物-半导体场效应晶体管（Metal-Oxide-Semiconductor Field-Effect Transistor），简称 MOS 管。

1. MOS 管的输入和输出特性

MOS 管电路可以接成共源接法，以栅极-源极间的回路为输入回路，以漏极-源极间的回路为输出回路，如图 1-15（a）所示。因为栅极和衬底间被二氧化硅绝缘层所隔离，所以在栅极和源极间加上电压 v_{GS} 以后，不会有栅极电流流通，可以认为栅极电流等于零。因此，就这里仅讨论输出特性曲线。

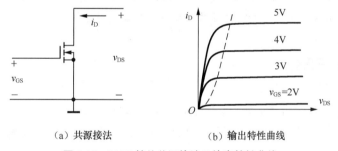

（a）共源接法　　　　　　（b）输出特性曲线

图 1-15　MOS 管的共源接法及输出特性曲线

采用共源极接法的输出特性曲线又称为 MOS 管的漏极特性曲线。漏极特性曲线分为 3 个工作区。

截止区：当 $v_{GS}<v_{GS(th)}$ 时，漏极和源极之间没有导电沟道，$i_D \approx 0$，这时漏极-源极间的内阻非常大，可达 $10^9\Omega$ 以上。因此，将曲线上 $v_{GS}<v_{GS(th)}$ 的区域称为截止区。

可变电阻区：漏极特性曲线上虚线左侧的区域。当 $v_{GS}>v_{GS(th)}$ 时，漏极-源极间出现导电沟道，有 i_D 产生，在这个区域里当 v_{GS} 一定时，i_D 与 v_{DS} 之比近似地等于一个常数，类似于线性电阻的性质，称为可变电阻区。

恒流区：漏极特性曲线上虚线右侧的区域称为恒流区。恒流区里漏极电流 i_D 的大小基本上由 v_{GS} 决定，v_{DS} 的变化对 i_D 的影响很小。

2. MOS 管的开关特性

MOS 管的开关电路如图 1-16（a）所示。

当 $v_i=v_{GS}<v_{GS(th)}$ 时，MOS 管工作在截止区。只要负载电阻 R 远远小于 MOS 管的截止内阻 R_{OFF}，输出端即为高电平 V_{OH}，且 V_{OH} 约等于 V_{DD}。这时 MOS 管的漏极-源极间就相当于一个断开的开关，

截止状态下的等效电路如图1-16（b）所示。图中 C_1 为栅极的输入电容，数值为几皮法。

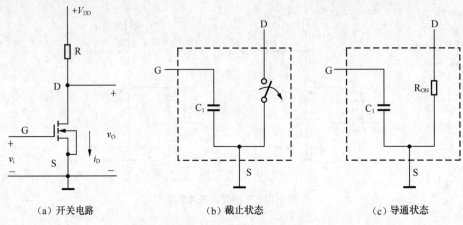

（a）开关电路　　　　　　（b）截止状态　　　　　　（c）导通状态

图1-16　MOS管的开关电路

当 $v_i > v_{GS(th)}$ 且在 v_{DS} 较高的情况下，MOS管工作在恒流区。随着 v_i 的升高 i_D 增加，v_O 随之下降。由于 i_D 与 v_i 变化量之比不是正比关系，所以 v_i 为不同数值下的电压放大倍数不是常数。这时电路工作在放大状态。

当 v_i 继续升高，MOS管的导通内阻 R_{ON} 变得很小（通常在 $1k\Omega$ 以内，有的甚至小于 10Ω），只要 $R >> R_{ON}$，开关电路的输出端将为低电平 V_{OL}，且 $V_{OL} \approx 0$。这时 MOS 管的漏极-源极间相当于一个闭合的开关。其等效电路如图1-16（c）所示。

综上所述，只要合理地选择电路参数，就可以做到输入为低电平时，MOS管截止，开关电路输出高电平；而输入为高电平时，MOS管导通，开关电路输出低电平。

1.2　基本门电路

基本的逻辑关系有与逻辑、或逻辑和非逻辑3种。基本门电路用以实现这3种基本的逻辑关系，与此相对应，基本的门电路有与门、或门、非门电路，所以门电路又称为逻辑门电路。逻辑门电路中的逻辑变量只有两种可能的取值：0、1，通常用来表示数字电路中的高、低电平，低电平为逻辑0，高电平为逻辑1。

1.2.1　与门

与门（AND gate）又称"与电路"，是实现与逻辑的电路，有多个输入端，一个输出端。当所有的输入同时为高电平（逻辑1）时，输出才为高电平，否则输出为低电平（逻辑0）。

1. 与逻辑

与逻辑就是只有决定事物结果的全部条件同时具备时，结果才会发生。

在图1-17所示的串联开关电路中，只有当开关A和B同时接通时，灯Y才能亮。由此可见，开关A、B的状态（闭合1或断开0）与灯Y的状态（亮或灭）之间存在着确定的因果关系，这种因果关系就是与逻辑关系。

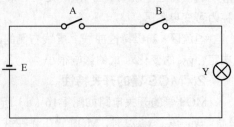

图1-17　与逻辑电路

2．二极管与门电路

图 1-18 所示是二极管组成的与门电路，它有两个输入端 A 和 B，一个输出端 Y，+5V 电压经过电阻 R 后加到二极管的阳极。在该逻辑电路中 A 和 B 作为输入变量，Y 作为输出变量。为了分析方便，在数字电路中通常将 $0 \sim 1V$ 范围的电压规定为低电平，用 "0" 表示；将 $3 \sim 5V$ 范围的电压规定为高电平，用 "1" 表示。图 1-18（b）和图 1-18（c）所示分别为与门电路的逻辑符号和波形图。

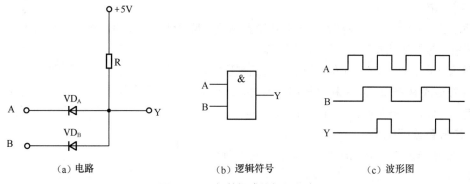

（a）电路　　　　　　　　（b）逻辑符号　　　　　　　（c）波形图

图 1-18　二极管组成的与门电路

当输入变量 A 和 B 全为 1 时（设两个输入端的电压均为 3V），电源电压+5V 的正端经电阻 R 向两个输入端输入电流，VD_A 和 VD_B 两管都导通，输出端 Y 的电压略高于 3V，因此输出变量 Y 为 1。

当输入变量 A 和 B 不全为 1，有一个或两个全为 0 时（设输入端的电压为 0V），例如 A 为 0，B 为 1，则 VD_A 优先导通，VD_B 由于承受反向电压而截止。这时输出端 Y 的电压也约为 0V，因此 Y 为 0。

只有当输入变量全为 1 时，输出变量 Y 才为 1，这符合与门的逻辑关系。

图 1-18 所示的与门电路结构比较简单，但是存在着缺点。输出的高、低电平数值和输入的高、低电平数值不相等，相差一个二极管的导通压降。如果把这个门的输出作为下一级门的输入信号，将发生信号高、低电平的偏移。其次，当输出端对地接上负载电阻时，负载电阻的改变有时会影响输出的高电平。因此，这种二极管与门电路仅用作集成电路内部的逻辑单元，而不能用在集成电路的输出端直接去驱动负载电路。

3．与门真值表

与逻辑可以用真值表来表示，表 1-1 列出了 2 输入与门的真值表。

表 1-1　与门真值表

A　　B	Y
0　　0	0
0　　1	0
1　　0	0
1　　1	1

真值表可以扩展到任意个数的输入。在正逻辑中，高电平相当于 1，低电平相当于 0，对于任意的与门，不管有几个输入，只有当所有的输入都为高电平时，输出才是高电平。

逻辑门输入所有的二进制组合的总数 $N=2^n$，N 为输入变量组合的个数，n 是输入变量的个数。2 个输入变量 4 种组合，3 个输入变量 8 种组合，4 个输入变量 16 种组合。

与门电路的逻辑表达式为：$Y = A \cdot B$，式中的 "·" 表示 "与"。

1.2.2 或门

或门（OR gate）又称"或电路"，是实现或逻辑的电路，有多个输入端，一个输出端。只要输入中有一个为高电平时（逻辑 1），输出就为高电平（逻辑 1）；只有当所有的输入为低电平（逻辑 0）时，输出才为低电平（逻辑 0）。

1. 或逻辑

或逻辑就是几个条件中只要有一个条件得到满足，某事件就会发生，这种关系叫作"或"逻辑关系。具有"或"逻辑关系的电路叫作或门。

或逻辑可通过图 1-19 所示的并联开关电路来理解，当开关 A 接通或 B 接通，或 A 和 B 同时接通时，灯 Y 都亮，只有 A、B 都断开的时候，灯 Y 才灭。

2. 二极管或门电路

图 1-20 所示是二极管组成的或门电路，它有两个输入端 A 和 B，一个输出端 Y。图 1-20（b）和图 1-20（c）所示分别为或门电路的逻辑符号和波形图。

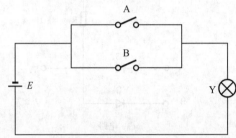

图 1-19 或逻辑电路

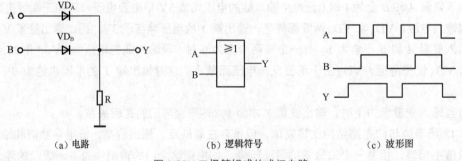

（a）电路 　　　　　（b）逻辑符号 　　　　　（c）波形图

图 1-20 二极管组成的或门电路

当输入变量 A 端为高电平，B 端为低电平时，VD_A 导通，VD_B 截止，输出变量 Y 为 1；当输入变量 A 端为低电平，B 端为高电平时，VD_A 截止，VD_B 导通，输出变量 Y 为 1；当输入变量 A 和 B 全为 1 时，VD_A、VD_B 都导通，输出变量 Y 仍为 1；只有当输入变量 A 和 B 全为 0 时，VD_A、VD_B 都截止，输出变量 Y 为 0。

这种逻辑关系符合或门的逻辑关系。

二极管或门同样存在电平的偏移问题，这种电路结构也仅用作集成电路内部的逻辑单元，而不能用在集成电路的输出端直接去驱动负载电路，因此仅用二极管门电路无法制作具有标准化输出电平的集成电路。

3. 或门真值表

2 输入或门的真值表如表 1-2 所示。

表 1-2 或门真值表

A	B	Y
0	0	0
0	1	1
1	0	1
1	1	1

或门电路的表达式为：$Y = A + B$，式中的"+"表示"或"。

1.2.3　非门

非门（NOT gate）又称非电路，是实现非逻辑关系的电路。非门有一个输入端和一个输出端。当其输入端为高电平（逻辑 1）时，输出端为低电平（逻辑 0）；当其输入端为低电平时，输出端为高电平。也就是说，输入端和输出端的电平状态总是反相的，所以又称为反相器、倒相器、逻辑否定电路。

1. 非逻辑

非逻辑是条件具备时，结果不发生；而条件不具备时，结果却发生了。

非逻辑可通过图 1-21 所示的电路来理解，当开关 A 闭合（闭合为 1）时，灯 Y 不亮（不亮为 0）；当开关 A 断开时（断开为 0），灯 Y 亮（亮为 1）。

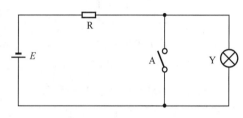

图 1-21　非逻辑电路

2. 晶体管非门电路

图 1-22 所示是晶体管非门电路，非门电路只有一个输入端 A。晶体管非门电路不同于放大电路，管子的工作状态或从截止转为饱和，或从饱和转为截止。当 A 为 1（设输入端的电压为 3V）时，晶体管饱和，其集电极，也就是输出端 Y 为 0；当 A 为 0 时，晶体管截止，其输出端 Y 为 1（输出端的电压约为 U_{CC}）。图 1-22（b）和图 1-22（c）所示分别为非门电路的逻辑符号和波形图。

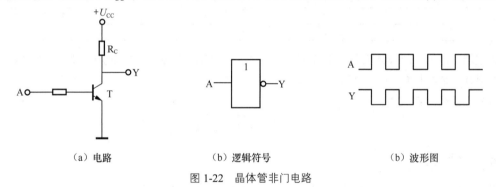

（a）电路　　　　　　　　（b）逻辑符号　　　　　　　　（b）波形图

图 1-22　晶体管非门电路

这种逻辑关系符合非门的逻辑关系。

3. 非门真值表

非门的真值表如表 1-3 所示。

表 1-3　非门真值表

A	Y
0	1
1	0

非门电路的表达式为：$Y = \overline{A}$，式中的"‾"表示"非"。

1.3　组合门电路

1.3.1　与非门

与非门是最为常用的组合门电路，是由与门和非门组合而成的，其逻辑结构和符号如图 1-23

所示。

与非门的工作原理是：当 A 端输入为"0"，B 端输入也为"0"时，输出端 Y 为 1；当 A 端输入为"1"，B 端输入为"0"时，输出端 Y 为 1；当 A 端输入为"0"，B 端输入为"1"时，输出端 Y 为 1；当 A 端输入为"1"，B 端输入也为"1"时，输出端 Y 为 0。波形图如图 1-24 所示。

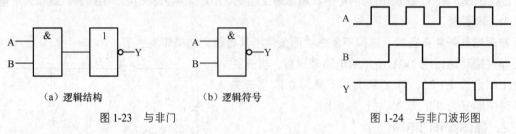

（a）逻辑结构　　　（b）逻辑符号

图 1-23　与非门

图 1-24　与非门波形图

与非门的真值表如表 1-4 所示。

表 1-4　与非门真值表

A	B	Y
0	0	1
0	1	1
1	0	1
1	1	0

其逻辑功能为：当输入变量全为 1 时，输出为 0；当输入变量有一个或几个为 0 时，输出为 1。即**全 1 出 0，有 0 出 1**。

与非门逻辑关系式为：

$$Y = \overline{A \cdot B}$$

1.3.2　或非门

或非门由或门和非门组合而成，其逻辑结构和符号如图 1-25 所示。

其输出端 Y 与输入端 A、B 之间的波形对应关系如图 1-26 所示。真值表如表 1-5 所示。

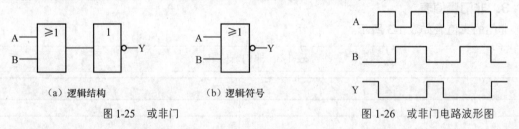

（a）逻辑结构　　　（b）逻辑符号

图 1-25　或非门

图 1-26　或非门电路波形图

其逻辑功能为：当输入变量有一个为 1 时，输出为 0；当输入变量全为 0 时，输出为 1。即**有 1 出 0，全 0 出 1**。与非逻辑关系式为：$Y = \overline{A + B}$

表 1-5　或非门真值表

A	B	Y
0	0	1
0	1	0
1	0	0
1	1	0

1.3.3　与或非门

与或非门由与门、或门和非门组合而成，其逻辑结构和符号如图 1-27 所示。

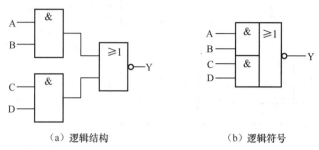

（a）逻辑结构　　　　　　　　　（b）逻辑符号

图 1-27　与或非门

与或非门的真值表如表 1-6 所示。

表 1-6　与或非门真值表

A	B	C	D	Y
0	0	0	0	1
0	0	0	1	1
0	0	1	0	1
0	0	1	1	0
0	1	0	0	1
0	1	0	1	1
0	1	1	0	1
0	1	1	1	0
1	0	0	0	1
1	0	0	1	1
1	0	1	0	1
1	0	1	1	0
1	1	0	0	0
1	1	0	1	0
1	1	1	0	0
1	1	1	1	0

其逻辑功能为：只要有一个与门的输入全为"1"时，也就是说 A、B 输入端或者 C、D 输入端有一组全为 1 时，输出为 0；否则输出端为 1。

与或非逻辑关系式为：$Y = \overline{AB + CD}$

1.3.4　异或门

异或门（Exclusive-OR gate，XOR gate，又称 EOR gate、ExOR gate）是数字逻辑中实现逻辑异或的组合逻辑门。两输入异或门可以由两个非门、两个与门和一个或门组成，其逻辑结构和符号如图 1-28 所示。

异或门的工作原理是：

当 $A=0$，$B=0$ 时，G_1 门的输出端 $Y_1=1$，G_3 门输出端 Y_3 为 0，G_2 门的输出端 $Y_2=1$，G_4 门输出端 Y_4 为 0，G_5 门输出端 Y 为 0；

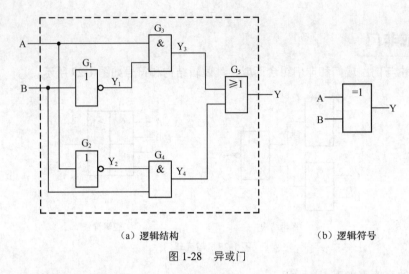

（a）逻辑结构 （b）逻辑符号

图 1-28 异或门

当 $A=0$，$B=1$ 时，G_1 门的输出端 $Y_1=0$，G_3 门输出端 Y_3 为 0，G_2 门的输出端 $Y_2=1$，G_4 门输出端 Y_4 为 1，G_5 门输出端输出端 Y 为 1；

当 $A=1$，$B=0$ 时，G_1 门的输出端 $Y_1=1$，G_3 门输出端 Y_3 为 1，G_2 门的输出端 $Y_2=0$，G_4 门输出端 Y_4 为 0，G_5 门输出端输出端 Y 为 1；

当 $A=1$，$B=1$ 时，G_1 门的输出端 $Y_1=0$，G_3 门输出端 Y_3 为 0，G_2 门的输出端 $Y_2=0$，G_4 门输出端 Y_4 为 0，G_5 门输出端输出端 Y 为 0。

异或门的真值表如表 1-7 所示。

表 1-7 异或门真值表

A	B	Y
0	0	0
0	1	1
1	0	1
1	1	0

由真值表可以看出，异或门的逻辑功能是：

当输入端 A 和 B 不同时，输出端 Y 为 1；当输入端 A 和 B 相同时，输出端 Y 为 0。也就是说若两个输入端的电平相异，则输出为高电平 1；若两个输入的电平相同，则输出为低电平 0。即两个输入若不同，则异或门输出高电平 1。

其逻辑关系式为：$Y = A \cdot \overline{B} + \overline{A} \cdot B = A \oplus B$

异或门还可以有多个输入端、一个输出端，多输入异或门可由两输入异或门构成。

异或门电路可以通过图 1-28 所示的逻辑结构实现，也可以通过只有与非门组成的电路结构实现。

1.3.5 同或门

同或门（XNOR gate 或 equivalence gate）也称为异或非，在异或门的输出端再加上一个非门就构成了异或非，有 2 个输入端、1 个输出端。同或门也是数字逻辑电路的基本单元。

当 2 个输入端中有且只有一个是低电平（逻辑 0）时，输出为低电平。亦即当输入电平相同时，输出为高电平（逻辑 1）。

其逻辑结构和图形符号如图 1-29 所示。

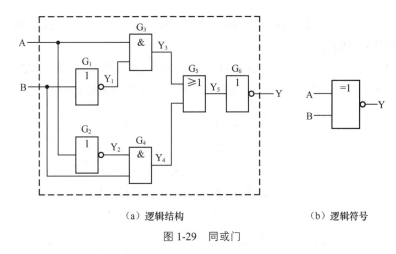

（a）逻辑结构　　　　　　　　　　　（b）逻辑符号

图 1-29　同或门

同或门的真值表如表 1-8 所示。

表 1-8　同或门真值表

A	B	Y
0	0	1
0	1	0
1	0	0
1	1	1

由真值表可以看出，同或门的逻辑功能是：

当两个输入端一个为 0，另一个为 1 时，输出端为 0；当两个输入端均为 1 或均为 0 时，输出端为 1。该特点为：输入相异，输出端为 0；输入相同，输出端为 1。

其逻辑关系式为：$Y = A \cdot B + \overline{A} \cdot \overline{B} = A \odot B$

1.4　集成门电路

前一节讲解的是由二极管或三极管组成的门电路，它们称为分立元器件门电路。分立元器件构成的门电路不便于集成化，现在用的较少，常用的是集成门电路。集成门电路具有可靠性高和微型化等优点。

集成门电路在内部电路的结构上与分立元器件门电路有所不同，但是实现的输入/输出逻辑关系是相同的。根据芯片内部采用的主要元器件不同，集成门电路主要分为 TTL 集成门电路和 CMOS 集成门电路。

TTL 集成门电路简称 TTL 门电路，内部主要采用双极型三极管来构成门电路，CMOS 集成门电路简称 CMOS 门电路，内部主要采用 MOS 管来构成门电路。

74LS 系列和 74 系列芯片属于 TTL 门电路。TTL 门电路是电流控制型器件，其功耗较大，但工作速度快、传输延迟时间短（5～10ns）。

74HC、74HCT 和 4000 系列芯片属于 CMOS 门电路。CMOS 门电路是电压控制型器件，其工作速度较 TTL 门电路慢，但功耗小、抗干扰性强、驱动负载能力强。

1.4.1　TTL 集成门电路

TTL 集成门电路芯片内部主要采用双极型三极管来构成门电路，实现逻辑功能，所以称为 TTL

（Transisitor-Transisitor-Logic，晶体管-晶体管逻辑），有与、或、非、与非、或非等门电路。

1. TTL 非门（反相器）

反相器的电路结构如图 1-30 所示，主要由 3 部分组成：三极管 VT_1、R_1、VD_1 组成电路的输入级；VT_2、R_2、R_3 组成的倒相级；由 VT_3、VT_4 和二极管 VD_2 组成的输出级。

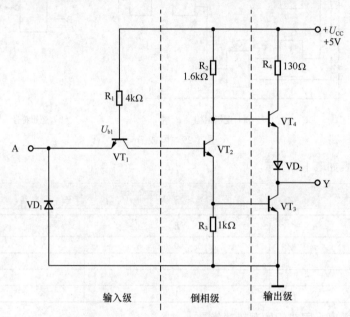

图 1-30　非门（TTL 反相器）电路

设电源电压 U_{CC}=5V，三极管的开启电压为 0.7V，电路的工作原理分析如下。

（1）当输入为高电平，如 U_i（A 端）输入为 3.6V 时，如果不考虑 VT_2 的存在，则 U_{b1}=3.6+0.7=4.3V，在存在 VT_2 的情况下，电源 U_{CC} 通过 R_1 和 VT_1 的集电结向 VT_2、VT_3 提供基极电流，使 VT_2、VT_3 的发射结同时导通，此时

$$U_{b1}=U_{bc1}+U_{be2}+U_{be3}=（0.7+0.7+0.7）V=2.1V$$

显然 U_{b1} 不可能等于 4.3V，只能是被钳位到 2.1V，因此 VT_1 的发射结就处于反向偏置，而集电结处于正向偏置。由于 VT_2 和 VT_3 饱和，输出 U_{c3}=0.2V，同时可估算出 U_{c2} 的值：

$$U_{c2}=U_{ce2}+U_{b3}=（0.7+0.2）V=0.9V$$

此时，$U_{b4}=U_{c2}$=0.9V。作用于 VT_4 的发射结和二极管 VD_2 的串联支路的电压为 $U_{c2}-U_o$=（0.9-0.2）V=0.7V，显然，VT_4 和 VD_2 均截止，实现了反相器的逻辑关系。输入为高电平时，输出为低电平，即输出 U_o（Y 端）约为 0.2V，为低电平。

（2）当输入为低电平且电压为 0.2V 时，VT_1 的发射结导通，其基极电压等于输入低电压加上发射结正向压降，即 U_{b1}=（0.2+0.7）V=0.9V。

此时 U_{b1} 作用于 VT_1 的集电结和 VT_2、VT_3 的发射结上，所以 VT_2、VT_3 都截止，输出为高电平。

由于 VT_2 集电极输出的电压信号和发射极输出的电压信号变化方向相反，所以这一级称为倒相级。输出级的工作特点是在稳定状态下，VT_3 和 VT_4 总是一个导通而另一个截止，为确保 VT_4 饱和导通时 VT_3 可靠地截止，又在 VT_4 的发射极下面串联了二极管 VD_2。

输入级的二极管 VD_1 是输入端钳位二极管，它既可以抑制输入端可能出现的负极性干扰脉冲，又可以防止输入电压为负时 VT_1 的发射极电流过大，起到保护作用。这个二极管允许通过的最大电流约为 20mA。

2. 与非门

集成门电路应用比较多的还有与非门电路。74 系列 TTL 与非门的电路结构如图 1-31 所示，输入端 VT_1 为多发射极三极管。多发射极三极管的集电结可看成一个二极管，发射结近似于前面背靠背的两个二极管，如图 1-32 所示。从图中看出，这时的多发射极三极管 VT_1 和电阻 R_1 组成了一个二极管与门电路。

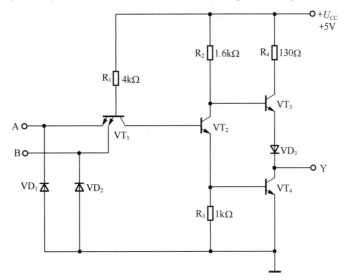

图 1-31　74 系列 TTL 与非门的电路结构

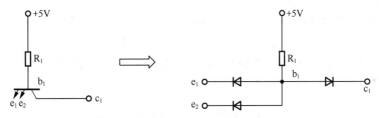

图 1-32　多发射极晶体管

在图 1-31 所示的与非门电路中，工作原理如下。

（1）输入 A、B 中有一个接低电平（约为 0.2V），则 VT_1 必有一个发射结导通，并将 VT_1 的基极电位钳在 0.9V（假定三极管的开启电压为 0.7V），不足以向 VT_2 提供正向基极电流，VT_2 截止，VT_4 也相应截止。VT_2 的集电极电位接近+5V，VT_3 导通，这时输出端的电压为：

$$U_Y = 5V - R_2 I_{b3} - U_{be3} - U_{D3}$$

VT_3 的基极电流较小，可略去不计，这样输出端的电压为

$U_Y \approx 5V - U_{be3} - U_{D3} = 5 - 0.7 - 0.7 = 3.6V$，输出为高电平。

（2）当输入 A、B 全为 1 时（如 3.6V），VT_1 的两个发射结都处于反向偏置，电源通过 R_1 和 VT_1 的集电结向 VT_2 提供足够的基极电流，使 VT_2 饱和导通。VT_2 的发射极电流在 R_3 上产生的电压降又为 VT_4 提供足够的基极电流，使 VT_4 也饱和导通，所以输出端的电位为低电平。

因此该电路满足 $Y = \overline{A \cdot B}$。

3. 三态输出与非门电路

三态电路是可提供 3 种不同的输出值：低电平（逻辑 0），高电平（逻辑 1）和高阻态。高阻态主要用来将逻辑门同系统的其他部分加以隔离。三态输出与非门电路输出除了高、低电平外，还可以输出为高阻态。

TTL 三态输出与非门电路及逻辑符号如图 1-33 所示，与图 1-31 相比较，在输入端为具有 3 个发射极的三极管。E 为控制端或者称为使能端。

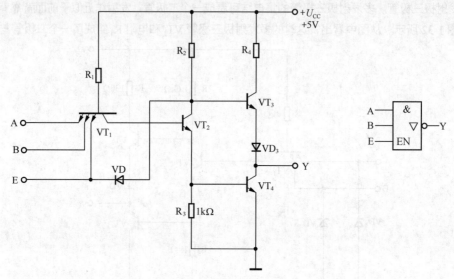

图 1-33　TTL 三态输出与非门电路及逻辑符号

当控制端 E=1 时，输出 Y 的状态取决于输入端 A、B 的输入情况，能够实现与非逻辑关系，即全 1 出 0，有 0 出 1，此时电路处于工作状态。

当控制端 E=0（约为 0.3V）时，VT_1 的基极电位约为 1V，使 VT_2 和 VT_4 截止。同时二极管 VD 将 VT_2 的集电极电位钳位在 1V，使 VT_3 也截止。因为这时与输出端相连的两个晶体管 VT_3 和 VT_4 都截止，所以不管输入端 A、B 的状态如何，输出端因开路而处于高阻状态。

三态输出与非门的逻辑状态表如表 1-9 所示。

表 1-9　三态输出与非门的逻辑状态表

E	A	B	Y
1	0	0	1
	0	1	1
	1	0	1
	1	1	0
0	×	×	高阻

注：“×”表示任意态。

1.4.2　CMOS 集成门电路

CMOS 是互补对称式金属-氧化物-半导体（Complementary Metal Oxide Semiconductor）的缩写。CMOS 集成门电路是互补对称场效晶体管集成电路，应用比较广泛。CMOS 电路的特点是：静态功耗低，每个逻辑门功耗为纳瓦级；逻辑摆幅大，近似等于电源电压；抗干扰能力强，直流噪声容限达逻辑摆幅的 35%左右；可在较广泛的电源电压范围内工作（3～18V），便于与其他电路接口；速度快，门延迟时间达纳秒级等。

1. CMOS 非门电路（COMS 反相器）

CMOS 非门电路由两个 MOS 管连成互补对称的结构，如图 1-34 所示，其中 VT_1 采用 P 沟道增强型（PMOS），VT_2 采用 N 沟道增强型（NMOS），一同制作在一块硅片上，两者衬底都与各自的源极相连，两管的栅极相连，由此引出输入端 A；漏极相连引出输出端 Y。

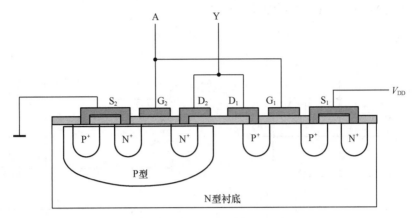

图 1-34　CMOS 反相器的结构示意图

CMOS 非门电路的电路图如图 1-35（a）所示。

当输入端 A 为高电平 1（约为 V_{DD}）时，VT_2 的栅-源极电压大于开启电压，它处于导通状态；而负载管 VT_1 的栅-源极电压小于开启电压的绝对值，不能开启，处于截止状态，如图 1-35（b）所示。这时 VT_1 的电阻比 VT_2 高得多，电源电压主要降在 VT_1 上，因此输出端 Y 为低电平（约为 0 V）。

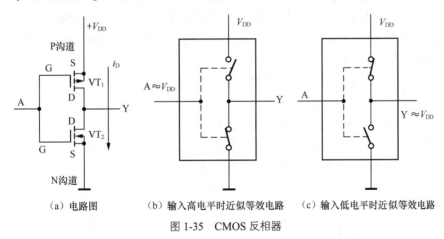

（a）电路图　　　　（b）输入高电平时近似等效电路　　　（c）输入低电平时近似等效电路

图 1-35　CMOS 反相器

当输入端 A 为低电平 0（约为 0V）时，VT_1 导通，而 VT_2 截止。这时电源电压主要降在 VT_2 上，故输出端 Y 为高电平 1（约为 V_{DD}）。

由上面的分析可知，输出与输入之间为逻辑非的关系，$Y = \overline{A}$。

静态下，无论输入是高电平还是低电平，VT_1 和 VT_2 总有一个是截止的，而且截止内阻很高，流过 VT_1 和 VT_2 的静态电流很小，所以 CMOS 反相器的静态功耗很小，这是 CMOS 电路最突出的优点。

2. CMOS 与非门电路

CMOS 与非门电路如图 1-36 所示，它由两个并联的 P 沟道增强型 MOS 管 VT_1、VT_2 和两个串联的 N 沟道增强型 MOS 管 VT_3、VT_4 组成。

当 $A=0$，$B=0$ 时，VT_1、VT_2 导通，VT_3、VT_4 截止，$Y=1$；当 $A=1$，$B=0$ 时，VT_1、VT_3 导通，VT_2、VT_4 截止，$Y=1$；当 $A=0$，$B=1$ 时，VT_2、VT_4 导通，VT_1、VT_3 截止，$Y=1$；当 $A=1$，$B=1$ 时，VT_3、VT_4 导通，VT_1、VT_2 截止，$Y=0$。于是得出 $Y = \overline{A \cdot B}$，输入/输出满足与非的关系。

3. CMOS 或非门电路

CMOS 或非门电路如图 1-37 所示，它由两个并联的 N 沟道增强型 MOS 管 VT_1、VT_2 和两个串联的 P 沟道增强型 MOS 管 VT_3、VT_4 组成。

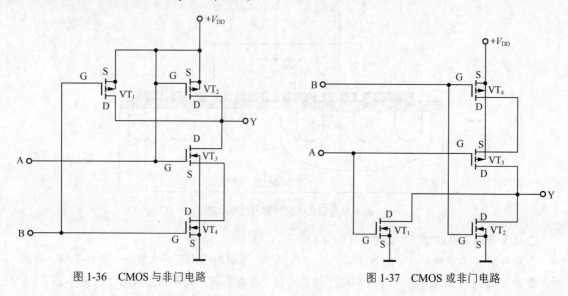

图 1-36 CMOS 与非门电路　　　　图 1-37 CMOS 或非门电路

当 $A=0$，$B=0$ 时，VT_3、VT_4 导通，VT_1、VT_2 截止，$Y=1$；当 $A=1$，$B=0$ 时，VT_1、VT_4 导通，VT_2、VT_3 截止，$Y=0$；当 $A=0$，$B=1$ 时，VT_2、VT_3 导通，VT_1、VT_4 截止，$Y=0$；当 $A=1$，$B=1$ 时，VT_1、VT_2 导通，VT_3、VT_4 截止，$Y=0$。于是得出 $Y = \overline{A+B}$，输入/输出满足或非的关系。

4. CMOS 传输门电路

CMOS 传输门电路与 CMOS 反相器一样，是构成各种逻辑电路的基本单元电路。CMOS 传输门电路如图 1-38 所示，由 NMOS 管 VT_1 和 PMOS 管 VT_2 并联而成，VT_1 和 VT_2 的源极相连作为输入端，漏极相连作为输出端（输入端和输出端可以互换），两管的栅极作为控制极，连接一对互为反量的控制信号 C 和 $\overline{C}$。CMOS 传输门是一种由控制信号来控制电路通断的门电路。

CMOS 传输门的工作原理如下：

当 $C=1$，$\overline{C}=0$（控制信号为高电平）时，VT_2（PMOS 管）的 G 极为低电平，VT_2 导通；VT_1（NMOS 管）的

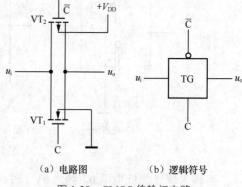

（a）电路图　　（b）逻辑符号

图 1-38 CMOS 传输门电路

G 极为高电平，VT_1 导通，CMOS 传输门开通，输入电压 u_i 经导通的 VT_1、VT_2 送到输出端，$u_o=u_i$。

当 $C=0$，$\overline{C}=1$（控制信号为低电平）时，VT_2（PMOS 管）的 G 极为高电平，VT_2 截止；VT_1（NMOS 管）的 G 极为低电平，VT_1 截止，CMOS 传输门关断，输入电压 u_i 无法通过。

由于 VT_1、VT_2 的结构形式是对称的，即漏极和源极可以互换，因此 CMOS 传输门属于双向器件，能够实现双向传送，又称为双向开关。

传输门还可以作为模拟开关，传输连续变化的模拟电压信号。比如设 VT_1、VT_2 的开启电压绝对值均为 2V。如在 VT_1 的栅极加 +10V 电压，在 VT_2 的栅极加 0V 电压，相当于控制信号 $C=1$，$\overline{C}=0$，传输门开通，当输入电压 u_i 在 0～10V 范围内连续变化时，U_i 可传输到输出端。因为当 u_i 在 0～8V 范围内变化时，VT_1 导通；当 u_i 在 2～10V 范围内变化时，VT_2 导通。可见，当 U_i 在 0～10V 范围内变化时，

至少有一个管导通，这相当于开关接通。此时 CMOS 传输门可以传输模拟信号，所以也称为模拟开关。

如果在 VT_1 的栅极加 0V 电压，在 VT_2 的栅极加+10V 电压，当 u_i 仍在 0～10V 范围内变化时，两管都截止，传输门关断，相当于开关断开，u_i 不能传输到输出端。所以 CMOS 传输门的开通和关断取决于栅极上所加的控制电压。

1.4.3 常见的 TTL 集成门电路

常见的 TTL 数字集成电路有 54 系列、74 系列、74S 系列（Schottky TTL，肖特基系列）、74LS 系列（Low-power Schottky TTL，低功耗肖特基系列）等。

1. 集成芯片 74LS08（四组二输入与门）

74LS08 是比较常用的与门芯片，功能是二输入与门，即一片 74LS08 芯片内共有四路两个输入端的与门电路。其外形图如图 1-39（a）所示，属于双列直插式结构，引脚功能图如图 1-39（b）所示。

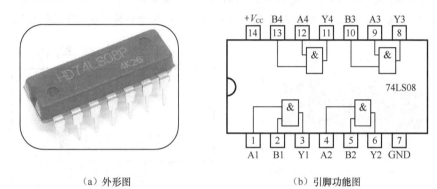

（a）外形图　　　　　　　　　　（b）引脚功能图

图 1-39　74LS08 与门芯片

逻辑表达式为：$Y = A \cdot B$。

2. 集成芯片 74LS32（四组二输入或门）

74LS32 是二输入或门芯片，即一片 74LS32 芯片内共有四路两个输入端的或门电路。其外形图如图 1-40（a）所示，属于双列表面贴装式式结构，引脚功能图如图 1-40（b）所示。

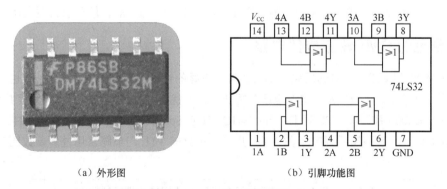

（a）外形图　　　　　　　　　　（b）引脚功能图

图 1-40　74LS32 或门芯片

逻辑表达式为：$Y = A + B$。

3. 集成芯片 74LS04（六组输入反相器）

74LS04 是六个非门的芯片，也就是有六个反相器，它的输出信号与输入信号相位相反。六个反相器共用电源端和接地端，其他都是独立的。其外形及引脚功能如图 1-41 所示，属于双列直插式结构。

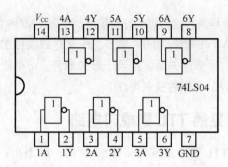

图 1-41　74LS04 非门芯片

逻辑表达式为：$Y = \overline{A}$。

4. 集成芯片 74LS00（四组二输入与非门）

74LS00 为四组二输入与非门，功能是实现二输入与非逻辑关系，一片 74LS00 芯片内共有四路两个输入端的与非门电路。其外形及引脚功能如图 1-42 所示，图中芯片封装形式属于双列直插式结构。

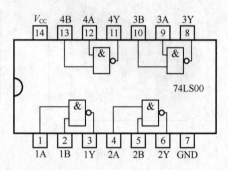

图 1-42　74LS00 与非门芯片

逻辑表达式为 $Y = \overline{A \cdot B}$。

除了上述介绍的集成门电路外，还有 74LS27 集成或非门电路，包括 3 个三输入或非门；74LS54 集成与或非门电路，包括 4 个三输入与门和 1 个四输入或非门组合；74LS86 集成异或门电路，包括 4 个二输入集成异或门；74LS266 集成同或门电路，包括 4 个二输入集成同或门集成门电路。它们的功能不同，从逻辑表达式、引脚功能图等方面了解了电路的功能后，就可以方便应用。

1.4.4　常见的 CMOS 集成门电路

随着 CMOS 制造工艺的快速发展，CMOS 集成电路的性能也得到了很大的提高，由于它具有制造工艺简单、功耗低、集成度高、电源电压范围宽、抗干扰能力强等显著的优点得到了广泛的使用。有较早的 4000/14000 系列以及 TI 公司生产的 74HC（High-Speed CMOS）系列、74AC/AHC（Advanced High-Speed CMOS）系列等系列产品。CMOS 集成门电路与 TTL 门电路常用性能参数比较如表 1-10 所示。

表 1-10　CMOS 集成门电路与 TTL 门电路常用性能参数比较

参数	CMOS 集成门电路		TTL 集成门电路	
	74HC 系列	74AC 系列	74 系列	74LS 系列
电源电压 U_{DD}（V_{CC}）/V	3～18	3～18	4.75～5.25	4.75～5.25
单门功耗/mW	0.5	0.5	10	2

参数	CMOS 集成门电路		TTL 集成门电路	
	74HC 系列	74AC 系列	74 系列	74LS 系列
$U_{\text{OH(min)}}/\text{V}$	4.4	4.4	2.4	2.7
$U_{\text{OL(max)}}/\text{V}$	0.1	0.1	0.4	0.5
$U_{\text{IH(min)}}/\text{V}$	3.15	3.15	2	2
$U_{\text{IL(max)}}/\text{V}$	1.35	1.35	0.8	0.8
$I_{\text{OH(max)}}/\text{mA}$	−4	−24	−0.4	−0.4
$I_{\text{OL(max)}}/\text{mA}$	4	24	16	8
t_{pd}/ns	9	5.2	9	9.5

1. CMOS 与门集成芯片 4081

4081 是四-2 输入与门集成芯片，即每一片 CD4081 含有是 4 个二输入端与门电路，其外形及引脚功能如图 1-43 所示。

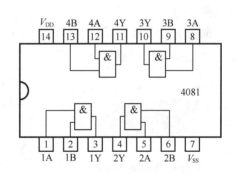

图 1-43　4081 与门芯片的外形及引脚功能

逻辑表达式为：$Y = A \cdot B$。

CMOS 集成与门芯片还有 CD4082（二-4 输入与门），它与 CD4081 的区别是 CD4082 每片上有两个独立通道，每个与门具有 4 个输入端。

2. CMOS 或门集成芯片 CD4072

CD4072 是一个双-4 输入或门电路，即每一片 CD4072 含有 2 个四输入端或门电路，其外形及引脚功能如图 1-44 所示。

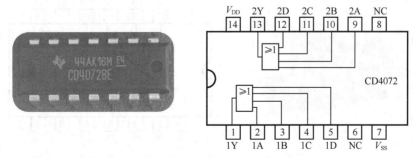

图 1-44　CD4072 或门芯片的外形及引脚功能

逻辑表达式为：$Y = A + B + C + D$。

3. 常见的 CMOS 非门集成芯片

（1）74HC04 反相器

74HC04 是高速 CMOS 集成非门器件，内含 6 组相同的反相器，并且与 TTL 构成的 74LS04 反相器兼容。其外形及引脚功能如图 1-45 所示。

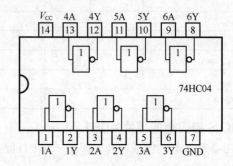

图 1-45　74HC04 非门芯片的外形及引脚功能

（2）CD4069 反相器

CD4069 是六反相器 CMOS 集成非门器件。内含 6 组相同的反相器，并且与 TTL 构成的 74LS04 反相器兼容。其外形及引脚功能如图 1-46 所示。

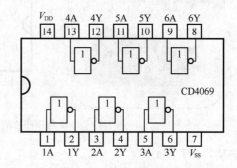

图 1-46　CD4069 反相器的外形及引脚结构

4. CMOS 与非门集成芯片 CD4011

CD4011 为四-2 输入与非门，功能是实现二输入与非逻辑关系，一片 CD4011 芯片内共有 4 个两输入端的与非门电路。其外形及引脚功能如图 1-47 所示，图中芯片封装形式属于双列直插式结构。

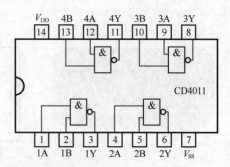

图 1-47　CD4011 的外形及引脚功能

第 2 章
数制、编码与逻辑代数

数字电路处理各种信号都是以数码的形式给出，不同的数码表示不同数量的大小或事物的不同状态。表示数量的大小时，用数制表示；仅表示不同的事物不表示大小时，用代码表示。本章讲解了常用的数制及几种数制之间的互相转换；讲述了几种常见的编码规则，包括 84BCD 码、54BCD码、格雷码等。数字电路的基本运算采用二进制运算，本章重点讲述了逻辑代数、基本运算法则、逻辑代数的表示方法和常用的化简方法。

2.1　数制

数制也称为"计数制"，是用一组固定的符号和统一的规则来表示数值的方法。任何一个数制都包含两个基本要素：基数和位权。

基数是指每一种数制中所使用数码的个数，也就是数制中表示基本数值大小的不同数字符号；位权是指数制中某一位上的 1 所表示数值的大小，即某一位所处位置的价值。例如，十进制基数为10，数码组成是 0～9。

在日常生活中最常用的数制是十进制，如 0、7、9、279 等这样的数字；在数字电路中常用的是二进制、八进制和十六进制。

2.1.1　十进制数

十进制数有以下两个基本特点。

（1）十进制数是组成以 10 为基础的数制系统，由 0、1、2、3、4、5、6、7、8、9 这 10 个基本数字组成。

（2）十进制数的进位规则是"逢十进一"。各个数码处于十进制的不同位数时，所对应的权不同，整数部分的权是 10 的正次幂，从右向左递增，开始于 10^0，从低位到高位的权依次为 10^0、10^1、10^2、……10^n；小数部分从高位到低位的权依次为 10^{-1}、10^{-2}、10^{-3}、……10^{-m}。它的任意数位的权为 10^i。若整数部分的位数是 n，则 i 包含了从 $n-1$ 到 0 的所有正整数；若小数部分的位数是 m，则 i 包含了从 -1 到 $-m$ 的所有负整数。

一个多位数表示的数值等于每一位数码乘以该位的权，然后相加。

例如，把十进制数 51 表示为各位数字的值的求和。

数字 5 的权是 10，表示为 10^1，数字 1 的权为 1，表示为 10^0，可表示为下述求和式：

$(51)_{10}=5\times10^1+1\times10^0$。

例如，把十进制数 23.45 表示为各位数字的值的求和。

$(23.45)_{10}=2\times10^1+3\times10^0+4\times10^{-1}+5\times10^{-2}$。

我们把这种结构称为加权结构。

2.1.2　二进制数

二进制是数字电路中应用最广泛的进制。二进制有以下两个基本特点。

（1）二进制数有 0 和 1 两个数码，基数为 2。

（2）二进制数的进位规则是"逢二进一"，即 1+1=10。各个数码处于二进制的不同位数时，所对应的权不同。最右边的是最低位（LSB），相对应的权为 $2^0=1$，权从右到左，每前进一位，2 的幂次增加 1，因此整数部分从低位到高位的权依次为 2^0、2^1、2^2，……，最左边的是最高位（MSB）；小数部分最左边的是最高位（MSB），相对应的权为 $2^{-1}=0.5$，小数的权从左向右减少，每位相差 2^{-1} 幂次，从高位到低位的权依次为 2^{-1}、2^{-2}、2^{-3}、……。二进制数的任意数位的权为 2^i。

二进制数的权与十进制数对应关系如表 2-1 所示。

表 2-1　二进制数的权与十进制数对应关系

整数（2 的正次幂）									小数（2 的负次幂）				
2^8	2^7	2^6	2^5	2^4	2^3	2^2	2^1	2^0	2^{-1}	2^{-2}	2^{-3}	2^{-4}	2^{-5}
256	128	64	32	16	8	4	2	1	1/2	1/4	1/8	1/16	1/32
									0.5	0.25	0.125	0.625	0.03125

对于整数，每增加一位，权将增大两倍，比如 $2^9=512$；对于小数，每增加一位，权将减少一半，比如 $2^{-6}=0.015625$。因此，表 2-1 可以很方便地得到扩展，而且可以利用表 2-1 较快地把二进制数转换成十进制数。

例如：$(101.01)_2=1\times2^2+0\times2^1+1\times2^0+0\times2^{-1}+1\times2^{-2}=(5.25)_{10}$。

2.1.3　八进制数

八进制数中的每一位有 8 个不同的数码，八进制有以下两个特点。

（1）八进制数的基数为 8，有 8 个数码，分别是：0、1、2、3、4、5、6、7。

（2）八进制数的进位规则是"逢八进一"。整数部分从低位到高位的权依次为 8^0、8^1、8^2、……；小数部分从高位到低位的权依次为 8^{-1}、8^{-2}、8^{-3}、……。八进制数的任意数位的权为 8^i。

例如：$(14.1)_8=1\times8^1+4\times8^0+1\times8^{-1}=(12.1)_{10}$。可以用 O（Octal）表示八进制。

2.1.4　十六进制数

十六进制数是每一位有 16 个不同的数码，十六进制有以下两个特点。

（1）十六进制数的基数为 16，有 16 个数码，分别是：0、1、2、3、4、5、6、7、8、9、A、B、C、D、E、F。其中 A、B、C、D、E、F 分别表示 10、11、12、13、14、15。

（2）十六进制数的进位规则是"逢十六进一"。各个数码处于十六进制的不同位数时，所对应的权不同，整数部分从低位到高位的权依次为 16^0、16^1、16^2、……；小数部分从高位到低位的权依次为 16^{-1}、16^{-2}、16^{-3}、……。十六进制数的任意数位的权为 16^i。

十六进制数与二进制数、八进制数、十进制数等可相互转换，它们之间的对照表如表 2-2 所示。

表 2-2　十进制、二进制、八进制和十六进制之间的对照表

十进制（Decimal）	二进制（Binary）	八进制（Octal）	十六进制（Hexadecimal）
00	0000	00	0
01	0001	01	1
02	0010	02	2
03	0011	03	3
04	0100	04	4
05	0101	05	5
06	0110	06	6
07	0111	07	7
08	1000	10	8
09	1001	11	9
10	1010	12	A
11	1011	13	B
12	1100	14	C
13	1101	15	D
14	1110	16	E
15	1111	17	F

十六进制数与十进制数转换如下。

$(4C.5B)_{16}=4\times16^1+12\times16^0+5\times16^{-1}+11\times16^{-2}\approx(76.36)_{10}$。可以用 H（Hexadecimal）表示十六进制，$(4C.5B)_{16}=(4C.5B)_H$。

2.1.5　数制转换

1. 十进制数转换为任意进制数

将一个十进制数转换成二进制数、八进制数和十六进制数的转换规则相似。进行转换时，将分为两个部分：整数部分和小数部分，采取不同的方法进行数制转换。其中，整数部分采用"基数连除取余法"；小数部分采用"基数连乘取整法"。

（1）十进制数转换为二进制数。

例 2-1：将十进制数 29.45 转换为二进制数。

① 整数部分 29 的转换采用除 2 取余数法，直到商等于零为止，如下式。

$$2\underline{|29} \quad\cdots\cdots\cdots\cdots\cdots\cdots\cdots\text{余数1}(d_0)\uparrow$$
$$2\underline{|14} \quad\cdots\cdots\cdots\cdots\cdots\cdots\cdots\text{余数0}(d_1)$$
$$2\underline{|7} \quad\cdots\cdots\cdots\cdots\cdots\cdots\cdots\text{余数1}(d_2)$$
$$2\underline{|3} \quad\cdots\cdots\cdots\cdots\cdots\cdots\cdots\text{余数1}(d_3)$$
$$2\underline{|1} \quad\cdots\cdots\cdots\cdots\cdots\cdots\cdots\text{余数1}(d_4)$$
$$0$$

转换结果从后往前书写，即整数部分转换结果为：$(29)_{10}=(d_4\,d_3\,d_2\,d_1\,d_0)_2=(11101)_2$。

② 小数部分 $(0.45)_{10}$ 的转换采用小数部分乘 2 取整数法，直到满足规定的位数为止，即

$$0.45\times2=0.9 \quad\cdots\cdots\text{整数 0}(d_{-1})$$

$$0.9\times2=1.8 \quad\cdots\cdots\text{整数 1}(d_{-2})$$

$$0.8\times2=1.6 \quad\cdots\cdots\text{整数 }1\text{ }(d_{-3})$$

$$0.6\times2=1.2 \quad\cdots\cdots\text{整数 }1\text{ }(d_{-4})$$

$$0.2\times2=0.4 \quad\cdots\cdots\text{整数 }0\text{ }(d_{-5})$$

$$0.4\times2=0.8 \quad\cdots\cdots\text{整数 }0\text{ }(d_{-6})$$

小数部分转换结果为：$(0.45)_{10}=(d_{-1}d_{-2}d_{-3}d_{-4}d_{-5}d_{-6})_2=(011100)_2$。

将整数部分和小数部分转换结果合并，可以得到最终的转换结果为：

$(29.45)_{10}=(11101.011100)_2=(11101.0111)_2$

（2）十进制数转换为八进制数。

例 2-2：将十进制数 29.45 转换为八进制数。

整数部分 29 的转换采用除 8 取余数法，直到商等于零为止，如下式。

$$8\ \underline{|\ 29} \quad\cdots\cdots\cdots\cdots\cdots\cdots\cdots\text{余数5 }(d_0)$$

$$8\ \underline{|\ 3} \quad\cdots\cdots\cdots\cdots\cdots\cdots\cdots\text{余数3 }(d_1)$$

$$0$$

整数部分转换结果为：$(29)_{10}=(d_1d_0)_8=(35)_8$

小数部分 $(0.45)_{10}$ 的转换采用小数部分乘 8 取整数法，直到满足规定的位数为止，即

$$0.45\times8=3.6 \quad\cdots\cdots\text{整数 }3\text{ }(d_{-1})$$

$$0.6\times8=4.8 \quad\cdots\cdots\text{整数 }4\text{ }(d_{-2})$$

小数部分转换结果为：$(0.45)_{10}=(d_{-1}d_{-2})_8=(34)_8$

将整数部分和小数部分转换结果合并，可以得到最终的转换结果为：

$$(29.45)_{10}=(35.34)_8$$

（3）十进制数转换为十六进制数。

例 2-3：将十进制数 29.45 转换为十六进制数。

整数部分 29 的转换采用除 16 取余数法，直到商等于零为止，如下式。

$$16\ \underline{|\ 29} \quad\cdots\cdots\cdots\cdots\cdots\cdots\cdots\text{余数13 }(d_0)$$

$$16\ \underline{|\ 1} \quad\cdots\cdots\cdots\cdots\cdots\cdots\cdots\text{余数1 }(d_1)$$

$$0$$

十进制的 13 对应于十六进制的 D，因此，整数部分转换结果为：$(29)_{10}=(d_1d_0)_{16}=(1D)_{16}$

小数部分 (0.45) 的转换采用小数部分乘 16 取整数法，直到满足规定的位数为止，即

$$0.45\times16=7.2 \quad\cdots\cdots\text{整数 }7\text{ }(d_{-1})$$

$$0.2\times16=3.2 \quad\cdots\cdots\text{整数 }3\text{ }(d_{-2})$$

小数部分转换结果为：$(0.45)_{10}=(d_{-1}d_{-2})_{16}=(73)_{16}$

将整数部分和小数部分转换结果合并，可以得到最终转换结果为：

$$(29.45)_{10}=(1D.73)_{16}$$

2．二进制数与八进制数、十六进制数之间的相互转换

（1）二进制数转八进制数。

将二进制数由小数点开始，整数部分向左，小数部分向右，每 3 位一组，不够 3 位补 0，整数部分在左侧补零，小数部分在右侧补零，每组二进制数按权展开转为一个八进制数。

例 2-4：$(100101.011)_2$ 转为八进制数。

解：整数部分为：100 101；小数部分为：011。

011=3，100=4，101=5

得：$(100101.011)_2=(45.3)_8$

例 2-5：$(1101010.01)_2$ 转为八进制数。

解：整数部分为：001 101 010，最左侧补两个 0；

小数部分为：010，最右侧补一个 0；

001=1，101=5，010=2

得：$(1101010.01)_2=(152.2)_8$

（2）八进制数转为二进制数。

直接将每位八进制数转为三位二进制数即可。

例 2-6：$(67)_8$ 转为二进制数。

解：6=110，7=111

得：$(67)_8=(110111)_2$

（3）二进制数转为十六进制数。

将二进制数由小数点开始，整数部分向左，小数部分向右，每 4 位一组，不够 4 位补 0，整数部分在左侧补零，小数部分在右侧补零，每组二进制按权展开相加转换为 1 个十六进制数。

例 2-7：将$(11101.011100)_2$转化为十六进制数。

解：整数部分为：0001 1101；小数部分为：0111 0000。

0001=1，1101=D，0111=7

得：$(11101.011100)_2=(1D.7)_{16}$

（4）十六进制数转为二进制数。

将每位十六进制数转为二进制数，直接将每位十六进制数转为四位二进制数即可。

例 2-8：将$(1D.7)_{16}$转化为二进制数，小数点后保留 4 位。

解：1=0001，D=1101，7=0111

得：$(1D.7)_{16}=(0001\ 1101.0111)=(1\ 1101.0111)_2$

（5）八进制数转为十六进制数。

八进制数转为十六进制数的方法是以十进制数或二进制数为中介，首先将八进制数转换为十进制数或二进制数，再将二进制数或十进制数转换为十六进制数。

① 以十进制数为中介。

$(347)_8=(231)_{10}=(E7)_{16}$

② 以二进制数为中介。

$(347)_8=(11100111)_2=(E7)_{16}$

（6）十六进制数转为八进制数。

十六进制数转为八进制数的方法同样是以十进制数或二进制数为中介，首先将十六进制数转换为十进制数或二进制数，再将二进制数或十进制数转换为八进制数。

2.1.6 二进制运算

1. 二进制算术运算

二进制数的算术运算包括：加、减、乘、除四则运算。

（1）二进制数的加法。

二进制数的加法法则为：逢二进一、向高位进位。

0+0=0　　和为 0，进位是 0；

0+1=1　　和为 1，进位是 0；

1+0=1　　和为 1，进位是 0；

1+1=10　　和为 0，进位是 1。

例如，1110 和 1011 相加过程如下：

$$
\begin{array}{cccccc}
 & 1 & 1 & 1 & 0 & \text{被加数} \\
+ & 1 & 0 & 1 & 1 & \text{加数} \\
\hline
1 & 1 & 0 & 0 & 1 & \text{和}
\end{array}
$$

（2）二进制数的减法。

二进制数的减法法则为：借一有二、向高位借位。

0－0=0

1－1=0

1－0=1

0－1=1（借位为 1）

例如，1101 减去 1011 的过程如下：

$$
\begin{array}{cccccc}
 & 1 & 1 & 1 & 0 & \text{被减数} \\
+ & 1 & 0 & 1 & 1 & \text{减数} \\
\hline
 & 0 & 0 & 1 & 1 & \text{差}
\end{array}
$$

（3）二进制数的乘法。

二进制数乘法过程与十进制数乘法相似，可仿照十进制数乘法过程进行运算。实际上相对于十进制数乘法，二进制数乘法更为简单，因为二进制数只有 0 和 1 两种可能的乘数位，二进制数乘法的法则如下：

0×0=0

0×1=0

1×0=0

1×1=1

例如，1001 和 1010 相乘的过程如下：

$$
\begin{array}{cccccccc}
 & & & 1 & 0 & 0 & 1 & \text{被乘数} \\
 & & \times & 1 & 0 & 1 & 0 & \text{乘数} \\
\hline
 & & & 0 & 0 & 0 & 0 & \text{部} \\
 & & 1 & 0 & 0 & 1 & & \text{分} \\
 & 0 & 0 & 0 & 0 & & & \text{积} \\
1 & 0 & 0 & 1 & & & & \\
\hline
1 & 0 & 1 & 1 & 0 & 1 & 0 & \text{乘积}
\end{array}
$$

由低位到高位，用乘数的每一位去乘被乘数，若乘数的某一位为 1，则该次部分积为被乘数；若乘数的某一位为 0，则该次部分积为 0。某次部分积的最低位必须和本位乘数对齐，所有部分积相加的结果则为相乘得到的乘积。

（4）二进制数的除法。

二进制数除法与十进制数除法相似。可先从被除数的最高位开始，将被除数（或中间余数）与除数相比较，若被除数（或中间余数）大于除数，则用被除数（或中间余数）减去除数，商为 1，得到相减之后的中间余数，否则商为 0。再将被除数的下一位补充到中间余数的末位，重复以上过程，就可得到所要求的各位商数和最终的余数。

$0÷0=0$

$0÷1=0$

$1÷0=0$（无意义）

$1÷1=1$

例如，100110÷110 的过程如下：

$$
\begin{array}{r}
0\ \ 0\ \ 0\ \ 1\ \ 1\ \ 0\quad\text{商}\\
1\ 1\ 0\,\overline{\big)\,1\ \ 0\ \ 0\ \ 1\ \ 1\ \ 0}\\
\underline{1\ \ 1\ \ 0}\\
0\ \ 1\ \ 1\ \ 1\\
\underline{1\ \ 1\ \ 0}\\
0\ \ 1\quad\text{余数}
\end{array}
$$

所以，100110÷110=110 余 01。

2. 二进制逻辑运算

二进制数的逻辑运算包括逻辑加法（"或"运算）、逻辑乘法（"与"运算）、逻辑否定（"非"运算）和逻辑"异或"运算。

（1）逻辑"或"运算。

逻辑"或"运算又称为逻辑加，常用符号"+"或"∨"表示。逻辑"或"运算的规则为"遇 1得 1"。

$$0+0=0 \text{ 或 } 0\vee0=0$$

$$0+1=1 \text{ 或 } 0\vee1=1$$

$$1+0=1 \text{ 或 } 1\vee0=1$$

$$1+1=1 \text{ 或 } 1\vee1=1$$

可见，两个相"或"的逻辑变量中，只要有一个变量为 1，"或"运算的结果就为 1。仅当两个变量都为 0 时，或运算的结果才为 0。计算时，要特别注意与算术运算的加法加以区别。

（2）逻辑"与"运算。

逻辑"与"运算又称为逻辑乘，常用符号"×"或"·"或"∧"表示。逻辑"与"运算遵循的运算规则为"遇 0得 0"。

$$0×1=0 \text{ 或 } 0·1=0 \text{ 或 } 0\wedge1=0$$

$$1×0=0 \text{ 或 } 1·0=0 \text{ 或 } 1\wedge0=0$$

$$1×1=1 \text{ 或 } 1·1=1 \text{ 或 } 1\wedge1=1$$

可见，两个相"与"的逻辑变量中，只要有一个变量为 0，"与"运算的结果就为 0。仅当两个变量都为 1 时，"与"运算的结果才为 1。

（3）逻辑"非"运算。

逻辑"非"运算又称为逻辑否定，实际上就是将原逻辑变量的状态求反，其运算规则为"各位取反"。

可见，在变量的上方加一横线表示"非"。逻辑变量为 0 时，"非"运算的结果为 1。逻辑变量为 1 时，"非"运算的结果为 0。

（4）逻辑"异或"运算。

"异或"运算，常用符号"⊕"表示，其运算规则为：

$$0 \oplus 0 = 0$$
$$0 \oplus 1 = 1$$
$$1 \oplus 0 = 1$$
$$1 \oplus 1 = 0$$

可见，两个相"异或"的逻辑运算变量取值相同时，"异或"的结果为 0。取值相异时，"异或"的结果为 1。

以上仅就逻辑变量只有一位的情况说明了逻辑"与""或""非""异或"运算的运算规则。当逻辑变量为多位时，可在两个逻辑变量对应位之间按上述规则进行运算。在逻辑运算中，所有的逻辑运算都是按位进行的，位与位之间没有任何联系，即不存在算术运算过程中的进位或借位关系。

2.1.7 二进制的反码和补码

1. 反码

二进制数的反码是通过把二进制数中所有的 1 变为 0，0 变为 1 得到的数。

例 2-9：求二进制数 1101 1010 反码。

解：把二进制数对应位的 1 换成 0，0 换成 1。

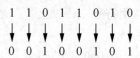

得到 1101 1010 的反码为 0010 0101。

2. 补码

补码是在反码的最低位（最右侧的一位）加 1 得到的数，即：补码=反码+1。

例 2-10：求二进制数 1101 1010 的补码。

解：

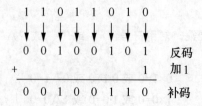

得到二进制数 1101 1010 的补码为 0010 0110。

求反码还可用另外一种方法，即：以右边的最低一位为 1 的位数为界，左边的二进制数求反码，右边的二进制数不变（含最低一位的 1），见下式。

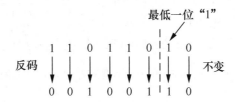

例 2-11：用两种方法求的 1010 1000 补码。

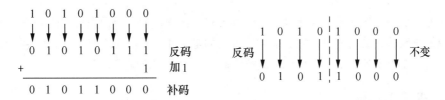

通过上述两种方法，求得 10101000 补码为 01011000。

3. 带符号位的数值运算

为了表示数的正负，一般在二进制数的前面增加一个符号位，0 表示这个数为正数，1 表示这个数为负数。

例如：十进制数 +12 表示为"0 1100"；十进制数 −12 表示为"1 1100"。

对于带符号位的数值，当数值为正数时，它的反码、补码都为原码（符号位 + 数值位）；当数值为负数时，它的反码为原码的符号位不变，其他位取反得到，补码为反码 +1。

例 2-12：写出带符号位二进制数"0010110（+22）""1010110（−22）"的反码和补码。

解："0010110（+22）"为正数，所以反码和补码相同。"1010110（−22）"为负数，其反码为正数的原码取反，补码为反码加 1，如下式所示。

计算机的算术运算中常使用补码的形式表示负数，因为减去一个数等于加上这个数的补码。当带符号位的两个数相加时，如果有负数，就用负数的补码进行相加，和的符号就是把两个加数的符号位的和及最高有效数字位的进位相加，得到的结果（舍去产生的进位）就是和的符号，和也为补码。

两个同符号的数相加时，它们的绝对值之和不可超过有效数字位所能表示的最大值，否则会出现运算错误。比如，4 和 5 的和为 9，4 和 5 都可以用 3 位二进制数表示（数值位），即 100 和 101，但是 9 最少用 4 位数（1001）表示，因此在运算时必须都用 4 位有效数字表示，再加一位符号位，共 5 位数字来进行运算，否则就会报错。

例 2-13：用带符号的二进制数补码计算 15+11，15−11，−15+11，−15−11。

解：15+11=26，所以有效数字至少为 5 位有效数字，加上一位符号位，共 6 位数字来进行运算。计算过程如下。

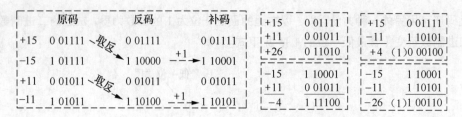

式中括号内的数为两个加数符号位的和及最高有效数字位的进位相加产生的进位，应当舍去。

2.2 编码

编码是信息从一种形式或格式转换为另一种形式的过程，就是用预先规定的方法将文字、数字或其他对象编成数码，或将信息、数据转换成规定的电脉冲信号。在本节中，我们主要学习第一种编码形式。编码在电子计算机、电视机、遥控和通信等方面广泛使用。

2.2.1 有权 BCD 码

Binary-Coded Decima，简称 BCD，又称 BCD 码或二-十进制代码，用 4 位二进制数来表示 1 位十进制数中的 0 ~ 9 这 10 个数码，是一种二进制的数字编码形式。

BCD 码也称二进码十进数，可分为有权码和无权码两类。有权 BCD 码就是四位二进制数中每一位数码都有确定的位仪值，若把这四位二进制码按权展开，就可求得该二进制码所代表的十进制数。其中，常见的有权 BCD 码有 8421 码、2421 码、5421 码，无权 BCD 码有余 3 码、格雷码等。

1. 8421BCD 码

8421 BCD 码是最基本和最常用的 BCD 码。它和 4 位自然二进制码相似，每一位二进制码的"1"都代表一个固定数值，各位的权值从左至右分别为 8、4、2、1，并且每位的权都是固定不变的，故称为有权 BCD 码。将每位"1"所代表的二进制数加起来就可以得到它所代表的十进制数字。需要注意的是，它只选用了 4 位二进制码中前 10 组代码，即 0000 ~ 1001 分别代表它所对应的十进制数，余下的 6 组代码不用。

例 2-14：

① 用 8421BCD 码表示十进制数 $(73.5)_{10}$。

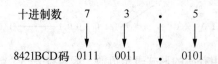

$(73.5)_{10}=(01110011.0101)_{8421BCD}$

② 把 8421BCD 码 $(01100111.01011000)_{8421BCD}$ 转换为十进制。

$$\underline{0110}\ \underline{0111}\ .\ \underline{0101}\ \underline{1000}$$
$$6\quad 7\quad .\quad 5\quad 8$$

2. 5421BCD 码

5421BCD 码也是二-十进制代码（BCD 码）的一种，同样为有权 BCD 码。它们从高位到低位的权值分别为 5、4、2、1，按权展开后就可求得该二进制码所代表的十进制数。5421BCD 码中，有的十进制数码存在两种加权方法，例如，5421 BCD 码中的数码 5 的表示方式为：1000 或 0101。这就造成了 5421BCD 码的编码方案不唯一性。

5421BCD 码与十进制数的相互转换举例说明如下。

$$(1010)_{5421BCD}=1×5+0×4+1×2+0×1=5+0+2+0=(7)_{10}$$

$$(702.54)_{10}=(1010\ 0000\ 0010.1000\ 0100)_{5421BCD}$$

3. 2421BCD 码

2421 BCD 码同样为有权 BCD 码,它们从高位到低位的权值分别为 2、4、2、1。在 2421BCD 码中,有的十进制数码同样存在两种加权方法,例如,2421 BCD 码中的数码 5,可以用 0101 或 1011 表示。这说明 2421BCD 码的编码方案也不是唯一的。

2421BCD 码与十进制数的相互转换举例说明如下:

$$(1010)_{2421BCD}=1×2+0×4+1×2+0×1=2+0+2+0=(4)_{10}$$

$$(702.54)_{10}=(1101\ 0000\ 0010.1011\ 0100)_{2421BCD}$$

8421BCD 码、5421BCD 码、2421BCD 码与十进制数的对应关系见表 2-3。其中,8421BCD 码在数据编码中比较常用。

表 2-3　8421BCD 码、5421BCD 码、2421BCD 码与十进制数的对应关系

十进制数	8421 码	5421 码	2421 码
0	0000	0000	0000
1	0001	0001	0001
2	0010	0010	0010
3	0011	0011	0011
4	0100	0100	0100
5	0101	1000	1011
6	0110	1001	1100
7	0111	1010	1101
8	1000	1011	1110
9	1001	1100	1111

2.2.2　无权 BCD 码

1. 余 3 码

余 3 码是 8421BCD 码的每个码组加 3(0011)形成的,常用于 BCD 码的运算电路中。余 3 码与十进制数的相互转换如下。

例 2-15:求$(1318)_{10}$ 的余 3 码。

解:$(1318)_{10}=(0001\ 0011\ 0001\ 1000)_{8421BCD}$,计算过程如下:

$$
\begin{array}{r}
0001\ 0011\ 0001\ 1000 \\
+\ \underline{0011\ 0011\ 0011\ 0011} \quad 加3 \\
0100\ 0110\ 0100\ 1011 \quad 余3码
\end{array}
$$

所以$(1318)_{10}=(0001\ 0011\ 0001\ 1000)_{8421BCD}=(0100\ 0110\ 0100\ 1011)_{余3码}$

余 3 码转换成十进制的过程是逆过程。

例如:$(0111)_{余3码}=(0111-0011)_{8421BCD}=(0100)_{8421BCD}=(4)_{10}$

2. 格雷码

格雷码(Gray Code)是从一个到下一个连续的编码,仅有一位数字发生了变化。格雷码是无权码。十进制 0~15 所对应的二进制代码及 4 位格雷码如表 2-4 所示。

表 2-4　十进制数、二进制数和格雷码的对应关系

十进制数	二进制代码	格雷码	十进制数	二进制代码	格雷码
0	0000	0000	8	1000	1100
1	0001	0001	9	1001	1101
2	0010	0011	10	1010	1111
3	0011	0010	11	1011	1110
4	0100	0110	12	1100	1010
5	0101	0111	13	1101	1011
6	0110	0101	14	1110	1001
7	0111	0100	15	1111	1000

　　从表 2-4 可以看出，任意相邻的格雷码之间仅有一位发生了变化。比如，十进制数 5 变到 6，对应的二进制数从 0101 变到 0110，有两位数字发生了变化，而格雷码从 0111 到 0101，仅有一位发生了变化。另外，由于最大数与最小数之间也仅一位数不同，即"首尾相连"，因此又称循环码或反射码。在数字系统中，常要求代码按一定顺序变化。例如，按自然数递增计数，若采用 8421 码，则数 0111 变到 1000 时四位均要变化，而在实际电路中，4 位的变化不能同时发生，则计数中可能出现短暂的其他代码（1100、1111 等），在特定情况下可能导致电路状态错误或输入错误。使用格雷码可以避免这种错误，格雷码一位改变的特征减小了出错的概率。

　　格雷码与二进制码的转换方法如下。

　　（1）二进制码转换为格雷码。

　　二进制码转换成格雷码，其法则是：

　　① 保留二进制码的最高位（最左边）作为格雷码的最高有效位；

　　② 从左到右，每一对相邻的二进制编码位相加，得到下一个格雷码位，舍去进位。

　　例 2-16：把二进制数 1011000 转换成格雷码。

　　解：转换过程如下。

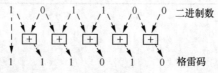

　　二进制数 101100 转换成格雷码为 1110110。

　　通过上面的实例可以看出，二进制码转换为格雷码就是把二进制码的最高位作为格雷码的最高位，而次高位格雷码为二进制码的高位与次高位相"异或"，而其余各位与次高位的求法相同。总结公式如下：

　　某 n 位二进制数为：$B_{n-1}B_{n-2}...B_2B_1B_0$；

　　其对应的 n 位格雷码为：$G_{n-1}G_{n-2}...G_2G_1G_0$；

　　其中：最高位保留 —— $G_{n-1}=B_{n-1}$

　　　　　其他各位 —— $G_i=B_i\oplus B_{i+1}$　$i=0，1，2\cdots\cdots n-2$

　　"$\oplus$"为异或运算的符号，相同为 0，相异为 1。

　　（2）格雷码转换为二进制码。

　　格雷码转换成二进制码，其法则是：

　　① 保留格雷码的最高位（最左边）作为二进制码的最高有效位；

　　② 所产生的每个二进制编码位加上下一个相邻位置的格雷码位，舍去进位。

　　例 2-17：把格雷码 1110110 转换成二进制码。

　　解：转换过程如下。

格雷码 1110110 转换成二进制数为 101100。

通过上面的实例可以看出，格雷码转换成二进制码，保留格雷码的最高位作为二进制码的最高位，而次高位二进制码为高位二进制码与次高位格雷码相异或，而自然二进制码的其余各位与次高位自然二进制码的求法相同。

n 位格雷码为：$G_{n-1}G_{n-2}...G_2G_1G_0$；

其对应的二进制为：$B_{n-1}B_{n-2}...B_2B_1B_0$；

其中：最高位保留 ———— $B_{n-1}=G_{n-1}$

其他各位 ———— $B_{i-1}=G_{i-1}\oplus B_i$　　$i=1$，$2\cdots\cdots n-2$

"$\oplus$" 为异或运算的符号，相同为 0，相异为 1。

因此，二进制码与格雷码转换可以通过"异或门"实现。

2.2.3 奇偶校验码

奇偶校验码是一种通过增加冗余位使得码字中"1"的个数恒为奇数或偶数的编码方法，它是一种校验码。利用奇偶校验码可以检查二进制数在传输或存储过程中是否发生数据的错误，由 0 变为 1，或由 1 变为 0，这样数码中 1 的个数会发生变化，通过奇偶校验位报出错误信息。

奇偶校验码的实现方法是在每个被传送码的左边或右边加上一位奇偶校验位"0"或"1"，若采用奇校验位，只需把每个编码中 1 的个数凑成奇数；若采用偶校验位，只要把每个编码中 1 的个数凑成偶数。表 2-5 表示出了 8421 码的奇偶校验码，校验位在最右边，表中加粗字体。

表 2-5　8421 码的奇偶校验码

十进制数	带奇检验位的 8421 码	带偶校验位的 8421 码
0	00001	00000
1	00010	00011
2	00100	00101
3	00111	00110
4	01000	01001
5	01011	01010
6	01101	01100
7	01110	01111
8	10000	10001
9	10011	10010

奇偶校验位可以检测出数据的 1 位数的错误，不能检测出 2 位数字同时出现错误。实际应用中，2 位数字同时出现错误的可能性比较小。

例如：传输的数据为"0111 0"，采用的奇校验。如果在传输过程中数据的次高位发生了错误，变成了"00110"，此时数据中 1 的个数就变成了偶数，数据被接收后，没有奇数个 1，就会报出"信息错误"。但是如果两位同时变化，数据中 1 的个数还为奇数，就不能检查出来错误。

奇偶校验码常用于存储器读、写检查或 ASCII 码传送过程中的检查。在实际应用中，多采用奇校验，因为奇校验中不存在全"0"代码，在某些场合下更便于判别。奇偶校验码虽然存在着不足，但是编码简单，容易实现，在要求不是很高的电路中得到广泛的应用。

2.3 逻辑代数

逻辑代数是一种用于描述客观事物逻辑关系的数学方法，由英国科学家乔治·布尔（George·Boole）于 19 世纪中叶提出，因而又称布尔代数。逻辑代数是分析和设计逻辑电路的数学基础，有一套完整的运算规则，包括公理、定理和定律。它被广泛地应用于开关电路和数字逻辑电路的变换、分析、化简和设计上，因此也被称为开关代数。随着数字技术的发展，逻辑代数已经成为分析和设计逻辑电路的基本工具和理论基础。 逻辑代数所表示的是逻辑关系，而不是数量关系。这是它与普通代数的本质区别。

2.3.1 逻辑代数的常量和变量

逻辑代数中的常量只有两个，即 0 和 1，用来表示两个对立的逻辑状态，刚好与开关的闭合与关断、电平的高低、信号的有无、灯的亮灭等相对应，因此布尔代数在数字电路分析和设计中起着非常重要的作用。

逻辑变量（logical variable）是指只有真值或假值的变量，即取值只能是"1"或"0"的变量。它是逻辑代数的研究对象，逻辑代数在研究某个命题的真假时是用"1"和"0"表示的，将"1"和"0"作为变量，研究其变化规律，这种变量称逻辑变量。

2.3.2 逻辑代数的基本运算规律

1. 基本运算法则

基本运算法则和示意图如表 2-6 所示。

表 2-6　基本运算法则和示意图

运算法则	示意图
$0 \cdot A = 0$	
$1 \cdot A = A$	
$A \cdot A = A$	
$A \cdot \overline{A} = 0$	
$0 + A = A$	
$1 + A = 1$	
$A + A = A$	
$A + \overline{A} = 1$	

2．其他定律

交换律：$AB=BA$，$A+B=B+A$；

结合律：$ABC=(AB)C=A(BC)$，$ABC=(A+B)+C=A+(B+C)$；

分配律：$A(B+C)=AB+AC$，$A+BC=(A+B)(A+C)$；

还原律：$\overline{\overline{A}} = A$；

反演律（摩根定理）：$\overline{AB}=\overline{A}+\overline{B}$，$\overline{A+B}=\overline{A}\overline{B}$。

3．常用公式

（1）$A+AB=A$。

证明：$A+AB=A(1+B)=A\cdot 1=A$

（2）$A+\overline{A}B=A+B$。

证明：$A+\overline{A}B=A(1+B)+\overline{A}B$

$\qquad =A+AB+\overline{A}B=A+B(A+\overline{A})=A+B$

（3）$AB+A\overline{B}=A$。

证明：$AB+A\overline{B}=A(B+\overline{B})=A$

（4）$A(\overline{A}+B)=AB$。

证明：$A(\overline{A}+B)=A\overline{A}+AB=0+AB=AB$

（5）$(A+B)(A+\overline{B}) = A$。

证明：$(A+B)(A+\overline{B})=AA+A\overline{B}+BA+B\overline{B}$

$\qquad =(A+A\overline{B})+BA+B\overline{B}=A+BA+0=A(1+B)=A$

2.3.3　逻辑函数的表示方法

一个逻辑函数可以分别用逻辑式、逻辑状态表、逻辑电路图、波形图、卡诺图等几种方法表示，它们之间可以相互转化。虽然各种方法有不同的特点，但它们都能表示输出变量与输入变量之间的关系。

1．逻辑式

逻辑式是用与、或、非等运算来表达逻辑函数的表达式，式中字母上面无反号的称为原变量，有反号的称为反变量。

（1）常见逻辑表达式。

$Y = ABC+\overline{A}BC+AB\overline{C}$（与或表达式）；

$Y = \overline{\overline{AC}+\overline{A}\overline{B}}$（与或非表达式）；

$Y = \overline{(A+B)(\overline{B}+\overline{C})}$（或与非表达式）；

其中，与或逻辑式是最常用的表达式。

（2）最小项。

最小项的定义：一个函数的某个乘积项包含了函数的全部变量，其中每个变量都以原变量或反变量的形式出现，且仅出现一次，则这个乘积项称为该函数的一个标准积项，通常称为最小项。

最小项的表示方法：通常用 m_i 来表示最小项。下标 i 的确定方式：把最小项中原变量记为 1，反变量记为 0，当变量顺序确定后，可以按顺序排列成一个二进制数，则与这个二进制数相对应的十进制数，就是这个最小项的下标 i。

如果逻辑式中有 3 个输入变量 A、B、C，它们的乘积项共有 8 种组合：

$\overline{ABC}$、$\overline{AB}\overline{C}$、$\overline{A}B\overline{C}$、$\overline{A}BC$、$A\overline{BC}$、$A\overline{B}C$、$AB\overline{C}$、$ABC$。

这八个乘积项有如下特点：

① 每个乘积项都有 3 个输入变量，每个变量都是它的一个因子；

② 每个变量以原变量或反变量形式出现一次。

这 8 个乘积项称为三变量 A、B、C 逻辑函数的最小项。n 个变量逻辑函数的最小项有 2^n 个。

最小项可以记成：

$m_0=\overline{ABC}$、$m_1=\overline{AB}\overline{C}$、$m_2=\overline{A}B\overline{C}$、$m_3=\overline{A}BC$、$m_4=A\overline{BC}$、$m_5=A\overline{B}C$、$m_6=AB\overline{C}$、$m_7=ABC$。

最小项的的相邻性：任何两个最小项，如果它们只有一个因子不同，其余因子都相同，则称这两个最小项为相邻最小项。

例如：m_0 和 m_1 具有相邻性，m_1 和 m_2 却没有，因为它们有两个不同的因子；m_3 和 m_4 也不相邻，但是 m_3 和 m_2 相邻。

相邻的两个最小项之和可以合并为一项，消去一个变量。如：

$m_0+m_2=\overline{ABC}+\overline{A}B\overline{C}=\overline{A}(B+\overline{B})\overline{C}=\overline{AC}$。

有的函数虽不是用最小项表示，如 $Y=AB+BC$，但该式可以变换为最小项表示：

$Y=AB+BC$

$=AB(C+\overline{C})+BC(A+\overline{A})$

$=ABC+AB\overline{C}+ABC+\overline{A}BC$

$=ABC+AB\overline{C}+\overline{A}BC$

由此可见，同一个逻辑函数可以用不同的逻辑式来表示。

2. 逻辑状态表

逻辑状态表是将输入、输出变量的逻辑状态以 1 或 0 的列表格的形式来表示逻辑函数。逻辑式和逻辑状态表可以相互转换。

（1）由逻辑式列出逻辑状态表。

例 2-18：画出逻辑函数 $Y=ABC+AB\overline{C}+\overline{A}BC$ 的逻辑状态表。

逻辑表达式中有 3 个变量，其最小项有 8 种组合，各种组合的取值按照原变量为 1，反变量为 0 的规则，把 8 种组合按照顺序排列到表的左侧，然后把各种组合的取值分别带入逻辑式中进行运算，求出对应的逻辑函数值，输出值列到表的右侧。

可列出如表 2-7 所示的状态表。

表 2-7　$Y=ABC+AB\overline{C}+\overline{A}BC$ 的逻辑状态表

A	B	C	Y
0	0	0	0
0	0	1	0
0	1	0	0
0	1	1	1
1	0	0	0
1	0	1	0
1	1	0	1
1	1	1	1

（2）由逻辑状态表写出逻辑式。

① 取 $Y=1$（或 $Y=0$）列逻辑式。

② 对一确定组合而言（对应表 2-7 的每行的输入变量），输入变量之间是与逻辑关系。对应于输出 Y，如果输入变量为 1 取原变量（如 A）；如果输入变量为 0 则取其反变量（如 $\overline{A}$），然后按照与逻辑关系取乘积项。

③ 各种组合之间，是或逻辑关系，按照输出 $Y=1$（或 $Y=0$）的项对应取输入的乘积项之和。

书写逻辑式时，选择 $Y=1$ 或 $Y=0$，一般选择"或"关系的数量较少为宜，这样便于化简和实现逻辑函数。

例如：请写出表 2-8 的逻辑式。

表 2-8　输入/输出的逻辑状态表

A	B	C	Y
0	0	0	0
0	0	1	1
0	1	0	0
0	1	1	1
1	0	0	0
1	0	1	1
1	1	0	0
1	1	1	0

从表 2-8 可以看出，输出 $Y=1$ 有 3 组（表 2-8 虚线框所示），因此可以选择 $Y=1$ 列逻辑式。

$Y=1$ 有 3 组分别对应 $\overline{A}\,\overline{B}C$、$\overline{A}BC$、$A\overline{B}C$，所以写出逻辑式为：

$Y = \overline{A}\,\overline{B}C + \overline{A}BC + A\overline{B}C$

例 2-19：请写出表 2-9 的逻辑式。

表 2-9　输入/输出的逻辑状态表

A	B	C	Y
0	0	0	1
0	0	1	0
0	1	0	1
0	1	1	0
1	0	0	1
1	0	1	0
1	1	0	1
1	1	1	1

从表 2-9 可以看出，输出 $Y=1$ 有 5 组，$Y=0$ 有 3 组（表 2-9 虚线框所示），因此可以选择 $Y=0$ 列逻辑式。

$Y=0$ 有 3 组分别对应 $\overline{A}\,\overline{B}C$、$\overline{A}BC$、$A\overline{B}C$，所以写出逻辑式为：

$\overline{Y} = \overline{A}\,\overline{B}C + \overline{A}BC + A\overline{B}C$；

$Y = \overline{\overline{A}\,\overline{B}C + \overline{A}BC + A\overline{B}C}$。

3. 逻辑电路图

通过逻辑式可以画出逻辑电路图。

几种逻辑关系对应的逻辑门如下：逻辑乘用"与"门实现，逻辑加用"或"门实现，求反用"非"门实现。式 $Y = ABC + AB\overline{C} + \overline{A}BC$，可用三个与门、两个非门、一个或门来实现，如图 2-1 所示。

由于表示一个逻辑函数的逻辑式不是唯一的，因此逻辑图也不是唯一的。但是由最小项组成的与或逻辑式则是唯一的，而逻辑状态表就是用最小项表示的，所以，逻辑状态表是唯一的。

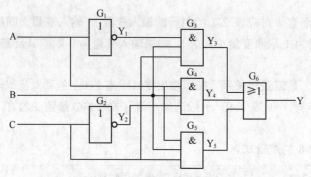

图 2-1　$Y = AB C + A B \overline{C} + \overline{A}BC$ 的逻辑电路图

4. 波形图

逻辑函数的波形图就是将函数的输入变量每一种可能出现的取值与输出按照时间顺序排列起来，也称为时序图。

表 2-7（图 2-1）的波形图如图 2-2 所示。

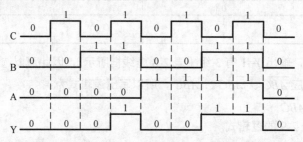

图 2-2　描述 $Y = AB C + A B \overline{C} + \overline{A}BC$ 逻辑功能的波形图

5. 描述方法之间的转换

① 真值表与逻辑函数之间的变换。

通过两个实例来学习真值表与逻辑函数之间的变换。

例 2-20：输入/输出的真值表如表 2-10 所示，请根据真值表写出它的逻辑函数式。

表 2-10　例 2-20 输入/输出的真值表

A	*B*	*C*	*Y*
0	0	0	1
0	0	1	0
0	1	0	0
0	1	1	0
1	0	0	1
1	0	1	0
1	1	0	1
1	1	1	0

从表 2-10 可以看出，输出 $Y=1$ 有 2 组（表 2-10 虚线框所示），因此其逻辑函数为这两组（两个乘积项）的和，两组分别对应 $AB\overline{C}$、ABC，所以写出逻辑式为：

$$Y = AB\overline{C} + ABC$$

例 2-21：一个函数逻辑函数式为 $Y = \overline{A}B\overline{C}D + \overline{A}BCD + \overline{A}BCD + ABCD$，请画出其真值表。

函数有四个变量，因此有 16 种可能的二进制组合，首先列在表的左侧。函数的乘积项对应的二进制数为：$\overline{A}B\overline{C}D \rightarrow 0101$，$\overline{A}BCD \rightarrow 0111$，$\overline{A}BCD \rightarrow 1000$，$ABCD \rightarrow 1111$，对于每一个二进制

数，在输出列的相应位置填写 1，其他为 0。真值表如表 2-11 所示。

表 2-11　例 2-21 的真值表

A	B	C	D	Y
0	0	0	0	0
0	0	0	1	0
0	0	1	0	0
0	0	1	1	0
0	1	0	0	0
0	1	0	1	1
0	1	1	0	0
0	1	1	1	1
1	0	0	0	1
1	0	0	1	0
1	0	1	0	0
1	0	1	1	0
1	1	0	0	0
1	1	0	1	0
1	1	1	0	0
1	1	1	1	1

② 逻辑函数与逻辑电路图之间的变换。

例 2-22：一个函数逻辑函数式为 $Y = A\overline{B} + \overline{A}B + A\overline{C}$，请画出其逻辑电路图。

根据逻辑函数可知有 3 个输入变量，按照优先顺序将式中的与、或、非运算符号换成相应的逻辑电路图。逻辑电路图如图 2-3 所示。

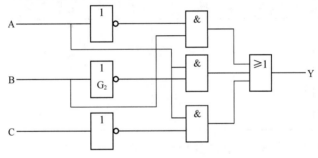

图 2-3　例 2-22 的逻辑电路图

例 2-23：根据图 2-4 所示的逻辑电路图写出其逻辑表达式。

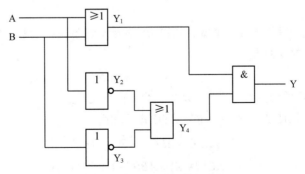

图 2-4　例 2-23 的逻辑电路图

根据逻辑电路图写出逻辑表达式时，从输入端开始逐个写出输出端的逻辑式，最终得到输出的逻辑表达式。过程如下：

$Y_1 = A + B$ ； $Y_2 = \overline{A}$ ； $Y_3 = \overline{C}$ ； $Y_4 = Y_2 + Y_3$ $Y = Y_1 Y_4$ ； 可得： $Y = (A + B)(\overline{A} + \overline{C})$

③ 真值表与波形图之间的变换。

例 2-24：已知逻辑函数 Y 的波形图如图 2-5 所示，请画出逻辑函数的真值表。

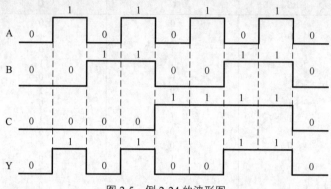

图 2-5 例 2-24 的波形图

从波形图可以看出函数有 3 个变量，因此有 8 种可能的二进制组合，首先列在表的左侧。从输出 Y 的波形可以看出，对于输入的不同状态，输出有 4 个函数的乘积项为高电平，对应的二进制数为： $A\overline{B}\,\overline{C} \rightarrow 100$ ， $AB\overline{C} \rightarrow 110$ ， $\overline{A}BC \rightarrow 011$ ， $ABC \rightarrow 111$ ，对于每一个二进制数，在输出列的相应位置填写 1，其他为 0。真值表如表 2-12 所示。

表 2-12 例 2-24 的真值表

A	B	C	Y
0	0	0	0
0	0	1	0
0	1	0	0
0	1	1	1
1	0	0	1
1	0	1	0
1	1	0	1
1	1	1	1

通过真值表画出波形图的方法在波形图讲解时已举例。

2.3.4 逻辑表达式的化简

1. 代数化简法

代数化简法就是运用逻辑代数的基本公式和法则对逻辑函数进行代数变换，消去多余项和多余变量，从而获得最简函数式的方法。

（1）并项法。

利用 $A + \overline{A} = 1$，将两项合并为一项，并消去一个或两个变量。

例如：对逻辑式 $Y = ABC + \overline{A}BC + A\overline{B}C + A\overline{B}\,\overline{C}$ 进行化简。

$$Y = ABC + \overline{A}BC + A\overline{B}C + A\overline{B}\,\overline{C}$$
$$= BC(A + \overline{A}) + A\overline{B}(C + \overline{C})$$
$$= BC + A\overline{B}$$

（2）吸收法。

利用 $A + AB = A$，消去多余的项。

例如：对逻辑式 $Y = AB + \overline{A}C + AB\overline{C} + \overline{A}B\overline{C}$ 进行化简。

$$Y = AB + \overline{A}C + AB\overline{C} + \overline{A}B\overline{C}$$
$$= AB + AB\overline{C} + \overline{A}C + \overline{A}B\overline{C}$$
$$= AB + \overline{A}C$$

（3）消去法。

利用 $A + \overline{A}B = A + B$，消去某些乘积项中的一部分。

例如：对逻辑式 $Y = \overline{A} + AB + \overline{B}CD$ 进行化简。

$$Y = \overline{A} + AB + \overline{B}CD$$
$$= \overline{A} + B + \overline{B}CD$$
$$= \overline{A} + B + CD$$

（4）配项法。

先利用 $A + \overline{A} = 1$，增加必要的乘积项，而后展开、合并化简。

例如：对逻辑式 $Y = AB + \overline{A}C + BCD$ 进行化简。

$$Y = AB + \overline{A}C + BCD$$
$$= AB + \overline{A}C + BCD(A + \overline{A})$$
$$= AB + \overline{A}C + ABCD + \overline{A}BCD$$
$$= AB + ABCD + \overline{A}C + \overline{A}BCD$$
$$= AB + \overline{A}C$$

例如：对逻辑式 $Y = AB + \overline{A}C + BC$ 进行化简。

$$Y = AB + \overline{A}C + BC$$
$$= AB + \overline{A}C + BC(A + \overline{A})$$
$$= AB + \overline{A}C + ABC + \overline{A}BC$$
$$= AB + ABC + \overline{A}C + \overline{A}BC$$
$$= AB(1 + C) + \overline{A}C(1 + B)$$
$$= AB + \overline{A}C$$

2. 卡诺图化简法

前面讲解的代数化简法有很大的灵活性，没有固定的方法和步骤，必须熟练掌握公式和定律，才能进行合适的化简。卡诺图化简法适合任意逻辑函数，具有固定的步骤和方法，易于掌握。

（1）用卡诺图表示逻辑函数。

卡诺图是由美国工程师卡诺（Karnaugh）首先提出的一种用来描述逻辑函数的图形表示方法。一个逻辑函数的卡诺图就是将此函数的最小项表达式中的各最小项相应地填入一个方格图内，此方格图称为卡诺图。而且方格内几何相邻（在几何位置上，上下或左右相邻）的小方格具有逻辑相邻性，即两个相邻小方格所代表的最小项只有一个变量取值不同。因此，可以从图形上直观地找出相邻最小项。两个相邻最小项可以合并为一个与项并消去一个变量。对于有 n 个变量的逻辑函数，其最小项有 2^n 个。因此该逻辑函数的卡诺图由 2^n 个小方格构成，每个小方格都满足逻辑相邻项的要求。

概括地说，卡诺图是一种描述逻辑函数的特殊方格图，每格代表一个最小项；上下左右相邻就具备相邻性；n 个变量的卡诺图由 2^n 个小方格组成，每个小方格代表一个最小项。

① 二变量卡诺图。

函数 $L(A，B)$ 有 2 个变量，则卡诺的构造为 $2^2=4$ 个方格，如图 2-6 所示。

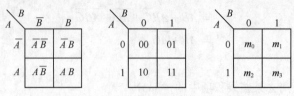

图 2-6　二变量卡诺图

图 2-6 中的数码排列不能按照大小的顺序成一行排列，必须按照图 2-6 排列，这样确保相邻的两个最小项仅有一个变量是不同的。

② 三变量卡诺图。

函数 $L(A，B，C)$ 有 3 个变量，则卡诺的构造为 $2^3=8$ 个方格，如图 2-7 所示。

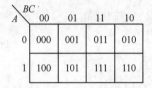 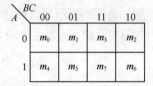

图 2-7　三变量卡诺图

三变量的卡诺图具有 8 个方格，排成两行四列，同样，按照表中的位置排列。

③ 四变量卡诺图。

函数 $L(A，B，C，D)$ 有 4 个变量，则卡诺的构造为 $2^4=16$ 个方格，如图 2-8 所示。

AB\CD	00	01	11	10
00	0000	0001	0011	0010
01	0100	0101	0111	0110
11	1100	1101	1111	1110
10	1000	1001	1011	1010

AB\CD	00	01	11	10
00	m_0	m_1	m_3	m_2
01	m_4	m_5	m_7	m_6
11	m_{12}	m_{13}	m_{15}	m_{14}
10	m_8	m_9	m_{11}	m_{10}

图 2-8　四变量卡诺图

例 2-25：画出逻辑函数的卡诺图。

$$F(A,B,C,D)=\sum m(0,1,2,5,7,8,10,11,14,15)$$

逻辑函数为最小项之和，该逻辑函数最大的为 m_{15}，因此为四变量函数，画出四变量的卡诺图，在对应函数式最小项的位置填上 1，其余位置填上 0，就得到了相应的卡诺图。

画出的卡诺图如图 2-9 所示。

在画卡诺图的过程中，也可以在逻辑函数包含的最小项所对应的方格内画上 1，0 不在图上画出。方格内为 "1" 的格，也称为 1 格。

例 2-26：画出逻辑函数 $Y = BC + A\overline{B}$ 的卡诺图。

首先把逻辑函数写成最小项之和的形式。

AB\CD	00	01	11	10
00	1	1	0	1
01	0	1	1	0
11	0	0	1	1
10	1	0	1	1

图 2-9　例 2-25 的卡诺图

$$Y = BC + A\overline{B}$$
$$= BC(A + \overline{A}) + A\overline{B}(C + \overline{C})$$
$$= ABC + \overline{A}BC + A\overline{B}C + A\overline{B}\,\overline{C}$$
$$= m_7 + m_3 + m_5 + m_4$$

逻辑函数有 3 个变量 A、B、C，包含 4 个最小项，画出三变量的卡诺图如图 2-10 所示。

（2）逻辑函数的卡诺图化简法。

卡诺图在相邻两个方格所代表的最小项只有一个变量不同。因此，若相邻的方格都为 1（简称 1 格）时，则对应的最小项就可以合并。合并的结果是消去这个不同的变量，只保留相同的变量。这是图形化简法的依据。

卡诺图具备以下特性。

① 卡诺图中 2 个相邻 1 格的最小项可以合并成一个与项，并消去 1 个变量。

② 卡诺图中 4 个相邻 1 格的最小项可以合并成一个与项，并消去 2 个变量。

③ 卡诺图中 8 个相邻 1 格的最小项可以合并成一个与项，并消去 3 个变量。

例 2-27：卡诺图如图 2-11 所示，利用合并最小项进行化简。

首先将相邻为 1 的最小项圈起来，图 2-11 有两个相邻 1 格的最小项，可以合并成一个与项，并消去一个变量。可以看出最小项为 1 的格占满第二列，对应第二列 01 数值，因此卡诺图对应的最简式为：$\overline{B}\,C$。

对于三变量卡诺图：1 个小方格产生三变量的乘积项；2 个小方格产生二变量的乘积项；4 个小方格产生一变量的乘积项；8 个小方格产生表达式的值为 1。如果为四变量卡诺图，则 8 个小方格产生一变量的乘积项；16 个小方格产生表达式的值为 1。

例 2-28：写出图 2-12 卡诺图的最简表达式。

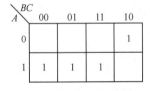

图 2-10　例 2-26 的卡诺图

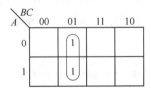

图 2-11　例 2-27 的卡诺图

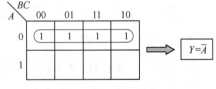

图 2-12　例 2-28 的卡诺图

把卡诺图中最小项为 1 的方格圈起来，4 个连续相邻的小方格产生一变量的乘积，可以很快速看出表达式为：$Y = \overline{A}$。

同样 4 个连续相邻的小方格产生一变量的乘积的卡诺图如图 2-13 所示。

例 2-29：用卡诺图化简法求最简与或表达式：$Y(A,B,C)=$ $\sum m(1,2,3,6,7)$

因为函数是最小项之和，因此不用进行变换，画出卡诺图，如图 2-14 所示。

然后在转换十进制对应 1、2、3、6、7 的地方填入为 1，其余不填（或者填写为 0）。将图中为 1 的方格圈起来，要把为 1 的圈起来需要两个封闭曲线，如图 2-14 所示，因此函数可以分成两个部分，为两组的和。

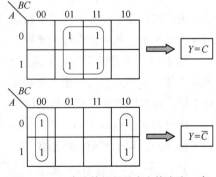

图 2-13　四个连续相邻的小方格产生一变量的乘积的卡诺图

$$Y=(m_1+m_3)+(m_2+m_3+m_6+m_7)$$ 即：

$$Y=(\overline{A}\overline{B}C+\overline{A}BC)+(\overline{A}B\overline{C}+\overline{A}BC+AB\overline{C}+ABC)$$

$$=\overline{A}C+B$$

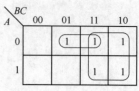

图 2-14 例 2-29 的卡诺图

通过以上实例，卡诺图化简的步骤如下。

① 将逻辑函数写成最小项之和的形式。由最小项表达式确定变量的个数（如果最小项中缺少变量，应当补齐）。

② 画出最小项表达式对应的卡诺图。

③ 将卡诺图中的 1 格画圈，一个也不能漏，1 格允许被一个以上的圈所包围，找出可以合并的最小项。

圈的个数应尽可能地少。即在保证 1 格一个也不漏圈的前提下，圈的个数越少越好。因为一个圈和一个与项相对应，圈数越少，与或表达式的与项就越少。

按照 2^k 个方格来组合（即圈内的 1 格数必须为 1、2、4、8、16 等），圈的面积越大越好。因为圈越大，可消去的变量就越多，与项中的变量就越少。

每个圈应至少包含一个新的 1 格，否则这个圈是多余的。需要注意的是，用卡诺图化简所得到的最简与或式不是唯一的。

下面通过几个实例练习卡诺图的化简。

例 2-30：用卡诺图化简函数：$Y=\overline{A}\overline{B}C+\overline{A}CD+A\overline{B}C\overline{D}+A\overline{B}C$。

解：从表达式中可以看出此为四变量的逻辑函数，但是有的乘积项中缺少一个变量，不符合最小项的规定。因此，每个乘积项中都要将缺少的变量补上：

$$\overline{A}\overline{B}C=\overline{A}\overline{B}C(D+\overline{D})=\overline{A}\overline{B}CD+\overline{A}\overline{B}C\overline{D}$$

$$\overline{A}C\overline{D}=\overline{A}C\overline{D}(B+\overline{B})=\overline{A}BC\overline{D}+\overline{A}\overline{B}C\overline{D}$$

$$A\overline{B}C=A\overline{B}C(D+\overline{D})=A\overline{B}CD+A\overline{B}C\overline{D}$$

因此，获得整个表达式如下：

$$Y=\overline{A}\overline{B}CD+\overline{A}\overline{B}C\overline{D}+\overline{A}BC\overline{D}+\overline{A}\overline{B}C\overline{D}+A\overline{B}C\overline{D}+A\overline{B}CD+A\overline{B}C\overline{D}$$

$$=m_1+m_0+m_6+m_2+m_{10}+m_9+m_8$$

根据以上最小项形式，画出卡诺图。卡诺图如图 2-15 所示。

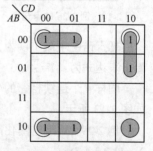

图 2-15 例 2-30 的卡诺图

对于卡诺图，相邻的两个只有一个输入变量不同，最上面一行和最下面一行属于相邻项，最左侧和最右侧的列也属于相邻项，因此对 1 格进行画圈时，最上和最下、最左和最右的是可以合并的最小项，把 1 格用线圈画起来，圈的面积越大越好，1 格允许被一个以上的圈所包围。

图 2-15 的卡诺图可以把 1 格分为 3 组，图中 4 个角所在位置的 1 格组成 1 组，可以产生二变量的乘积项；左上两个 1 格及左下两个 1 格组成 1 组，也可以产生二变量的乘积项；右上竖列的两个 1 格组成 1 组，可以产生三变量的乘积项。

通过合并最小项可得：$Y=\overline{B}\overline{C}+B\overline{D}+\overline{A}CD$

例 2-31：用卡诺图化简函数：

$$Y=\overline{A}\overline{B}\overline{C}\overline{D}+\overline{A}\overline{B}C\overline{D}+\overline{A}BC\overline{D}+\overline{A}B\overline{C}\overline{D}+\overline{A}\overline{B}\overline{C}D+\overline{A}B\overline{C}D+AB\overline{C}D+AB\overline{C}\overline{D}$$。

从表达式中可以看出此为四变量的逻辑函数，符合最小项的规定，画出卡诺图如图 2-16 所示。

对 1 格进行画圈，合并最小项。图 2-16（a）所示把 1 格分为 4 组，包含的 1 格数量分别为 2、

2、2、4，得到的化简式为：

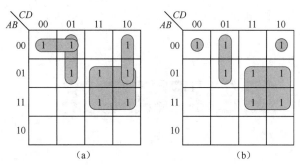

图 2-16 例 2-31 的卡诺图

$$Y = BC + \overline{ABC} + \overline{ACD} + \overline{AC}\overline{D}$$

图 2-16（b）所示把 1 格分为 3 组，包含的 1 格数量分别为 2、2、4，得到的化简式为：

$$Y = BC + \overline{ACD} + \overline{ABD}$$

通过上述两种方式，可以看出图 2-16（a）所示 1 格分组画的比图 2-16（b）所示的多了一个圈，多了一个与项，不是最简式，因此图 2-16（b）所示为正确的分组方法，圈的个数越少越好，圈数越少，与或表达式的与项就越少。

例 2-32：用卡诺图化简函数：

$$Y = \sum m(0,1,2,4,5,6,8,9,12,13)。$$

表达式以最小项和的形式给出，因此可以直接画出卡诺图，如图 2-17 所示。

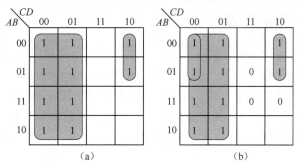

图 2-17 例 2-32 的卡诺图

对 1 格进行画圈，合并最小项。图 2-17（a）所示把 1 格分为两组，包含的 1 格数量分别为 2、8，得到的化简式为：

$$Y = \overline{C} + \overline{A}C\overline{D}$$

图 2-17（b）所示同样把 1 格分为两组，包含的 1 格数量分别为 4、8，得到的化简式为：

$$Y = \overline{C} + \overline{A}D$$

通过上述两种方式，可以看出图 2-17（a）所示 1 格分组画的圈比图 2-17（b）所示的面积小，乘积项所含的变量多，因此图 2-17（b）所示为正确的画线方法，圈的面积越大越好，圈的面积越大，消去的变量越多。

通过以上代数化简法和卡诺图化简法的讲解，看出不同的方法有不同的优势。代数化简法适用于各种复杂的逻辑函数，如果熟练地运用逻辑代数的公式和定律，化简相对比较快捷；而卡诺图化简法比较直观，容易掌握，但是如果变量太多时，卡诺图化简就会太复杂，一般用于 4 个及以下变量的逻辑函数的化简。

第 3 章

组合逻辑电路

组合逻辑电路的特点是任意时刻的输出仅取决于该时刻的输入，与电路原来的状态无关。组合逻辑电路在功能上千差万别，但是分析和设计方法都是相同的。本章重点介绍了组合逻辑电路的分析方法和设计方法，讲述了常用组合逻辑电路的原理和应用，简单介绍了组合逻辑电路的竞争-冒险现象知识，有利于读者掌握和理解组合逻辑电路。

3.1 组合逻辑电路分析与设计

3.1.1 组合逻辑电路的特点

数字电路根据逻辑功能的不同特点，可以分成两大类：一类是组合逻辑电路（Combinational Logic Circuit，简称为组合电路），另一类是时序逻辑电路（Sequential Logic Circuit，简称为时序电路）。组合逻辑电路在逻辑功能上的特点是任意时刻的输出仅仅取决于该时刻的输入，与电路原来的状态无关。而时序逻辑电路在逻辑功能上的特点是任意时刻的输出不仅取决于当时的输入信号，而且还取决于电路原来的状态，或者说还与以前的输入有关。

对于任何一个多输入、多输出的组合逻辑电路，都可以用图 3-1 来表示。

图 3-1 中，X_1，X_2，$\cdots$，X_n 表示输入变量，Y_1，Y_2，$\cdots$，Y_m 表示输出变量，输入与输出的逻辑关系可以用如下逻辑函数式表示：

图 3-1 组合逻辑电路框图

$$Y_1 = F_1(X_1, X_2, \ldots, X_n)$$
$$Y_2 = F_2(X_1, X_2, \ldots, X_n)$$
$$\vdots$$
$$Y_m = F_m(X_1, X_2, \ldots, X_n)$$

图 3-2 所示为组合逻辑电路实例。

从图中看出，本电路共有 5 个逻辑门电路构成，包括了与、或、门基本的门电路，有两个输入变量 A 和 B，G_1 实现了 A 和 B 的或逻辑，G_2 实现了 A 的非逻辑，G_3 实现了 B 的非逻辑，G_4 实现了 Y_1 和 Y_2 的或逻辑，G_5 为 Y_1 和 Y_4 的与逻辑，逻辑功能可用逻辑函数的形式来表达，即

$Y = (\overline{A} + \overline{B})(A + B)$。从逻辑函数可知，任意时刻 Y 的状态只由 A 和 B 来决定，与电路过去的状态无关。因此，组合逻辑电路不包含存储单元，由最基本的逻辑门电路组合而成，这是组合逻辑电路在电路结构上的特点。

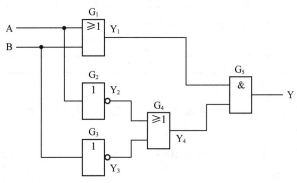

图 3-2   组合逻辑电路实例

3.1.2   组合逻辑电路的分析

组合逻辑电路的分析就是根据一个给定的逻辑电路，通过分析得到电路的逻辑功能。

分析方法一般是从电路的输入到输出逐级写出各个门的逻辑式，最后写出输出变量 Y 的逻辑式，然后将得到的函数式进行化简或变换，以使逻辑关系简单清楚，可以将逻辑函数式转换为真值表（表示所有输入和输出之间全部可能状态的表格）的形式，从而分析出其逻辑功能。

组合逻辑电路的分析步骤：已知逻辑电路图→ 逻辑函数表达式→利用逻辑代数法化简函数→逻辑状态表→分析逻辑功能。

例 3-1：试分析图 3-3 所示逻辑电路的逻辑功能。

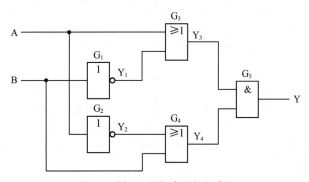

图 3-3   例 3-1 的组合逻辑电路图

分析过程如下。

（1）由逻辑电路图写出逻辑式，并进行化简。

按照逻辑门的顺序依次写出各门的输入和输出的逻辑关系，最后得到输入与输出的逻辑关系。

$$G_1 \text{门}: \quad Y_1 = \overline{B} ; \quad G_2 \text{门}: \quad Y_2 = \overline{A} ; \quad G_3 \text{门}: \quad Y_3 = A + Y_1 ;$$
$$G_4 \text{门}: \quad Y_4 = B + Y_2 ; \quad G_5 \text{门}: \quad Y = Y_3 Y_4 ;$$
$$\text{可得}: \quad Y = (A + \overline{B})(\overline{A} + B)$$
$$= AB + \overline{AB}$$

（2）由逻辑式列出逻辑状态表，如表 3-1 所示。

表 3-1　例 3-1 逻辑状态表

A	B	Y
0	0	1
0	1	0
1	0	0
1	1	1

（3）分析逻辑功能。

由逻辑状态表可以看出，当两个输入端一个为 0，另一个为 1 时，输出为 0；当两个输入端均为 1 或均为 0 时，输出为 1。

该特点为：输入相异，输出为 0；输入相同，输出为 1，实现了同或门的逻辑功能。

例 3-2：试分析图 3-4 所示的逻辑电路的逻辑功能。

分析过程如下。

（1）由逻辑电路图写出逻辑式，并进行化简。

逐级写出各门的逻辑关系比较简单，此处省略，后面的例题也直接写出图示中输入和输出的逻辑式。

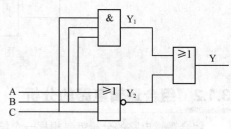

图 3-4　例 3-2 的组合逻辑电路图

$$Y = \overline{A+B+C} + ABC$$
$$= \overline{\overline{ABC}} + ABC$$

（2）由逻辑式列出逻辑状态表，如表 3-2 所示。

表 3-2　例 3-2 逻辑状态表

A	B	C	Y
0	0	0	1
0	0	1	0
0	1	0	0
0	1	1	0
1	0	0	0
1	0	1	0
1	1	0	0
1	1	1	1

（3）分析逻辑功能。

由逻辑状态表可以看出，当 A、B、C 取值相同时，输出 Y 为 1，当 A、B、C 取值不同时，输出 Y 为 0。

例 3-3：试分析图 3-5 所示的逻辑电路的逻辑功能。

分析过程如下。

（1）由逻辑电路图写出逻辑式，并进行化简。

$$Y = \overline{\overline{ABC} \cdot A + \overline{ABC} \cdot B + \overline{ABC} \cdot C}$$
$$= \overline{\overline{ABC}(ABC)} = \overline{\overline{ABC}} + \overline{(A+B+C)}$$
$$= ABC + \overline{ABC}$$

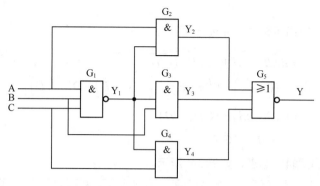

图 3-5　例 3-3 的组合逻辑电路图

（2）由逻辑式列出逻辑状态表，如表 3-3 所示。

表 3-3　例 3-3 逻辑状态表

A	B	C	Y
0	0	0	1
0	0	1	0
0	1	0	0
0	1	1	0
1	0	0	0
1	0	1	0
1	1	0	0
1	1	1	1

（3）分析逻辑功能。

由逻辑状态表可以看出，只有当输入端的 A、B 和 C 全为 0 或全为 1 时，输出 Y 才为 1；否则输出 Y 为 0。逻辑功能同例题 3-2 的功能一致，该电路具有检查输入信号是否一致的逻辑功能，一旦输出为 0，则表明输入不一致。因此，通常称这种电路为"判一致电路"。

通过例题 3-2 和例题 3-3 可知，不同的电路结构也可以实现相同的逻辑功能。

例 3-4：试分析图 3-6 所示的逻辑电路的逻辑功能。

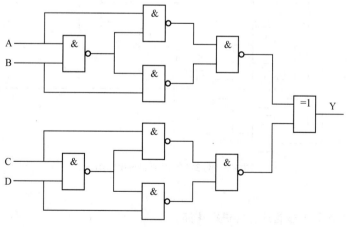

图 3-6　例 3-4 的组合逻辑电路图

分析过程如下。

（1）由逻辑电路图写出逻辑式，并进行化简。

$$Y = \overline{\overline{\overline{A\overline{AB}} \cdot \overline{B\overline{AB}}} \oplus \overline{\overline{C\overline{CD}} \cdot \overline{D\overline{CD}}}}$$

$$= \left[A\left(\overline{A}+\overline{B}\right) + B\left(\overline{A}+\overline{B}\right) \right] \oplus \left[C\left(\overline{C}+\overline{D}\right) + D\left(\overline{C}+\overline{D}\right) \right]$$

$$= \left(A\overline{B}+\overline{A}B \right) \oplus \left(C\overline{D}+\overline{C}D \right)$$

$$= A \oplus B \oplus C \oplus D$$

（2）由逻辑式列出逻辑状态表，如表 3-4 所示。

表 3-4　例 3-4 逻辑状态表

输入				输出	输入				输出
A	B	C	D	Y	A	B	C	D	Y
0	0	0	0	0	1	0	0	0	1
0	0	0	1	1	1	0	0	1	0
0	0	1	0	1	1	0	1	0	0
0	0	1	1	0	1	0	1	1	1
0	1	0	0	1	1	1	0	0	0
0	1	0	1	0	1	1	0	1	1
0	1	1	0	0	1	1	1	0	1
0	1	1	1	1	1	1	1	1	0

（3）分析逻辑功能。

由逻辑状态表可以看出，当 A、B、C、D 这 4 个输入端有奇数个 1 时，输出为 1，反之输出为 0，实现了偶校验位的逻辑功能。

例 3-5：试分析图 3-7 所示的逻辑电路的逻辑功能。

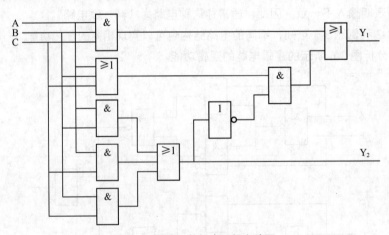

图 3-7　例 3-5 的组合逻辑电路图

分析过程如下。

（1）由逻辑电路图写出逻辑式，并进行化简。

$$Y_1 = ABC + (A+B+C)\overline{AB+AC+BC}$$

$$Y_2 = AB+AC+BC$$

（2）由逻辑式列出逻辑状态表见表 3-5。

表 3-5　例 3-5 逻辑状态表

A	B	C	Y_1	Y_2	A	B	C	Y_1	Y_2
0	0	0	0	0	1	0	0	1	0
0	0	1	1	0	1	0	1	0	1
0	1	0	1	0	1	1	0	0	1
0	1	1	0	1	1	1	1	1	1

（3）分析逻辑功能。

由逻辑状态表可以看出，电路构成了全加器，输入 A、B、C 分别为加数、被加数和低位的进位，Y_1 为 "和"，Y_2 为 "进位"。

3.1.3　组合逻辑电路的设计

组合逻辑电路的设计是指根据给出的实际逻辑功能要求，求出实现这一逻辑功能的最优电路。

组合逻辑电路的设计的一般步骤：已知逻辑功能要求→列出逻辑状态表→写出逻辑式→运用逻辑代数法化简函数→ 画出逻辑电路图。

例 3-6：某建筑的火灾报警系统，设置有烟雾感、温度感和紫外光感 3 种不同类型的火灾探测器。为了防止误报警，只有当两种或两种以上的探测器发出探测信号时，报警系统才产生报警信号，只有一个探测器发出探测信号时，报警系统不报警。试设计出满足上述要求的逻辑电路。

解：电路的输入信号为烟雾感、温度感和紫外光感 3 种探测器的输入信号，分别用 A、B、C 表示，传感器输出信号用 1 表示，否则用 0 表示。报警电路的输出用 Y 表示，规定系统报警时 Y 为 1，否则 Y 为 0。

（1）按照题意列出逻辑状态表，如表 3-6 所示。

表 3-6　例 3-6 逻辑状态表

A	B	C	Y
0	0	0	0
0	0	1	0
0	1	0	0
0	1	1	1
1	0	0	0
1	0	1	1
1	1	0	1
1	1	1	1

（2）由逻辑状态表写出逻辑式并化简。

$$
\begin{aligned}
Y &= \overline{A}BC + A\overline{B}C + AB\overline{C} + ABC \\
  &= \overline{A}BC + A\overline{B}C + AB\overline{C} + ABC + ABC + ABC \\
  &= \overline{A}BC + ABC + A\overline{B}C + ABC + AB\overline{C} + ABC \\
  &= BC + AB + AC
\end{aligned}
$$

（3）由逻辑式画出的逻辑电路图如图 3-8 所示。

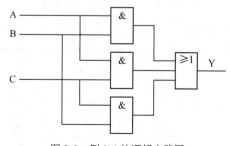

图 3-8　例 3-6 的逻辑电路图

例 3-7：设计一个 3 路判决电路，裁判 A 具有否决权，只有在 A 裁判同意的前提下，另外两名裁判 B 和 C 有一名以上的同意，裁判结果为"通过"，否则为"否决"。用与非门电路实现此功能。

解：三名裁判分别用 A、B、C 表示，裁判 A 具有否决权，判决结果用 Y 表示，规定"通过"用 1 表示，"否决"用 0 表示。

（1）按照题意列出逻辑状态表，如表 3-7 所示。

表 3-7　例 3-7 逻辑状态表

A	B	C	Y
0	0	0	0
0	0	1	0
0	1	0	0
0	1	1	0
1	0	0	0
1	0	1	1
1	1	0	1
1	1	1	1

（2）由逻辑状态表写出逻辑式并化简。

$$Y = A\overline{B}C + AB\overline{C} + ABC$$
$$= A\overline{B}C + AB\overline{C} + ABC + ABC$$
$$= A\overline{B}C + ABC + AB\overline{C} + ABC$$
$$= AC + AB = \overline{\overline{AB} \cdot \overline{AC}}$$

（3）由逻辑式画出的逻辑电路图如图 3-9 所示。

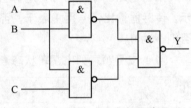

图 3-9　例 3-7 的逻辑电路图

例 3-8：设计一个监视交通信号灯工作状态的逻辑电路，两个以上的信号灯同时亮即为故障状态。交通信号灯状态示意图如图 3-10 所示。

解：黄、绿、红信号灯分别用 Y、G、R 表示，灯亮为 1，灯灭为 0。输出用 Z 表示，故障为 1，正常为 0。

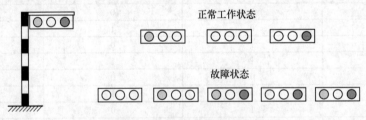

图 3-10　交通信号灯状态示意图

（1）按照题意列出逻辑状态表，如表 3-8 所示。

表 3-8　例 3-8 逻辑状态表

Y	G	R	Z
0	0	0	1
0	0	1	0
0	1	0	0
0	1	1	1
1	0	0	0

Y	G	R	Z
1	0	1	1
1	1	0	1
1	1	1	1

（2）由逻辑状态表写出逻辑式并化简。

$$Z = \overline{Y}\,\overline{G}\,\overline{R} + \overline{Y}GR + Y\overline{G}R + YG\overline{R} + YGR$$
$$= \overline{Y}\,\overline{G}\,\overline{R} + \overline{Y}GR + Y\overline{G}R + YG\overline{R} + YGR + YGR + YGR$$
$$= \overline{Y}\,\overline{G}\,\overline{R} + GR + YR + YG$$

（3）由逻辑式画出的逻辑电路图如图 3-11 所示。

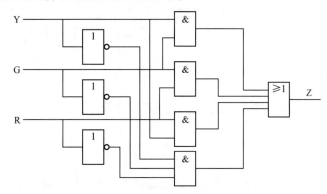

图 3-11　例 3-8 的逻辑电路图

例 3-9：某企业有 A、B、C 3 个分厂和一个自备电站，站内有两台发电机 G_1 和 G_2。G_1 的容量是 G_2 的两倍。如果一个分厂开工，只需 G_2 运行即可满足要求；如果两个分厂开工，只需 G_1 运行，如果 3 个分厂同时开工，则 G_1 和 G_2 均需运行。设计出控制 G_1 和 G_2 运行的逻辑电路图。

解：用 A、B、C 分别表示 3 个分厂的开工状态，开工为"1"，不开工为"0"；G_1 和 G_2 运行为"1"，不运行为"0"。

（1）按照题意列出逻辑状态表，如表 3-9 所示。

表 3-9　例 3-9 逻辑状态表

A	B	C	G_1	G_2
0	0	0	0	0
0	0	1	0	1
0	1	0	0	1
0	1	1	1	0
1	0	0	0	1
1	0	1	1	0
1	1	0	1	0
1	1	1	1	1

（2）由逻辑状态表写出逻辑式并化简。

$$G_1 = \overline{A}BC + A\overline{B}C + AB\overline{C} + ABC$$
$$= AB + BC + AC$$
$$G_2 = \overline{A}\,\overline{B}C + \overline{A}B\overline{C} + A\overline{B}\,\overline{C} + ABC$$

（3）由逻辑式画出的逻辑电路图如图3-12所示。

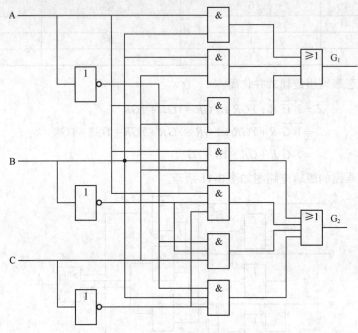

图3-12　例3-9的逻辑电路图

例3-10：某企业有3个气体储罐，每个气体储罐都设有压力传感器，设计一个电路，当任意两个储罐的压力低于设定值时，发出报警信号，用与非门电路实现逻辑关系。

解：用A、B、C分别表示3个气体储罐的压力值，正常为"0"，低于设定值为"1"；Y表示报警信号，发出报警信号为"1"，否则为"0"。

（1）按照题意列出逻辑状态表，如表3-10所示。

表3-10　例3-10逻辑状态表

A	B	C	Y
0	0	0	0
0	0	1	0
0	1	0	0
0	1	1	1
1	0	0	0
1	0	1	1
1	1	0	1
1	1	1	1

（2）由逻辑状态表写出逻辑式并化简。

$$G1 = \overline{A}BC + A\overline{B}C + AB\overline{C} + ABC$$
$$= AB + BC + AC$$
$$= \overline{\overline{AB + BC + AC}}$$
$$= \overline{\overline{AB} \cdot \overline{BC} \cdot \overline{AC}}$$

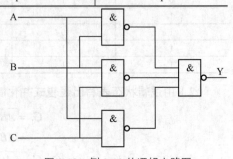

（3）由逻辑式画出的逻辑电路图如图3-13所示。

图3-13　例3-10的逻辑电路图

3.2 加法器

在生产实践中，经常为解决各种逻辑问题而设计逻辑电路，这就应运而生了许多集成逻辑模块。在设计实现复杂的电路时，可以选用这些经过使用验证的电路模块从而简化设计过程。常用的组合逻辑电路模块有加法器、编码器、译码器、数据选择器、数值比较器等。从这节开始我们学习这些常用的组合逻辑电路。

3.2.1 基本加法器

在数字计算机中，算术运算是不可缺少的组成单元。在数字系统中对二进制进行加、减、乘、除运算时，都是分成若干步加法运算完成的，所以加法器是构成算术运算的基本单元。最基本的加法器是一位加法器，按照功能可分为半加器和全加器。

1. 半加器（Half Adder）

半加器就是实现两位相加，产生一个"和"输出及一个"进位"输出，不考虑来自低位的进位，也就是对两个二进制数进行本位相加得到和及进位的运算电路。

前面讲过的二进制加法的基本规则为：

$$0+0=0$$
$$0+1=1$$
$$1+0=1$$
$$1+1=10$$

按照二进制数的运算规则可以得到表 3-11 所示的半加器状态表，其中，A、B 是两个加数，S（Sum）是两个加数的和，C（Carry Out）是向高位的进位。

表 3-11 半加器状态表

输入		输出	
A	B	S	C
0	0	0	0
0	1	1	0
1	0	1	0
1	1	0	1

由逻辑状态表可以写出逻辑式：

$$S = \overline{A}B + A\overline{B} = A \oplus B$$
$$C = AB$$

由逻辑式可以画出半加器逻辑图，如图 3-14（a）所示，是由一个异或门和一个与门组成，其逻辑符号如图 3-14（b）所示。

2. 全加器（Full Adder）

全加器是对两个一位二进制数进行本位相加，并考虑低位来的进位，得到和及进位的运算电路。也就是说全加器有两个输入加数和一个输入进位，产生一个"和"输出及一个"进位"输出。全加器和半加器的主要区别是全加器还有一个输入进位。

按照二进制数的运算规则可以得到全加器状态表，如表 3-12 所示，其中，A_i 和 B_i 是两个加数、C_{i-1} 是低位来的进位，S_i 是相加的和，C_i 是向高位的进位。

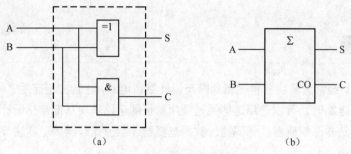

图 3-14　半加器逻辑图及其逻辑符号

表 3-12　全加器状态表

输入			输出	
A_i	B_i	C_{i-1}	S_i	C_i
0	0	0	0	0
0	0	1	1	0
0	1	0	1	0
0	1	1	0	1
1	0	0	1	0
1	0	1	0	1
1	1	0	0	1
1	1	1	1	1

由逻辑状态表可以推出 S_i 逻辑表达式为：

$$S_i = \overline{A_i}\,\overline{B_i}C_{i-1} + \overline{A_i}B_i\overline{C_{i-1}} + A_i\overline{B_i}\,\overline{C_{i-1}} + A_iB_iC_{i-1}$$
$$= \overline{A_i}(\overline{B_i} \oplus C_{i-1}) + A_i(\overline{B_i} \oplus C_{i-1})$$
$$= \overline{A_i} \oplus \overline{B_i} \oplus C_{i-1}$$

C_i 是向高位的进位的表达式为：

$$C_i = \overline{A_i}B_iC_{i-1} + A_i\overline{B_i}C_{i-1} + A_iB_i\overline{C_{i-1}} + A_iB_iC_{i-1}$$
$$= (\overline{A_i}B_i + A_i\overline{B_i})\,C_{i-1} + A_iB_i(\overline{C_{i-1}} + C_{i-1})$$
$$= (A_i \oplus B_i)\,C_{i-1} + A_iB_i$$

由逻辑式可以画出全加器逻辑图，如图 3-15（a）所示，其逻辑符号如图 3-15（b）所示。

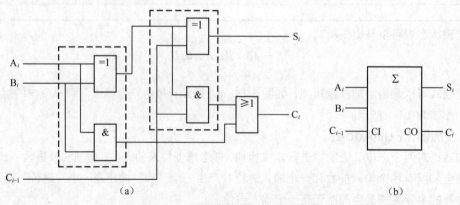

图 3-15　全加器逻辑图及其逻辑符号

C_{i-1} 为输入进位，可以定义为 CI，C_i 为输出进位，可以定义为 CO，如图 3-15（b）中逻辑符号所示。

从图 3-15（a）可以看出，全加器中有两个半加器，可用半加器的逻辑符号画出，它们的连接如图 3-16 所示。

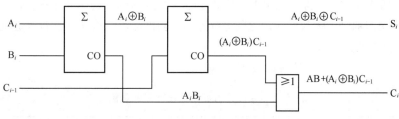

图 3-16　利用半加器组成全加器

3.2.2　并行加法器

用 n 位全加器实现两个 n 位操作数的各位同时相加，这种加法器称为并行加法器。并行加法器中全加器的个数与操作数的位数相同。计算机进行一次加法运算所使用的两个数，称为操作数。

一个全加器能够实现两个一位数字和一个输入进位的相加，如果要将 2 位二进制数相加，就需要两个加法器，4 位数字需要 4 个加法器，依此类推。每一个加法器的进位输出与下一个较高位的加法器的进位输入相连。

1. 2 位并行加法器

2 位并行加法器如图 3-17 所示。

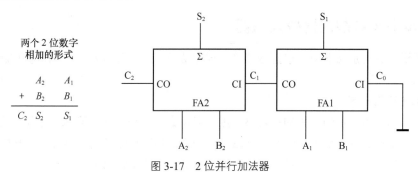

图 3-17　2 位并行加法器

最低有效位使用一个全加器，它的进位输入为 0（接地），因为最低有效位是没有进位输入的，因此最低有效位也可以使用一个半加器。

2. 4 位并行加法器

在计算机的数字运算中，4 位二进制数称为半字节（nibble），因此常用到 4 位并行加法器，由 4 个全加器构成了一个基本 4 位并行加法器，如图 3-18 所示。

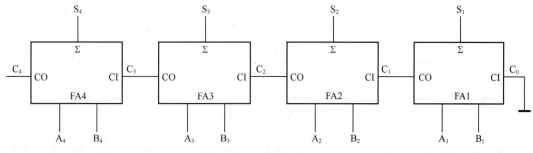

图 3-18　4 位并行加法器

在基本 4 位并行加法器中，相加的每一个数中的最低有效位（A_1 和 B_1）在最右边的全加器（FA1）上相加，较高一级的位在接续的较高一级的全加器（FA2）上相加，相加的每一个数中的最高有效位（A_4 和 B_4）在最左边的全加器（FA4）上相加。如图 3-18 所示，每一个加法器的进位输出与下一个较高一级的加法器的进位输入相连，这些进位称为内部进位。C_0 表示外部输入进位，C_1、C_2、C_3 是内部进位，C_4 为输出进位。

4 位并行加法器每一级的真值表如表 3-13 所示。

表 3-13　4 位并行加法器每一级的真值表

输入			输出	
A_i	B_i	C_{i-1}	S_i	C_i
0	0	0	0	0
0	1	0	1	0
1	0	0	1	0
1	1	0	0	1
0	0	1	1	0
0	1	1	0	1
1	0	1	0	1
1	1	1	1	1

表 3-13 中下标 i 表示加法器的位，它表示 4 位加法器的 1、2、3 或 4 位，C_{i-1} 为来自前一级加法器的进位。

3.2.3　异步进位和超前进位加法器

在上述所讲的并行加法器中，根据进位的处理方法不同，分为异步进位加法器和超前进位加法器等。

1. 异步进位加法器

异步进位加法器就是任何一级的和及输出进位必须在上一级的进位到来后才能产生，又称为行波进位加法器。这就造成加法过程的时间延迟，时间延迟情况如图 3-19 所示。假设输入 A_i 和 B_i 已经到达，每个全加器的进位传输延迟就是从产生输入进位到产生输出进位的时间。

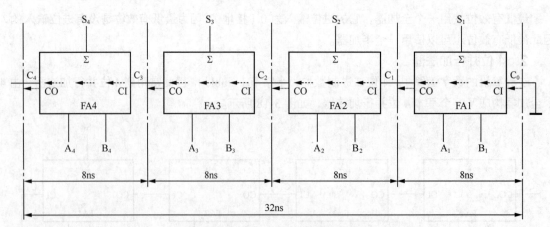

图 3-19　4 位并行加法器进位传输延迟示意图

全加器 FA1 在输入进位到达以后，才有可能产生输出进位；全加器 FA2 在全加器 FA1 产生输出进位以后，才有可能产生输出进位；全加器 FA3 在全加器 FA2 产生输出进位以后，才有可能产生输出进位；全加器 FA3 的输出进位产生以后，FA4 才有可能产生输出进位，依此类推。如图 3-19 所示，最低有效位全加器的输入进位在产生最后的加法结果之前，必须异步途经所有的全加器。所有全加器的传输延迟的积累就是"最坏情况"的加法运算时间，如果一个全加器的延迟时间是 8ns，那么整个加法运算完成共延迟 32ns。总的延迟时间可能不一样，取决于每个全加器产生进位的时间。如果两个数相加在两个全加器之间没有进位产生，那么相加的时间仅仅是单一全加器的运算时间，即相加数据位加在输入到产生和输出的时间。

这种进位方式的最大缺点是运算速度慢，在最不利的情况下，做一次加法运算需要经过 4 个全加器的传输延迟时间，即从输入加数到输出状态稳定建立起来所需的时间，才能得到稳定可靠的运算结果。但是电路结构比较简单，适合应用在对运算速度要求不高的设备中。

2. 超前进位加法器

由于通过并行加法器的每一级的进位传输或异步进位所需的时间而受到了限制，出现了延迟，为了提高运算速度，必须设法减少由于进位信号逐级传递所耗费的时间。通过去除异步进位延迟，加快加法运算速度的方法是使用超前进位（look-ahead）加法器。

如何去除异步进位延时呢？我们知道，第 i 位的进位输入信号是这两个加数第 i 位以下各位状态的函数，所以第 i 位的进位输入信号 $(CI)_i$ 一定能由 A_i、A_{i-1}、A_{i-2}、$\cdots$、A_0 和 B_i、B_{i-1}、B_{i-2}、$\cdots$、B_0 唯一地确定。根据这个原理，可以通过逻辑电路事先得出每一位全加器的进位输入信号，而无须再从最低位开始向高位逐位传递进位信号了，就有效地提高了运算速度。

通过表 3-13 的真值表可以得出，只有两种情况下会产生进位输出信号。一种情况是 $AB=1$，这时 $CO=1$；第二种情况是 $A+B=1$ 且 $CI=1$，也产生 $CO=1$ 的信号。因此，两个多位数中第 i 位相加产生的进位输出 $(CO)_i$ 可表示为：

$$(CO)_i = A_i B_i + (A_i + B_i)(CI)_i$$

若将 $A_i B_i$ 定义为进位生成函数 G_i，将 (A_i+B_i) 定义为进位传输函数 P_i，则上式改写为：

$$(CO)_i = G_i + P_i(CI)_i$$

基于以上分析，可以设计出 4 位加法器的每一级全加器的输出进位的表达式。

全加器 1（FA1）：$(CO)_1 = G_1 + P_1(CI)_1$

全加器 2（FA2）：$(CI)_2 = (CO)_1$

$$(CO)_2 = G_2 + P_2(CI)_2 = G_2 + P_2(CO)_1 = G_2 + P_2(G_1 + P_1 CI_1)$$
$$= G_2 + P_2 G_1 + P_2 P_1 CI_1$$

全加器 3（FA3）：$(CI)_3 = (CO)_2$

$$(CO)_3 = G_3 + P_3(CI)_3 = G_3 + P_3(CO)_2 = G_3 + P_3(G_2 + P_2 G_1 + P_2 P_1 CI_1)$$
$$= G_3 + P_3 G_2 + P_3 P_2 G_1 + P_3 P_2 P_1 CI_1$$

全加器 4（FA4）：$(CI)_4 = (CO)_3$

$$(CO)_4 = G_4 + P_4(CI)_4 = G_4 + P_4(CO)_3 = G_4 + P_4(G_3 + P_3 G_2 + P_3 P_2 G_1 + P_3 P_2 P_1 CI_1)$$
$$= G_4 + P_4 G_3 + P_4 P_3 G_2 + P_4 P_3 P_2 G_1 + P_4 P_3 P_2 P_1 CI_1$$

通过上述表达式可以看出，每一级全加器的输出进位仅由最初的输入进位 CI_1 及那一级的 G 和 P 函数和前一级的 G 和 P 函数确定。因为每一级的 G 和 P 函数可以由这一级全加器的输入位 A 和 B

来表示，所以所有的输入进位除了门的延迟外都可以立即获得，不需要等到进位异步传输通过每一级后才得到最后的结果。

进位输入通过专门的"进位逻辑门"（可由反相器和与或非门组成）来提供，该门综合所有低位的加数、被加数及最低位进位输入。超前进位的原理如图 3-20 所示。

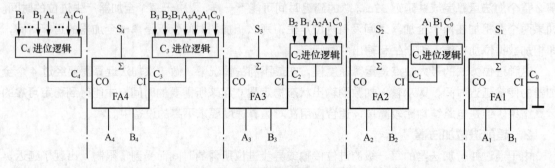

图 3-20　超前进位的原理

不可否认，这种超前进位技术加快了加法运算的速度，运算时间缩短了，但是电路的复杂程度增加了，当加法器的位数增加时，电路的复杂程度也随之增加。

3. 超前进位与异步进位加法器的组合

当处理的二进制数位数增多以后，需要把多个集成加法器级联起来。级联就是一个集成加法器的进位输出连接到下一个集成加法器的进位输入，两个集成加法器中间就出现了异步进位。最终的加法器实际上是一个超前进位和异步进位的组合。每个集成加法器的内部都使用超前进位机制，当进位从一个加法器传输到下一个加法器时，通过异步进位进行传输。

3.2.4　常用集成加法器

常用的 4 位并行加法器集成电路芯片有 74HC283 和 74LS283，它们具有相同的封装结构，是一个超前进位加法器。

74LS283 的外形及引脚分布如图 3-21 所示。

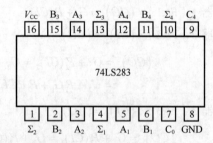

图 3-21　74LS283 外形和引脚分布

$A_1 \sim A_4$ 为加数的运算输入端，$B_1 \sim B_4$ 另一加数的运算输入端，C_0 进位输入端，Σ_1-Σ_4 为"和"输出端。C_4 为进位输出端。

通过使用两个 4 位加法器（芯片为 74LS283）级联进行扩展，可以进行两个 8 位数的加法。级联就是低 4 位加法器的进位输出连接到高 4 位加法器的进位输入，低 4 位加法器的进位输入（C0）接地，因为最低有效位是没有进位的，如图 3-22 所示。

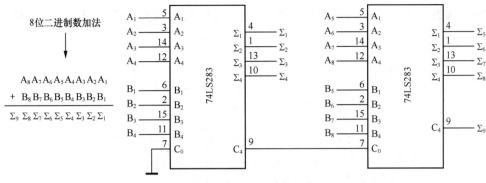

图 3-22　74LS283 构成 8 位加法器

3.3 编码器

数字电路处理的是二进制信号，因此为了便于传输和运算，需要将生活中常用的十进制数、文字或符号等对象表示成特定对象，这个过程就是编码。例如，身份证号码、邮政编码、汽车车牌号等。将含有特定意义的数字或符号信息用二进制代码表示，能够实现编码功能的电路，称为编码器。编码器一般分为普通编码器和优先编码器。

3.3.1 普通编码器

普通编码器是任何时刻只允许输入一个编码信号。以 3 位二进制编码器为例，分析普通编码器的工作原理。

1. 3 位二进制编码器（8 线-3 线编码器）

3 位二进制编码器就是将 I_0、I_1、$\cdots$、I_7 8 个输入信号编成 3 位二进制代码，因此又称 8 线-3 线编码器

表 3-14 为 8 线-3 线编码器的真值表，表明了输入与输出的对应关系，输入为 I_0、I_1、$\cdots$、I_7 8 个输入信号，输出是 3 位二进制代码 Y_2、Y_1、Y_0。

表 3-14　8 线-3 线编码器的真值表

输入								输出		
I_0	I_1	I_2	I_3	I_4	I_5	I_6	I_7	Y_2	Y_1	Y_0
1	0	0	0	0	0	0	0	0	0	0
0	1	0	0	0	0	0	0	0	0	1
0	0	1	0	0	0	0	0	0	1	0
0	0	0	1	0	0	0	0	0	1	1
0	0	0	0	1	0	0	0	1	0	0
0	0	0	0	0	1	0	0	1	0	1
0	0	0	0	0	0	1	0	1	1	0
0	0	0	0	0	0	0	1	1	1	1

根据真值表可以写出逻辑式：

$$Y_2 = I_4 + I_5 + I_6 + I_7$$
$$Y_1 = I_2 + I_3 + I_6 + I_7$$
$$Y_0 = I_1 + I_3 + I_5 + I_7$$

　　根据逻辑表达式可以得出 3 位二进制编码器逻辑电路图，如图 3-23 所示，电路由 3 个或门组成。

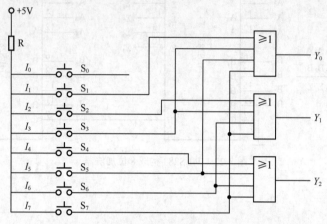

图 3-23　3 位二进制编码器逻辑电路图（或门组成）

　　图 3-23 中的 $S_0 \sim S_7$ 为 8 个按键，按下不同的键对应不同的输入信号。比如，按下 S_7 键时，I_7 为高电平，对应输出为 $Y_2 Y_1 Y_0 = 111$，就是 I_7 经编码后转换成二进制代码 111。如果同时按下 S_1 和 S_2 键时，输出为 $Y_2 Y_1 Y_0 = 011$，与单独按下 S_3 键时的输出编码相同，因此普通编码器在任意时刻只允许输入一个信号，否则会产生混乱。

　　对上述逻辑表达式进行变换，转换成与非门的形式。

$$Y_2 = I_4 + I_5 + I_6 + I_7 = \overline{\overline{I_4 + I_5 + I_6 + I_7}} = \overline{\overline{I_4} \cdot \overline{I_5} \cdot \overline{I_6} \cdot \overline{I_7}}$$

$$Y_1 = I_2 + I_3 + I_6 + I_7 = \overline{\overline{I_2 + I_3 + I_6 + I_7}} = \overline{\overline{I_2} \cdot \overline{I_3} \cdot \overline{I_6} \cdot \overline{I_7}}$$

$$Y_0 = I_1 + I_3 + I_5 + I_7 = \overline{\overline{I_1 + I_3 + I_5 + I_7}} = \overline{\overline{I_1} \cdot \overline{I_3} \cdot \overline{I_5} \cdot \overline{I_7}}$$

　　3 位二进制编码器逻辑电路图可以由与非门组成，如图 3-24 所示。

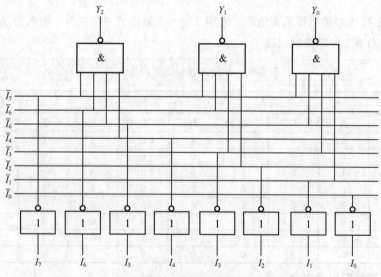

图 3-24　3 位二进制编码器逻辑电路图（与非门组成）

2. 二-十进制编码器

　　二-十进制编码器是将十进制数码 0、1、2、3、4、5、6、7、8、9 编成二进制代码的电路。有

10 个输入端，输入 0 ~ 9 十个数码，4 个输出端对应 BCD 码（8421 码）。这种编码器又称 10 线-4 线编码器。

二-十进制编码器输出的真值表如表 3-15 所示。

表 3-15　二-十进制编码器的真值表

输入	输出			
十进制数	Y_3	Y_2	Y_1	Y_0
0（I_0）	0	0	0	0
1（I_1）	0	0	0	1
2（I_2）	0	0	1	0
3（I_3）	0	0	1	1
4（I_4）	0	1	0	0
5（I_5）	0	1	0	1
6（I_6）	0	1	1	0
7（I_7）	0	1	1	1
8（I_8）	1	0	0	0
9（I_9）	1	0	0	1

根据真值表可以写出逻辑式：

$$Y_3 = I_8 + I_9$$
$$Y_2 = I_4 + I_5 + I_6 + I_7$$
$$Y_1 = I_2 + I_3 + I_6 + I_7$$
$$Y_0 = I_1 + I_3 + I_5 + I_7 + I_9$$

根据逻辑表达式可以得出二-十进制编码器逻辑电路图，如图 3-25 所示，电路由 4 个或门组成。

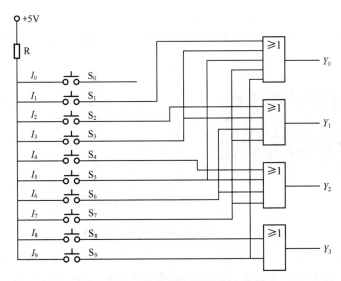

图 3-25　二-十进制编码器逻辑电路图

比如，按下 S_9 键时，I_9 为高电平，对应输出为 $Y_3Y_2Y_1Y_0=1001$，就是十进制数 9 的 BCD 码（1001）。

3.3.2 优先编码器

所谓优先编码器是指为输入信号定义不同的优先级，当多个输入信号同时有效时，只对优先级最高的信号进行编码，而对其他优先级别低的信号不予以理睬。

下面以集成编码器 74LS147 型 10 线-4 线优先编码器为例讲述优先编码器的应用。表 3-16 所示为集成编码器 74LS147 的功能表。

表 3-16　集成编码器 74LS147 的功能表

输入									输出			
$\overline{I_9}$	$\overline{I_8}$	$\overline{I_7}$	$\overline{I_6}$	$\overline{I_5}$	$\overline{I_4}$	$\overline{I_3}$	$\overline{I_2}$	$\overline{I_1}$	$\overline{Y_3}$	$\overline{Y_2}$	$\overline{Y_1}$	$\overline{Y_0}$
1	1	1	1	1	1	1	1	1	1	1	1	1
0	×	×	×	×	×	×	×	×	0	1	1	0
1	0	×	×	×	×	×	×	×	0	1	1	1
1	1	0	×	×	×	×	×	×	1	0	0	0
1	1	1	0	×	×	×	×	×	1	0	0	1
1	1	1	1	0	×	×	×	×	1	0	1	0
1	1	1	1	1	0	×	×	×	1	0	1	1
1	1	1	1	1	1	0	×	×	1	1	0	0
1	1	1	1	1	1	1	0	×	1	1	0	1
1	1	1	1	1	1	1	1	0	1	1	1	0

表中，$\overline{I_1} \sim \overline{I_9}$ 是 9 个输入变量，$\overline{Y_0} \sim \overline{Y_4}$ 是 4 个输出变量，它们都是反变量。该编码器的特点是可以对输入进行优先编码，以保证只编码最高位输入数据线，该编码器 9 个输入信号中的 $\overline{I_9}$ 优先权最高，$\overline{I_1}$ 的优先权最低，输入的反变量对低电平有效，输出是 8421 码，由反变量组成反码的形式表示，对应于 0~9 十个十进制数。

某个输入端为 0，代表输入某一个十进制数。当 9 个输入端全为 1 时，代表输入的是十进制数 0，4 个输出端反映输入十进制数的 BCD 码编码输出。

74LS147 芯片的外形及引脚图如图 3-26 所示。74LS147 芯片采用 16 脚封装，其中第 15 脚 NC 为空。

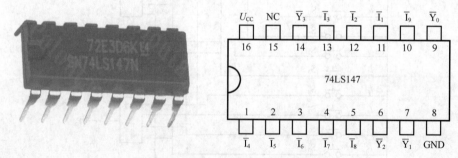

图 3-26　74LS147 芯片的外形及引脚图

利用优先编码器可以构成简单的键盘编码器，如图 3-27 所示。当按下其中的一个键时，十进制数会被编码成相应的 BCD 码。键盘上的按键为 10 个按钮开关，每个按钮都有一个上拉电阻，当按键未被按下时，这些上拉电阻可以确保线路为高电平；当按键被按下时，线路与地相连接，低电平加在相应的编码器输入上。按键 0 没有连接编码器输入，没有其他任何按键被按下时，BCD 输出表示的是 0。

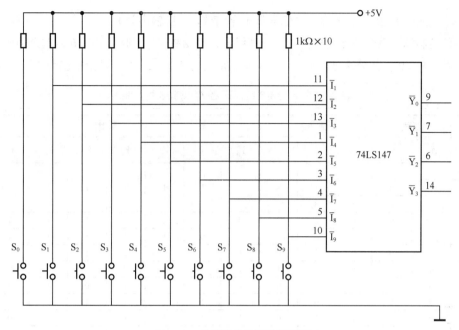

图 3-27　简单键盘编码器原理图

3.4　译码器

译码器是编码器的逆过程。编码是将信号转换为具有特定含义的二进制代码，译码则是对输入的二进制代码进行翻译，转换成二进制代码对应的信号或十进制数码，是编码的反操作。代码转换示意图如图 3-28 所示。

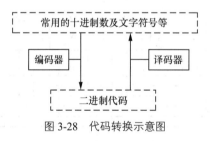

图 3-28　代码转换示意图

3.4.1　二进制译码器

1. 二进制译码器

二进制译码器就是把一组二进制代码转换成相对应的高、低电平信号输出。

图 3-29 所示为 3 位二进制译码器的框图，3 位二进制代码共有 8 种状态，译码器将每个输入代码译成对应的一根输出线上的高、低电平信号，所以又称为 3 线-8 线译码器。

2. 集成 3-8 线译码器 74LS138

集成 3-8 线译码器 74LS138 功能表如表 3-17 所示，3 位二进制

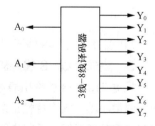

图 3-29　3 位二进制译码器的框图

代码输入端分别为 A、B、C，输出 8 个信号低电平有效，对应输出为 $\overline{Y_0} \sim \overline{Y_7}$，低电平有效，$S_1$、$\overline{S_2}$ 和 $\overline{S_3}$ 为使能控制端。每个输出代表输入的一种组合，当 $ABC=000$ 时，$\overline{Y_0}=0$，其余输出为 1；当 $ABC=001$ 时，$\overline{Y_1}=0$，其余输出为 1；……；当 $ABC=111$ 时，$\overline{Y_7}=0$，其余输出为 1。

表 3-17　集成 3-8 线译码器 74LS138 的功能表

使能	控制		输入			输出							
S_1	$\overline{S_2}$	$\overline{S_3}$	A	B	C	$\overline{Y_0}$	$\overline{Y_1}$	$\overline{Y_2}$	$\overline{Y_3}$	$\overline{Y_4}$	$\overline{Y_5}$	$\overline{Y_6}$	$\overline{Y_7}$
0	×	×	×	×	×								
×	1	×	×	×	×	1	1	1	1	1	1	1	1
×	×	1	×	×	×								
1	0	0	0	0	0	0	1	1	1	1	1	1	1
1	0	0	0	0	1	1	0	1	1	1	1	1	1
1	0	0	0	1	0	1	1	0	1	1	1	1	1
1	0	0	0	1	1	1	1	1	0	1	1	1	1
1	0	0	1	0	0	1	1	1	1	0	1	1	1
1	0	0	1	0	1	1	1	1	1	1	0	1	1
1	0	0	1	1	0	1	1	1	1	1	1	0	1
1	0	0	1	1	1	1	1	1	1	1	1	1	0

从功能表可以写出逻辑式：

$$\overline{Y_0} = \overline{\overline{A}\,\overline{B}\,\overline{C}} \qquad \overline{Y_1} = \overline{\overline{A}\,\overline{B}C} \qquad \overline{Y_2} = \overline{\overline{A}B\overline{C}} \qquad \overline{Y_3} = \overline{\overline{A}BC}$$

$$\overline{Y_4} = \overline{A\overline{B}\,\overline{C}} \qquad \overline{Y_5} = \overline{A\overline{B}C} \qquad \overline{Y_6} = \overline{AB\overline{C}} \qquad \overline{Y_7} = \overline{ABC}$$

由逻辑式可以画出 74LS138 译码器逻辑电路图，如图 3-30 所示。

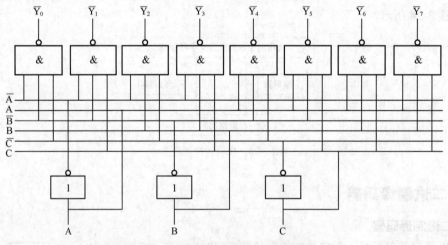

图 3-30　74LS138 译码器的逻辑电路图

74LS138 集成 3-8 线译码器芯片的外形和引脚图如图 3-31 所示。

3. 集成 3 线-8 线译码器 74LS138 应用

根据 74LS138 的输出表达式，可以看出译码器 74LS138 是一个完全译码器，涵盖了所有三变量输入的最小项，这个特性正是它组成任意一个组合逻辑电路的基础。74LS138 可以组成三变量输入或四变量的任意组合逻辑电路。也就是说用一片集成 3 线-8 线译码器 74LS138 可以实现任何一个三变量输入的逻辑函数，任意一个输入三变量的逻辑函数都可以用一块 3 线-8 线译码器 74LS138 来实现。因为任意一个组合逻辑表达式都可以写成标准与或式的形式，即最小项之和的形式，而一片 3 线-8 线译码器 74LS138 的输出正好是三变量最小项的全部体现。两片 3 线-8 线译码器 74LS138 可以实现任何一个四变量输入的逻辑函数。

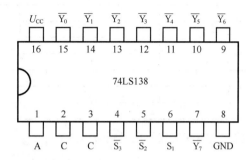

图 3-31　74LS138 集成 3-8 线译码器芯片的外形及引脚图

例 3-11：试用译码器实现逻辑式 $Y = A\overline{B} + \overline{A}BC + AB\overline{C}$。

（1）将逻辑式表示成最小项的形式：

$$\begin{aligned}
Y &= A\overline{B} + \overline{A}BC + AB\overline{C} = A\overline{B}(C + \overline{C}) + \overline{A}BC + AB\overline{C} \\
&= A\overline{B}C + A\overline{B}\,\overline{C} + \overline{A}BC + AB\overline{C} \\
&= Y_3 + Y_4 + Y_5 + Y_6 \\
&= \overline{\overline{Y_3} \cdot \overline{Y_4} \cdot \overline{Y_5} \cdot \overline{Y_6}}
\end{aligned}$$

（2）用 74LS138 型译码器实现上式逻辑电路图，如图 3-32 所示。

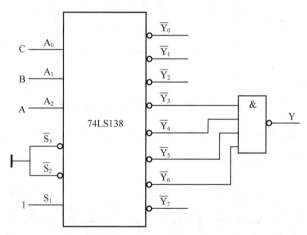

图 3-32　74LS138 型译码器实现的逻辑电路图

例 3-12：试设计一个用 74LS138 译码器监测信号灯工作状态的电路。信号灯有红（A）、黄（B）、绿（C）3 种，正常工作时，只能是黄、绿、红黄、黄绿灯亮 4 种情况，其他情况视为故障，电路报警，报警输出 Y 为 1。

（1）根据题意列出输出 Y 的逻辑状态表。

根据题意，红（A）、黄（B）、绿（C）3 种信号灯刚好符合 74LS138 译码器的 3 个输入端，输出 Y 对应这 3 个输入不同状态的输出。

逻辑状态表如表 3-18 所示。

表 3-18	例 3-12 的逻辑状态表		
A（红）	B（黄）	C（绿）	Y
0	0	0	1
0	0	1	0
0	1	0	0
0	1	1	0
1	0	0	1
1	0	1	1
1	1	0	0
1	1	1	1

（2）根据逻辑状态表写出逻辑表达式。

$$Y = \overline{A}\,\overline{B}\,\overline{C} + A\overline{B}\,\overline{C} + A\overline{B}C + ABC$$
$$= Y_0 + Y_4 + Y_5 + Y_7$$
$$= \overline{\overline{Y_0} \cdot \overline{Y_4} \cdot \overline{Y_5} \cdot \overline{Y_7}}$$

（3）画出的连接逻辑电路图如图 3-33 所示。

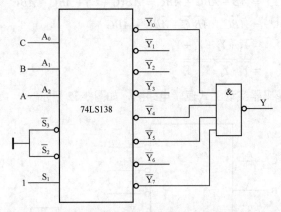

图 3-33　74LS138 译码器实现的故障灯的连接逻辑电路图

例 3-13：利用两片 74LS138 译码器组成四输入译码器，经译码后，16 位输出端相应输出低电平，即 4 线-16 线译码器。逻辑电路图如图 3-34 所示。

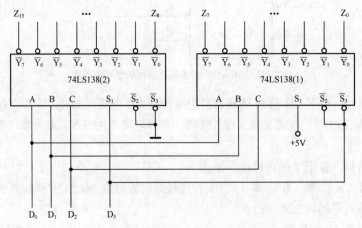

图 3-34　74LS138 译码器组成的 4 线-16 线译码器的逻辑电路图

从图 3-34 逻辑电路图分析可知，当 D_3=0 时，74LS138(2)译码器的 S_1=0，$Z_8 \sim Z_{15}$ 全为 "1"，不能进行译码；74LS138(1)译码器的 S_1=1，$\overline{S_2}=0$，$\overline{S_3}=0$，可以进行译码。当 D_3=1 时，74LS138(2)译码器可以进行译码；74LS138(1)译码器的 S_1=1，$\overline{S_2}=1$，$\overline{S_3}=1$，不能进行译码，$Z_0 \sim Z_7$ 全为 "1"。

例如，当 $D_3D_2D_1D_0$=0100 时，74LS138(2)译码器的 S_1=0，$Z_8 \sim Z_{15}$ 全为 "1"，74LS138(1)的 ABC=100，$\overline{Y_4}=0$，即 Z_4=0；当 $D_3D_2D_1D_0$=1100 时，74LS138(2)的 ABC=100，$\overline{Y_4}=0$，对应的 Z_{12}=0，74LS138(1)译码器 $Z_0 \sim Z_7$ 全为 "1"，实现了 4 线-16 线译码器。

3.4.2 二–十进制译码器

二-十进制译码器是将输入的 BCD 码（8421 码）转化成 10 个高、低电平输出信号，也就是输出与 10 个十进制数字相对应的 10 个信号。由于二-十进制译码器有 4 根输入线，10 根输出线，所以又称为 4 线-10 线译码器。

常用的二-十进制译码器有 74HC42 集成芯片，它的内部逻辑电路图如图 3-35 所示。

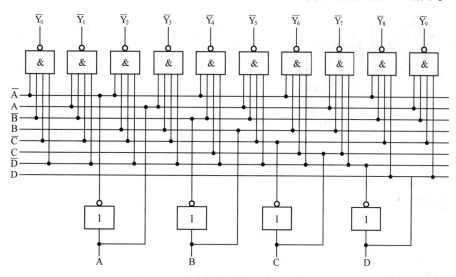

图 3-35 二-十进制译码器的逻辑电路图

74HC42 集成芯片的真值表如表 3-19 所示。

表 3-19 74HC42 集成芯片的真值表

输入				输出										十进制数
D	C	B	A	$\overline{Y_0}$	$\overline{Y_1}$	$\overline{Y_2}$	$\overline{Y_3}$	$\overline{Y_4}$	$\overline{Y_5}$	$\overline{Y_6}$	$\overline{Y_7}$	$\overline{Y_8}$	$\overline{Y_9}$	
0	0	0	0	0	1	1	1	1	1	1	1	1	1	0
0	0	0	1	1	0	1	1	1	1	1	1	1	1	1
0	0	1	0	1	1	0	1	1	1	1	1	1	1	2
0	0	1	1	1	1	1	0	1	1	1	1	1	1	3
0	1	0	0	1	1	1	1	0	1	1	1	1	1	4
0	1	0	1	1	1	1	1	1	0	1	1	1	1	5
0	1	1	0	1	1	1	1	1	1	0	1	1	1	6
0	1	1	1	1	1	1	1	1	1	1	0	1	1	7
1	0	0	0	1	1	1	1	1	1	1	1	0	1	8
1	0	0	1	1	1	1	1	1	1	1	1	1	0	9

输入				输出										十进制数
D	C	B	A	$\overline{Y_0}$	$\overline{Y_1}$	$\overline{Y_2}$	$\overline{Y_3}$	$\overline{Y_4}$	$\overline{Y_5}$	$\overline{Y_6}$	$\overline{Y_7}$	$\overline{Y_8}$	$\overline{Y_9}$	
1	0	1	0	1	1	1	1	1	1	1	1	1	1	伪码
1	0	1	1	1	1	1	1	1	1	1	1	1	1	伪码
1	1	0	0	1	1	1	1	1	1	1	1	1	1	伪码
1	1	0	1	1	1	1	1	1	1	1	1	1	1	伪码
1	1	1	0	1	1	1	1	1	1	1	1	1	1	伪码
1	1	1	1	1	1	1	1	1	1	1	1	1	1	伪码

从真值表可以看出，当输入为 1010、1011、1100、1101、1110、1111，即 BCD 代码以外的伪码时，输出全部为高电平，译码器拒绝翻译，因此这种电路结构有拒绝伪码的功能。

74HC42 集成芯片的外形及引脚图如图 3-36 所示。

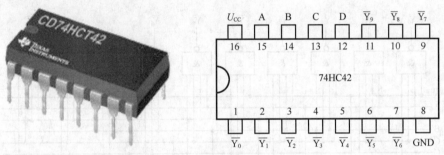

图 3-36　74HC42 集成芯片的外形及引脚图

3.4.3　显示译码器

显示译码器是将 BCD 代码译成数码管所需要的驱动信号，使数码管用十进制数字显示出 BCD 代码所表示的数值。因此，要掌握显示编码器的应用，首先必须了解数码管显示器的基本知识。

1.　七段字符数码管

常用显示器件有半导体（LED）数码管、液晶数码管和荧光数码管等，它们的发光原理不同，但是数字显示控制部分类似。下面以半导体七段字符显示器（数码管）为例，讲解显示器的工作原理。

LED 数码管的核心器件是发光二极管，它将十进制数码分成七个字段，每段为一个发光二极管，这种七段显示数码管选择不同的字段发光，就可以显示出不同的数字，数码管的外形及引脚结构图如图 3-37 所示。例如，当 a、b、c、d、e、f、g 七个字段全亮时，显示为"8"；当 a、b、c 全亮时，显示为"7"。

数码管按发光二极管单元连接方式可分为共阳极数码管和共阴极数码管，如图 3-37（c）和图 3-37（d）所示。共阳极数码管是指将所有发光二极管的阳极接到一起形成公共阳极（COM）的数码管，共阳极数码管在应用时应将公共极 COM 接+5V，当某一字段发光二极管的阴极为低电平时，相应字段就点亮，当某一字段的阴极为高电平时，相应字段就不亮。共阴极数码管是指将所有发光二极管的阴极接到一起形成公共阴极（COM）的数码管，共阴极数码管在应用时应将公共极 COM 接到地线 GND 上，当某一字段发光二极管的阳极为高电平时，相应字段就点亮，当某一字段的阳极为低电平时，相应字段就不亮。COM 为公共端，共阳极的公共端接电源 U_{CC}，共阳极的公共端接地 GND。

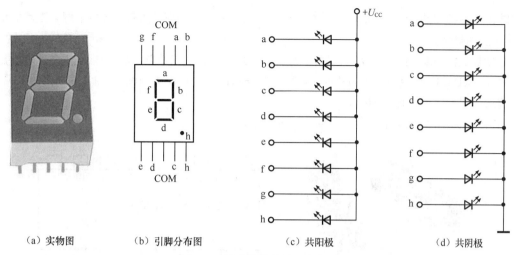

| （a）实物图 | （b）引脚分布图 | （c）共阳极 | （d）共阴极 |

图 3-37　数码管的外形及引脚图

2. 显示译码器

半导体数码管可以用 TTL 或 CMOS 集成译码器电路直接驱动。常用的 TTL 显示译码器有 7446、7447、7448、7449 系列，CMOS 显示译码器有 4511 等。其中，7446、7447 用于驱动共阳极七段显示器，7448、7449、4511 等则用于驱动共阴极七段显示器。

下面针对集成电路 CD4511 介绍译码器的驱动功能。CD4511 的功能表如表 3-20 所示。

表 3-20　CD4511 功能表

输入							输出							
LE	$\overline{BI}$	$\overline{LT}$	D	C	B	A	a	b	c	d	e	f	g	显示
0	1	1	0	0	0	0	1	1	1	1	1	1	0	1
0	1	1	0	0	0	1	0	1	1	0	0	0	0	2
0	1	1	0	0	1	0	1	1	0	1	1	0	1	3
0	1	1	0	0	1	1	0	1	1	0	0	1	1	4
0	1	1	0	1	0	0	1	0	1	1	0	1	1	5
0	1	1	0	1	0	1	0	0	1	1	1	1	1	6
0	1	1	0	1	1	0	1	1	1	0	0	0	0	7
0	1	1	0	1	1	1	1	1	1	1	1	1	1	8
0	1	1	1	0	0	0	1	1	1	1	0	1	1	9
0	1	1	1	0	1	0	0	0	0	0	0	0	0	消隐
0	1	1	1	0	1	1	0	0	0	0	0	0	0	消隐
0	1	1	1	1	0	0	0	0	0	0	0	0	0	消隐
0	1	1	1	1	0	1	0	0	0	0	0	0	0	消隐
0	1	1	1	1	1	0	0	0	0	0	0	0	0	消隐
0	1	1	1	1	1	1	0	0	0	0	0	0	0	消隐
×	×	0	×	×	×	×	1	1	1	1	1	1	1	8
×	0	1	×	×	×	×	0	0	0	0	0	0	0	消隐
1	1	1	×	×	×	×	锁存							锁存

从功能表可以看出，CD4511 有 3 个控制端，功能分析如下。

灯测试端 $\overline{LT}$：当 $\overline{LT}=0$ 时，不管输入状态如何，其他控制端的状态如何，输出都为高电平，数码管显示 8，所有发光二极管都同时点亮，用来检查该数码管各段能否正常，平时应为高电平。

输出消隐控制端 $\overline{BI}$：当 $\overline{BI}=0$，$\overline{LT}=1$ 时，不管输入状态如何，所有笔段均消隐，正常显示时，$\overline{BI}$ 端应加高电平。

数据锁定控制端 LE：当 $LE=1$，同时 $\overline{BI}=1$，$\overline{LT}=1$ 时，输出锁存，LE 为低电平时传输数据。

另外，CD4511 有拒绝伪码的特点，当输入数据超过十进制数 9（1001）时，输出全为 "0"，数码管熄灭，显示字形也自行消隐。

CD4511 为 16 脚的集成芯片，外形及引脚分布如图 3-38 所示。

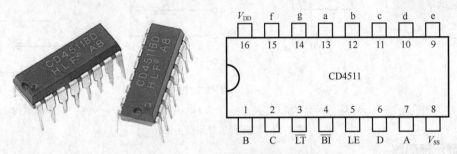

图 3-38　4511 的外形及引脚分布

CD4511 的 D～A 为 BCD 码输入端，a～g 是 7 段码输出端，$\overline{LT}$ 是灯测试端，$\overline{BI}$ 为强迫消隐控制端，LE 为数据锁存控制端，当 $LE=0$ 时选通，$LE=1$ 时锁存。

用 CD4511 实现驱动数码管显示的电路原理图如图 3-39 所示。

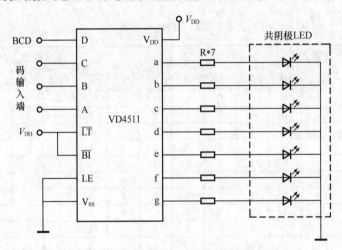

图 3-39　用 CD4511 实现驱动数码管显示的电路原理图

3.5　数值比较器

在数字电路中，经常需要对两个数值进行比较，以判断它们的相对大小或者是否相等，用来实现这一功能的逻辑电路就称为数值比较器。

3.5.1　一位数值比较器

两个 1 位二进制进行比较，会出现 3 种情况。设两个 1 位二进制为 A 和 B，比较的结果用 Y 表示，则 3 种结果为：

（1）若 $A=B$，则 A 和 B 的同或（本教材 1.3.5 讲解）作为一个比较器。

输出 $Y = A \cdot B + \overline{A} \cdot \overline{B} = A \odot B$

（2）若 $A>B$，则 $A\overline{B} = 1$，输出 $Y = A\overline{B}$。

（3）若 $A<B$，则 $\overline{A}B = 1$，输出 $Y = \overline{A}B$。

根据以上分析，图 3-40 所示的逻辑电路图可以构成 1 位数值比较器。

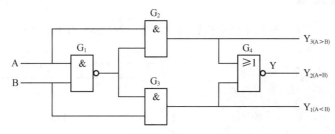

图 3-40　1 位数值比较器的逻辑电路图

3.5.2　多位数值比较器

多位数值比较器比较两个数的大小时，必须自高而低地逐位比较。当高位数值大时，整个数值都大，只有高位数值相等时，再比较下一位；下一位数值大的整个多位数数值大，相等时再进行下一位的比较，依此类推。

例如，A、B 是两个两位二进制数 A_2A_1 和 B_2B_1，比较这两个数值的大小。

可以列出两位二进制数比较的逻辑函数如下：

$$Y_{A>B} = (A_1 > B_1) + (A_1 = B_1) \cdot (A_0 > B_0)$$

$$Y_{A<B} = (A_1 < B_1) + (A_1 = B_1) \cdot (A_0 < B_0)$$

$$Y_{A=B} = (A_1 = B_1) \cdot (A_0 = B_0)$$

利用前面 1 位比较器的结果，根据表达式画出逻辑电路图，如图 3-41 所示。

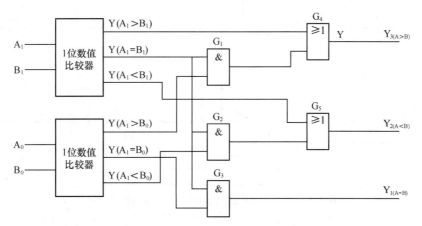

图 3-41　2 位数值比较器的逻辑电路图

图 3-41 所示的电路利用了图 3-40 中的 1 位数值比较器的输出作为中间结果。如果两位数 A_2A_1 和 B_2B_1 的高位不相等，则高位比较结果就是两数比较结果，与低位无关，这时由于中间函数 $Y(A_1=B_1)=0$，使与门 G_1、G_2、G_3 均封锁，而或门都打开，低位比较结果不能影响或门，高位比较结果则从或门直接输出。如果高位相等，即 $Y(A_1=B_1)=1$，使与门 G_1、G_2、G_3 均打开，同时由 $Y(A_1>$

B_1) =0 和 Y ($A_1 < B_1$) =0 作用，或门也打开，低位的比较结果直接送达输出端，即低位的比较结果决定两数谁大、谁小或者相等。

上述分析了 2 位数值比较器的原理，再多位的比较器（比如 4 位数值）的比较过程与上述相同，只是逻辑电路相对比较复杂。

3.5.3 集成数值比较器

74HC85/74LS85 是常用的集成 4 位数值比较器芯片。74LS85 的外形及引脚图如图 3-42 所示。

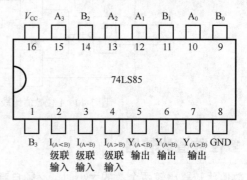

图 3-42 74LS85 的外形及引脚图

74LS85 的 $A_3 \sim A_0$ 和 $B_3 \sim B_0$ 为比较输入端，可同时输入两组 4 位二进制数；74LS85 的 5、6、7 脚为比较输出端，2、3、4 脚为级联输入端，当使用多片 74LS85 组成 8 位或更高位数值比较器时，高位片 74LS85 级联输入端接低位片的比较输出端。

当比较的两个数值不相等时，74LS85 的级联输入端输入无效（即不管输入何值都不会影响比较输出），当两个数值相等时，级联输入端输入会影响比较输出。

在进行多位数值比较时，常采用多个芯片进行级联，图 3-43 所示是一个由两片 74LS85 级联构成的 8 位数值比较器。低位片的级联输入端均接地，比较输出端接高位片的级联输入端，构成两片 74LS85 的级联。

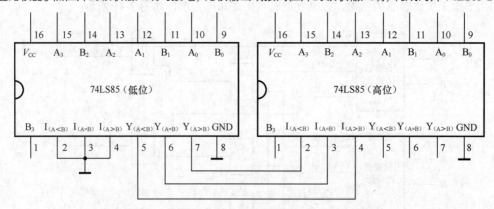

图 3-43 由两片 74LS85 级联构成的 8 位数值比较器

3.6 数据选择器

数据选择器（Data selector）是依据给定的数据选择地址代码，从一组输入信号中选出指定的一个信号送至输出端的组合逻辑电路，也称为多路复用器（Multiplexer，简称 MUX）。

3.6.1　数据选择器的工作原理

数据选择器根据输入信号数量的不同，有 2 选 1、4 选 1、8 选 1、16 选 1 等，不同的选择器电路结构不同，但是构成元素和工作原理类似。下面通过两种选择器来讲述数据选择器的工作原理。

1.　2 选 1 数据选择器

2 选 1 数据选择器是常用的选择器的最小模块。它是根据数据选择位（S）的不同来确定选择哪一个数据进行输出的。输入数据用 D_1、D_0 表示，数据选择器用 S 表示，输出用 Y 表示。2 选 1 数据选择器的真值表如表 3-21 所示。

表 3-21　2 选 1 数据选择器的真值表

S	D_1	D_0	Y
0	0	0	0
0	0	1	1
0	1	0	0
0	1	1	1
1	0	0	0
1	0	1	0
1	1	0	1
1	1	1	1

从真值表可以看出，当 S 为 0 时，D_0 数据被选择输出；当 S 为 1 时，D_1 数据被选择输出。可以写出输出 Y 的逻辑表达式为：

$$Y = \overline{S}D_0 + SD_1$$

根据表达式可知，实现 2 选 1 功能需要 2 个与门、1 个或门和 1 个反相器构成，画出逻辑电路图，如图 3-44 所示，2 选 1 数据选择器的逻辑符号如图 3-45 所示。

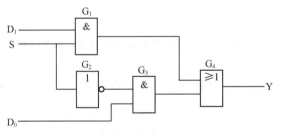

图 3-44　2 选 1 数据选择器的逻辑电路图

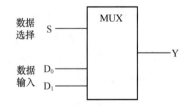

图 3-45　2 选 1 数据选择器的逻辑符号

2.　4 选 1 数据选择器

4 选 1 数据选择器需要两个数据选择位，用 S_1、S_0 表示，根据数据选择位 S_1、S_0 的不同来确定选择哪一个数据进行输出的。输入数据用 D_3、D_2、D_1、D_0 表示，输出用 Y 表示。

4 选 1 数据选择器的真值表如表 3-22 所示。

表 3-22　4 选 1 数据选择器的真值表

数据选择输入		选中输入（输出 Y）
S_1	S_0	
0	0	D_0
0	1	D_1

续表

数据选择输入		选中输入（输出 Y ）
S_1	S_0	
1	0	D_2
1	1	D_3

从真值表可以写出输出 Y 的逻辑表达式为：

$$Y = \overline{S_1}\,\overline{S_0}D_0 + \overline{S_1}S_0D_1 + S_1\overline{S_0}D_2 + S_1S_0D_3$$

根据表达式可知，实现 4 选 1 功能需要 4 个与门、1 个或门和 2 个反相器构成，画出逻辑电路图，如图 3-46 所示，4 选 1 数据选择器的逻辑符号如图 3-47 所示。

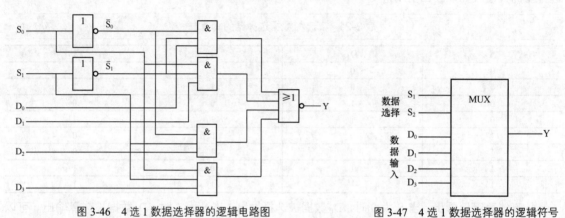

图 3-46　4 选 1 数据选择器的逻辑电路图　　　　图 3-47　4 选 1 数据选择器的逻辑符号

8 选 1、16 选 1 选择器的原理与此类似，被选择的数据越多，控制选择的数据线就越多。因此大型的数据选择器可以由较小的数据选择器级联来实现，通常利用集成数据选择器进行级联得到。下面介绍集成数据选择器的应用。

3.6.2　集成数据选择器

常用的集成数据选择器有四 2 选 1 数据选择器 74LS157、双 4 选 1 数据选择器 74LS153、8 选 1 数据选择器 74LS151 等集成芯片。

74LS151 是常用的 8 选 1 数据选择器，常用在数字电路和单片机显示系统中。其引脚分布图及逻辑符号如图 3-48 所示。

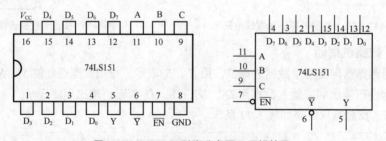

图 3-48　74LS151 引脚分布图及逻辑符号

图中 $D_0 \sim D_7$ 为数据输入端，C、B、A 为选择控制端（地址端），根据地址码选择一个通道的数据输送到输出端 Y。$\overline{EN}$ 为使能端，具有两个互补输出端。74L5151 8 选 1 数据选择器的功能表如表 3-23 所示。

表 3-23   74L5151 8 选 1 数据选择器的功能表

输入				输出	
$\overline{EN}$	C	B	A	Y	$\overline{Y}$
1	×	×	×	0	1
0	0	0	0	D_0	$\overline{D_0}$
0	0	0	1	D_1	$\overline{D_1}$
0	0	1	0	D_2	$\overline{D_2}$
0	0	1	1	D_3	$\overline{D_3}$
0	1	0	0	D_4	$\overline{D_4}$
0	1	0	1	D_5	$\overline{D_5}$
0	1	1	0	D_6	$\overline{D_6}$
0	1	1	1	D_7	$\overline{D_7}$

当使能端 $\overline{EN}=1$ 时，不论 C、B、A 状态如何，均无输出，$Y=0$，$\overline{Y}=1$，多路开关被禁止。

当使能端 $\overline{EN}=0$ 时，多路开关正常工作，根据地址码 C、B、A 状态选择 $D_0 \sim D_7$ 中某一个通道。如：$CBA=000$，则选择 D_0 数据到输出端，即 $Y=D_0$；$CBA=001$，则选择 D_1 数据到输出端，即 $Y=D_1$；$CBA=010$，则选择 D_2 数据到输出端，即 $Y=D_2$；其余类推。

3.6.3   集成数据选择器应用实例

1. 数据选择器的扩充

大型的数据选择器可以由小型的数据选择器级联来实现。例如，一个 8 选 1 数据选择器可以由两个 4 选 1 数据选择器组成；一个 16 选 1 数据选择器可以由两个 8 选 1 数据选择器组成。

下面是利用两个 8 选 1 数据选择器 74LS151 及基本门电路构成的 16 选 1 数据选择器，连接方式如图 3-49 所示。

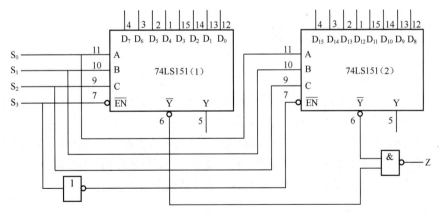

图 3-49   两片 74LS151 构成 16 选 1 选择器

16 选 1 数据选择器共需要四位数据选择输入，低位数据选择器的使能端作为一位地址选择输入，即选择地址的最高位 S_3 与低位 8 选 1 数据选择器的使能端连接，低 3 位地址选择输入端 C、B、A 由两片 74LS151 的地址选择输入端相对应连接而成，四位地址选择输入 $S_3 \sim S_0$ 对应低位芯片的 $\overline{EN}$、C、B、A，同时低位 74LS151 的使能端经过一反相器反相后与高位 74LS151 的使能端连接。

图 3-49 中，当 $S_3=0$ 时，74LS151(1) 的 $\overline{EN}$ 为低电平，正常工作选择数据，数据输入线 $D_0 \sim D_7$

中的一条被 $S_2 \sim S_0$（C、B、A）3 个数据选择位所选中；同时 74LS151(2) 的 $\overline{EN}$ 为高电平，输出端 $\overline{Y}$ 保持为 1，不影响与非门的输出，输出 Z 等于 74LS151(1) 选中的数据。

当 S_3 为 1 时，74LS151(2) 的 $\overline{EN}$ 为低电平，正常工作选择数据，数据输入线 $D_{15} \sim D_8$ 中的一条被 $S_2 \sim S_0$（C、B、A）3 个数据选择位所选中；同时 74LS151(1) 的 $\overline{EN}$ 为高电平，输出端 $\overline{Y}$ 保持为 1，不影响与非门的输出，输出 Z 等于 74LS151(2) 选中的数据。

这样被选中的输入数据通过与非门输出单一的信号。

2. 逻辑函数发生器

从 74LS151 的功能表可以看出，当使能端 $\overline{EN} = 0$，Y 是 C、B、A 和输入数据 $D_0 \sim D_7$ 的与或函数，因此可以利用 74LS151 选择器实现任何具有三变量的逻辑函数发生器。

例 3-14：使用 74LS151 选择器实现 $Y = \overline{A}\overline{B}C + \overline{A}B\overline{C} + A\overline{B}\overline{C} + ABC$。

从 74LS151 的功能表可以看出，对应上面的函数，当地址为 001、010、100 和 111，对应的输出 Y 为 1，此时选择的数据为 D_1、D_2、D_4、D_7；其他的地址组合，输出为 0，连接到低电平，如图 3-50 所示。

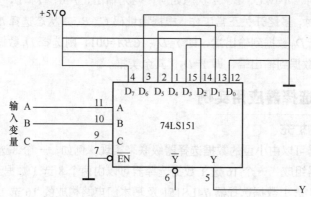

图 3-50　74LS151 构成三变量函数发生器

3.7　奇偶发生（校验）器

在数字电路中需要进行大量的数据传输，传输的数据都是由 0 和 1 构成的二进制数字组成。由于存在噪声和干扰，在传输的过程中可能会出现差错，0 变为 1，或者 1 变为 0。为了检验这种错误，常采用奇偶校验的方法。即在原二进制信息码组后（也可以选择放在信息码的前面）添加一位检验位，使得添加校验位后整个信息码中"1"码元的个数为奇数或偶数。若为奇数，称为奇校验；若为偶数，则称为偶校验。在数据发送端用来产生奇（或偶）校验位的电路称为奇（或偶）校验发生器；在接收端，对接收的代码进行检验的电路称为奇（或偶）校验器。

3.7.1　奇偶校验原理

奇校验：以二进制数据中"1"的个数是奇数为依据，若数据中有奇数个"1"，则校验结果为"0"，若数据中有偶数个"1"，则校验结果为"1"。

偶校验：以二进制数据中 1 的个数是偶数为依据，若数据中有偶数个"1"，则校验结果为"0"，若数据中有奇数个"1"，则校验结果为"1"。

一般在数据传输中采用何种校验必须事先规定好的，通常传输的数据会专门设置一个奇偶校验位，用它来确保发送出去的二进制数据中"1"的个数为奇数或偶数。

以 8 位并行数据传输（多根数据线同时传递多位数）为例来讲解奇偶校验原理，如图 3-51 所示。

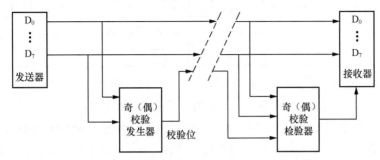

图 3-51　8 位并行数据传输奇偶校验原理示意图

假如设定为奇校验，发送一组 8 位二进制数 0100111 时，发送的数据送到奇偶校验发生器，由于数据中"1"的个数为偶数个（4 个），奇校验发生器的输出为"1"（检验位），这个检验位和传输的数据"0100111"一起传输到奇校验检验器，在没有发生错误的情况下，奇偶校验检验器"1"的个数为奇数个（5 个），输出为"0"，控制后序的接收器工作。如果在传输过程发生了错误，比如数据由"0100111"变成了"0000111"，那么奇偶校验检验器"1"的个数为偶数个（4 个），输出为"1"，发出信号控制后序的接收器禁止接收数据，也可以发出"数据错误"的报警信息。

3.7.2　奇偶校验器

奇偶校验（发生）器可由异或门组成，1 个异或门实现 2 位数据的奇偶校验；2 个异或门相连，可以实现 3 位奇偶校验器；3 个异或门相连，可以实现 4 位奇偶校验器；依此类推可实现多位奇偶校验器。

异或门的逻辑功能是若两个输入端不同时，输出 Y 为 1；若输入端相同时，输出 Y 为 0。图 3-52 为 4 位奇偶校验器。

根据图 3-52 可以得到 4 位奇偶校验器的功能表，如表 3-24 所示。

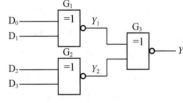

图 3-52　4 位奇偶校验器

表 3-24　4 位奇偶校验器的功能表

输入				G1 输出	G2 输出	输出
D_3	D_2	D_1	D_0	Y_1	Y_2	Y
0	0	0	0	0	0	0
0	0	0	1	0	1	1
0	0	1	0	0	1	1
0	0	1	1	0	0	0
0	1	0	0	1	0	1
0	1	0	1	1	1	0
0	1	1	0	1	1	0
0	1	1	1	1	0	1
1	0	0	0	1	0	1
1	0	0	1	1	1	0
1	0	1	0	1	1	0
1	0	1	1	1	0	1
1	1	0	0	0	0	0

输入				G1 输出	G2 输出	输出
D_3	D_2	D_1	D_0	Y_1	Y_2	Y
1	1	0	1	0	1	1
1	1	1	0	0	1	1
1	1	1	1	0	0	0

从功能表可知，当输入数据 $D_0 \sim D_3$ 中有偶数个 "1" 时，输出为低电平 "0"；当输入数据 $D_0 \sim D_3$ 中有奇数个 "1" 时，输出为高电平 "1"，从而检验出四位数据 $D_0 \sim D_3$ 中 "1" 的个数的奇偶性。

74HC280 是常用的集成奇偶产生/校验器（9-bit odd/even parity generator/checker），可以对 1 个 9 位代码（8 个数据位和 1 个校验位）进行奇（偶）校验，也可以给 1 个 9 位代码产生 1 个校验位。74HC280 的引脚及逻辑符号图如图 3-53 所示。

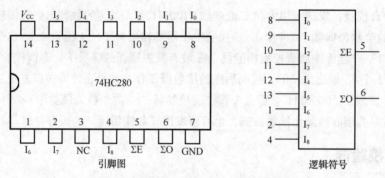

图 3-53　74HC280 的引脚及逻辑符号图

引脚中 $I_0 \sim I_8$ 为输入端，当输入端有偶数个 1 时，$\sum O$（输入中 1 的个数为偶数）为高电平 "1"，$\sum E$（输入中 1 的个数为奇数）为低电平 "0"；当输入端有奇数个 1 时，$\sum E$ 为高电平 "1"，$\sum O$ 为低电平 "0"。

74HC280 用作奇偶校验器时，可以为偶校验器或奇校验器。

当芯片用作 1 个偶校验器时，输入位的个数应该始终为偶数，当出现奇偶错误时，$\sum O$ 输出为低电平，$\sum E$ 输出为高电平。当把这种芯片用作 1 个奇校验器时，输入位的个数应该始终为奇数；当出现奇偶错误时，$\sum E$ 输出为低电平，$\sum O$ 输出为高电平。

74HC280 用作奇偶发生器时，可以为偶发生器或奇发生器。

当芯片用作 1 个偶发生器时，在 $\sum E$ 输出获取奇偶校验位，因为如果输入位的个数为偶数，则 $\sum E$ 输出为 0，如果输入位的个数为奇数，$\sum E$ 输出为 1；用作奇发生器时，在 $\sum O$ 输出获取奇偶校验位，当输入位的个数为奇数时，$\sum O$ 输出为 0。

74HC280 用作奇偶产生/校验器进行错误检测的示意图如图 3-54 所示，在数据传输中，还需要存储器、数据分配器以及一些复杂的时序信号的传输方法，为了解释 74HC280 的应用原理，其他部分就做了省略处理，本设计是偶校验。

图 3-54 所示为 8 位数据并行传输，数据 $D_0 \sim D_7$ 传输到接收器的同时，也发送给 74HC280 偶校验器，因为数据为 8 位，74HC280 的输入端 I_8 接地，这样不影响输入信号中 "1" 的个数。74HC280 用作 1 个偶发生器时，在 $\sum E$ 输出获取奇偶校验位，这个校验位和输入数据一起发送给接收端的偶校验器。

偶校验器接收 9 位代码（8 个数据位和 1 个校验位）进行偶校验，如果数据传输正常，输入位 "1" 的个数应该始终为偶数，$\sum O$ 输出为高电平，$\sum E$ 输出为低电平，当出现奇偶错误时，$\sum O$ 输出为低电平，$\sum E$ 输出为高电平，发出信号控制接收器禁止接收数据，也可以发出"数据错误"的报警信息。

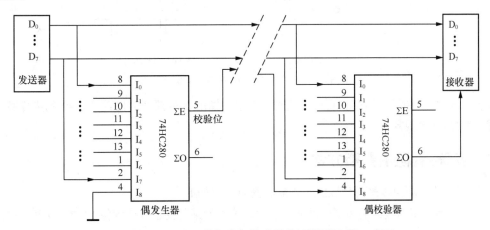

图 3-54　74HC280 用作偶发生/校验器进行错误检测的示意图

3.8 组合逻辑电路的竞争和冒险

3.8.1 竞争–冒险现象

前面讲述了组合逻辑电路的分析和设计以及常用的组合逻辑电路，这些电路都是由若干个门电路组成，分析时都是在门电路的输入、输出信号处于稳态的逻辑电平下进行的，实际上电平有瞬时的变化，而且信号所经过的不同门电路的传输延时不同，或者所经过的门电路的级数不同，导致输出会出现不稳定甚至错误的现象，从而可能引起该门电路的输出波形出现尖峰脉冲，这一现象称为组合逻辑电路中的竞争-冒险现象。

下面我们通过实例进行分析。

例 3-15：组合逻辑电路的竞争-冒险实例 1 的电路如图 3-55 所示。

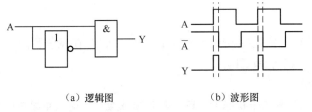

（a）逻辑图　　　　　　　（b）波形图

图 3-55　组合逻辑电路的竞争-冒险实例 1 的电路

在图 3-55 中，$Y = A \cdot \overline{A}$，正常情况下输出应恒等于 0。输入信号 A 直接到达输出级与门电路，与门的另一个输入经过非门后到达，但由于非门电路存在着传输延时，信号到达与门的时间比 A 滞后，导致在与门输出 Y 的波形中出现了 $Y=1$ 的尖峰脉冲，如图 3-55（b）所示。

在组合电路中，信号经由不同的途径到达某一会合点的时间有先有后，这种现象称为竞争。在本例中，由于 A 与 $\overline{A}$ 不同时到达与门，出现了竞争。由于竞争而引起电路输出产生尖峰脉冲的现象，发生瞬间错误的现象称为冒险。

例 3-16：组合逻辑电路的竞争-冒险实例 2 的电路如图 3-56 所示。

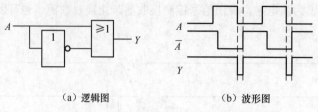

（a）逻辑图　　　　　　　　　（b）波形图

图 3-56　组合逻辑电路的竞争-冒险实例 2 的电路

在图 3-56 中，由于非门存在着传输延时，使或门输出 Y 的波形中出现了 $Y=0$ 的尖峰脉冲，从而出现了竞争-冒险现象。

3.8.2　竞争-冒险的判断方法

竞争-冒险的判断可以采用代数法来判断。判断方法如下。

首先写出组合逻辑电路的逻辑表达式；当逻辑式中的某些变量取特定值（0 或 1）时，如果表达式能转换为 $Y = A \cdot \overline{A}$ 或 $Y = A + \overline{A}$ 的形式，则该组合逻辑电路中存在着竞争-冒险。

例 3-17：判断下列逻辑函数是否存在冒险。

（1）$Y = A\overline{C} + BC$

（2）$Y = (A+B)(\overline{B}+C)$

分析如下：

（1）$Y = A\overline{C} + BC$，若输入变量 $A=B=1$，则有 $Y = \overline{C} + C$。因此，该电路存在冒险。

（2）$Y = (A+B)(\overline{B}+C)$，当 $A=C=0$，则有 $Y = B \cdot \overline{B}$。因此，该电路存在冒险。

3.8.3　竞争-冒险的消除方法

消除竞争-冒险的方法主要有修改逻辑设计、引入封锁脉冲、引入选通脉冲、输出端并联电容等。

1. 修改逻辑设计

（1）逻辑变换消去互补量。

$Y = (A+B)(\overline{B}+C)$，当 $A=C=0$，则有 $Y = B \cdot \overline{B}$。若将逻辑函数表达式进行逻辑变换,则 $Y = AC + A\overline{B} + BC$，这时消去了 $B \cdot \overline{B}$ 互补量，从而不会产生竞争冒险。

（2）增加乘积项。

$Y = AC + B\overline{C}$，若输入变量 $A=B=1$，则有 $Y = \overline{C} + C$，存在竞争冒险。若增加乘积项 AB，则 $Y = AC + B\overline{C} + AB$，消除了竞争冒险。

2. 引入封锁脉冲

为了消除竞争-冒险产生的干扰脉冲，可引入封锁脉冲，封锁脉冲要与信号的转换时间同步，而且封锁脉冲宽度不应小于电路从一个稳态转换到另一个稳态的过渡时间。

3. 引入选通脉冲

当有冒险脉冲时，利用选通脉冲把输出级封锁住，使冒险脉冲不能输出，而当冒险脉冲消失之后，选通脉冲又允许正常输出。它出现的时间应与输入信号变化的时间错开，从而避开了冒险。

4. 输出端并联电容

因为竞争冒险所产生的干扰脉冲一般很窄，所以当电路工作频率不很高时，在输出端并联接一个电容，可以吸收干扰脉冲，将尖峰脉冲的幅度减小到不影响电路工作的程度。但应注意电容量不能太大，否则增加了输出电压波形的上升时间和下降时间，使波形变坏，影响电路的工作速度。

第4章

时序逻辑电路

时序逻辑电路的特点是任意时刻的输出不仅取决于当时的输入信号，而且还取决于电路原来的状态。组合逻辑电路的基本单元为门电路，而时序逻辑电路的基本单元为触发器。本章重点介绍了常用触发器的原理和特点，讲述触发器在寄存器、计数器、分频器方面的应用，介绍时序逻辑电路的分析和设计方法。

4.1 触发器

在数字电路中，不仅需要对各种信号进行变换、运算、传输等，还需要大量的存储单元对数据进行存储，最基本、最简单的存储单元为 RS 锁存器。存储单元在使用时经常要求它们在同一时刻同步动作，因此在每个存储单元电路上引入一个时钟脉冲（CLK）作为控制信号，只有当 CLK 到来时，电路才被"触发"而动作，并根据输入信号改变输出状态，人们把这种在时钟信号触发时才能动作的存储单元电路称为触发器（Flip-Flop），以区别没有时钟信号控制的锁存器。广义的触发器包括锁存器。

触发器是时序逻辑电路的基本单元。触发器按照触发信号的工作方式可分为电平触发、边沿触发和脉冲触发等；触发器按照逻辑功能不同，又可分为 RS 触发器、JK 触发器和 D 触发器等。

4.1.1 RS 锁存器

1. 或非门组成的 RS 锁存器

RS 锁存器（Reset-Set Latch）用或非门构成的电路结构及逻辑符号如图 4-1 所示。

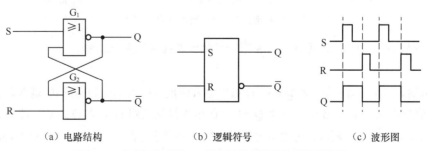

（a）电路结构　　　　（b）逻辑符号　　　　（c）波形图

图 4-1　或非门构成的 RS 锁存器的电路结构及逻辑符号

下面分析图 4-1 中由或非门构成的 RS 锁存器的状态转换和逻辑功能。设 Q^n 为原来的状态，称为原态；Q^{n+1} 为锁存器新的状态，称为次态。

（1）$S=0$、$R=0$ 时，假定此时 Q 的初态也为 0，由于 G_1 门、G_2 门都为或非门，则输出 Q 及 $\overline{Q}$ 保持原来的状态不变。

（2）$S=1$、$R=0$ 时，此时由于 G_2 门的输入发生了变化，使得 $\overline{Q}=0$，反馈到 G_1 门，使得 $Q=1$。在 $S=1$ 信号消失后，即 S 回到 0，由于 Q 端的高电平反馈到 G_2 门的另一端，因此电路输出保持 $Q=1$ 不变。

（3）$S=0$、$R=1$ 时，此时由于 G_1 门的输入 R 发生了变化，使得 $Q=0$，反馈到 G_2 门，使得 $\overline{Q}=1$。在 $R=1$ 信号消失后，即 R 回到 0，由于 $\overline{Q}$ 端的高电平反馈到 G_1 门的另一端，因此电路输出保持 $Q=0$ 不变。

（4）$S=1$、$R=1$ 时，$Q=0$，$\overline{Q}=0$，达不到 Q 与 $\overline{Q}$ 相反的逻辑要求，而且在 S、R 回到 0 以后无法断定锁存器将回到 1 状态还是 0 状态。因此，在正常工作时输入信号应遵守 $SR=0$ 的约束条件，即不允许输入 $S=R=1$ 的信号。

输出波形图如图 4-1（c）所示。

将上述逻辑关系列成真值表（逻辑状态表），如表 4-1 所示。

表 4-1　或非门组成的 RS 锁存器的真值表

R	S	Q^n	Q^{n+1}	功能
0	0	0	0	保持
		1	1	
0	1	0	1	置1
		1	1	
1	0	0	0	置0
		1	0	
1	1	0	×	禁用
		1	×	

2. 与非门组成的 RS 锁存器

RS 锁存器用与非门构成的电路结构及逻辑符号如图 4-2 所示。

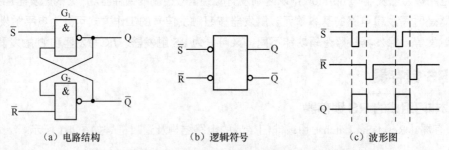

（a）电路结构　　　（b）逻辑符号　　　（c）波形图

图 4-2　与非门组成的 RS 锁存器的电路结构及逻辑符号

下面分析图 4-2 中由与非门组成的 RS 锁存器的状态转换和逻辑功能。

（1）$\overline{R}=0$、$\overline{S}=1$。

当 $\overline{R}=0$ 时，G_2 为与非门，可得 $\overline{Q}=1$；此输出信号经反馈线反馈回到 G_1 门的输入端，此时 $\overline{S}=1$，按与非门的逻辑关系"全 1 出 0"，使得 $Q=0$；此信号再反馈到 G_2 门的输入端，使 G_2 门封锁，不再受 $\overline{R}$ 影响，仍有 $\overline{Q}=1$。所以，无论触发器现态为何种状态（0 或 1），都将使得触发器的次态为 0（$Q^{n+1}=0$）状态。

（2）$\overline{R}=1$、$\overline{S}=0$。

当 $\overline{S}=0$ 时，对于与非门 G_1，其逻辑关系为"有 0 出 1"，可得 $Q=1$；此输出信号经反馈线反馈

回到 G_2 门的输入端，此时 $\overline{R}=1$，按与非门的逻辑关系"全 1 出 0"，可得 $\overline{Q}=0$；此信号再反馈到 G_1 门的输入端，使 G_1 门封锁，不再受 $\overline{S}$ 影响，仍有 $Q=1$。所以，无论触发器现态为何种状态（0 或 1），都将使得触发器的次态为 1（$Q^{n+1}=1$）状态。

（3）$\overline{R}=1$、$\overline{S}=1$。

当 $\overline{R}=1$、$\overline{S}=1$ 时，无论触发器现态为何种状态（0 或 1），触发器的次态和现态保持一致。

（4）$\overline{R}=0$、$\overline{S}=0$。

当 $\overline{R}=0$、$\overline{S}=0$ 时，G_1 和 G_2 门的输出端都为 1，不满足 Q 和 $\overline{Q}$ 在逻辑关系上相反的要求。触发器将受各种偶然因素的影响使其状态不确定。因此，这种情况在使用中应禁止出现的。

输出波形图如图 4-2（c）所示。

将上述逻辑关系列成真值表，如表 4-2 所示。

表 4-2　与非门组成的 RS 锁存器的真值表

$\overline{R}$	$\overline{S}$	Q^n	Q^{n+1}	功能
0	0	0	×	禁用
		1	×	
0	1	0	0	置 0
		1	0	
1	0	0	1	置 1
		1	1	
1	1	0	0	保持
		1	1	

4.1.2　RS 触发器

RS 触发器是在锁存器的基础上增加了一个触发信号输入端，只有当触发信号到来时，触发器才能根据输入信号进行状态的变换，并保持下去。这个触发信号称为时钟信号（CLK），时钟信号可以控制多个触发器同时工作。触发信号根据工作方式不同可以分为电平触发、边沿触发和脉冲触发。

一般触发器还有引导电路，通过它把输入信号引导到基本触发器。时钟信号和输入信号都是通过引导电路引入 RS 锁存器，实现时钟脉冲对输入端的控制，构成 RS 触发器，也称可控 RS 触发器。

1. 时钟信号

在时序逻辑电路中，为了实现多个触发器同时动作，用时钟信号作为同步控制信号，控制触发器同时工作，一般用 CLK、CP 来表示，其波形如图 4-3 所示。时钟信号的主要参数为频率（周期）和幅值（高电平、低电平）。

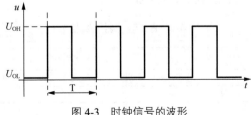

图 4-3　时钟信号的波形

图中，U_{OH} 为高电平，U_{OL} 为低电平，低电平一般接近 0 值，T 为周期，$T=1/f$。

2．RS 触发器

RS 触发器的电路结构和逻辑符号如图 4-4 所示。一些外文材料中也称为门控 SR 锁存器。电路由两部分组成：由与非门 G_1、G_2 组成的 RS 锁存器和由与非门 G_3、G_4 组成的引导电路（输入控制电路），图 4-4（a）虚线左侧为引导电路。

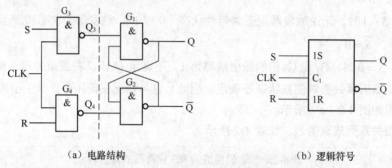

（a）电路结构　　　　　　　　　　　（b）逻辑符号

图 4-4　RS 触发器的电路结构和逻辑符号

图 4-4（b）所示为 RS 触发器的逻辑符号，框内的 C_1 表示 CLK 是编号为 1 的一个控制信号。1S 和 1R 表示受 C_1 控制的两个输入信号，只有在 C_1 为高电平时，1S 和 1R 信号才能起作用。框图外部的输入端处没有小圆圈表示 CLK 以高电平为有效信号。如果在 CLK 输入端画有小圆圈，则表示 CLK 以低电平作为有效信号。

当时钟脉冲 CLK=0 时，不论 R 和 S 端的电平如何，G_3 和 G_4 门的输出均为 1，G_3 和 G_4 门的输出作为 RS 锁存器的输入均为 1 时，R 和 S 端的信号无法通过 G_3 和 G_4 门而影响输出状态，由 G_1 和 G_2 门组成的基本触发器处于保持状态，也就是 $Q^{n+1}=Q^n$。当 CLK=1 时，触发器输出状态才能由 R、S 端的输入状态来决定。CLK 的这种控制方式为电平触发方式。

当 CLK=1 时，其逻辑关系分析如下。

（1）$R=0$、$S=1$ 时。

此时，G_3 的输出端 $Q_3=0$，G_4 的输出端 $Q_4=1$，这两个输出值作为 RS 锁存器的输入，易知 $Q=1$，$\overline{Q}=0$。

（2）$R=1$、$S=0$ 时。

此时，G3 的输出端 $Q_3=1$，G_4 的输出端 $Q_4=0$，易知 $Q=0$，$\overline{Q}=1$。

（3）$R=0$、$S=0$ 时。

此时，G_3 和 G_4 输出端均为 1，也就是 $Q_3=Q_4=1$，由 G_1 和 G_2 门组成的 RS 锁存器处于保持状态，所以 $Q^{n+1}=Q^n$。

（4）$R=1$、$S=1$ 时。

此时，G_3 和 G_4 输出端均为 0，也就是 $Q_3=Q_4=0$，由 G_1 和 G_2 门组成的 RS 锁存器处于禁用状态。

RS 触发器的真值表（逻辑状态表）如表 4-3 所示。

表 4-3　RS 触发器的真值表

CLK	*S*	*R*	Q^n	Q^{n+1}	功能
0	×	×	0	0	保持
0	×	×	1	1	
1	0	0	0	0	保持
1	0	0	1	1	
1	1	0	0	1	置 1

CLK	S	R	Q^n	Q^{n+1}	功能
1	1	0	1	1	置 1
1	0	1	0	0	置 0
1	0	1	1	0	
1	1	1	0	×	禁用
1	1	1	1	×	

根据真值表可以写出输出 Q^{n+1} 与输入 R、S 及 Q^n 初态之间的逻辑关系如下：

$$\begin{cases} Q^{n+1} = \overline{R}\overline{S}Q^n + \overline{R}SQ^n + \overline{R}S\overline{Q^n} = \overline{R}SQ^n + \overline{R}S \\ SR = 0 \end{cases}$$

式中的 $SR=0$ 为约束条件，利用约束条件进行化简可得：

$$\begin{cases} Q^{n+1} = S + \overline{R}Q^n \\ SR = 0 \end{cases}$$

一般把上式称为 RS 触发器特性方程。

3. 带置位和复位的 RS 触发器

在一些情况下，需要在时钟信号的有效电平到达之前将触发器预置成指定的状态，因此，可以在 RS 触发器的 G_1 和 G_2 门增加异步置 1 输入端和异步置 0 输入端。其电路结构和逻辑符号如图 4-5 所示。

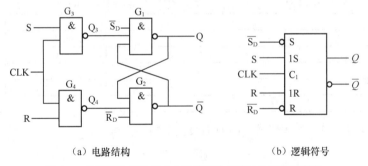

（a）电路结构　　　　　　　　　　（b）逻辑符号

图 4-5　带置位和复位端 RS 触发器的电路结构和逻辑符号

图 4-5（b）所示为逻辑符号图，输入信号 R 和 S 端没有小圈，表示输入信号为高电平有效。$\overline{R_D}$ 和 $\overline{S_D}$ 是直接置 0 和置 1 端，是低电平有效，不需要经过时钟脉冲的控制就可以对 RS 触发器置 0 和置 1。一般用作预置，可以设定触发器的初始状态，正常工作中不使用，将其处于高电平状态。

上述的 RS 触发器的触发方式是电平触发，特点是只有当 CLK=1 时，触发器才能接受输入信号，输出状态随输入变化，在 CLK 回到 0 后，触发器保持之前的状态不变。

4.1.3　D 触发器

1. 电平触发的 D 触发器

电平触发的 D 触发器（门控 D 锁存器）是在 RS 触发器的基础上由两个输入转换成单输入信号的触发器。电路结构和逻辑符号如图 4-6 所示，图 4-6（a）中虚线框内为 RS 触发器，把两个输入端通过非门变成一个输入端。图 4-6（b）所示为其逻辑符号。有时 CLK 用 CP 表示。

从电路结构图可知，只有当 $CLK=1$ 时，触发器输出状态才能由 D 端的输入状态来决定。与 RS 触发器的触发方式一样是电平触发方式。

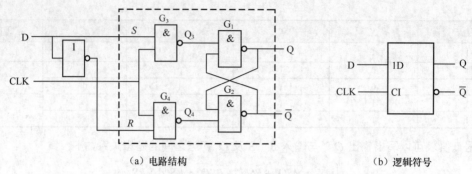

（a）电路结构   （b）逻辑符号

图 4-6　电平触发的 D 触发器电路结构和逻辑符号

当 $CLK=1$ 时，其逻辑关系分析如下。

$D=1$ 时，此时与非门 G_3 和 G_4 的输入端分别为 1 和 0，相当于 RS 触发器的 $S=1$、$R=0$，易知 $Q=1$，$\overline{Q}=0$。

$D=0$ 时，此时与非门 G_3 和 G_4 的输入端分别为 0 和 1，相当于 RS 触发器的 $S=0$、$R=1$，易知 $Q=0$，$\overline{Q}=1$。

根据分析列出真值表（逻辑状态表），如表 4-4 所示。

表 4-4　D 触发器的真值表

CLK	D	Q^n	Q^{n+1}	功能
0	×	0	0	保持
0	×	1	1	
1	0	0	0	置 0
1	0	1	0	
1	1	0	1	置 1
1	1	1	1	

从真值表可以写出 Q^{n+1} 的逻辑式，即 D 触发器的特性方程：

$$Q^{n+1} = D$$

2. 边沿触发的 D 触发器

上述所述的触发器都为电平触发方式，在 $CLK=1$ 期间，输出状态随着输入的变化发生多次翻转，这样就降低了触发器的抗干扰能力。为了提高触发器的可靠性，增强触发器抗干扰能力，就产生了边沿触发方式，边沿触发器的次态仅取决于 CLK 的边沿（上升沿或下降沿）到达时输入信号的状态，而与边沿时刻以前或以后的输入状态无关。边沿触发器的结构常见的有 TTL 维持阻塞型触发器、CMOS 传输门边沿触发器、利用门电路传输延迟时间的边沿触发器等。

下面介绍应用较多的维持阻塞型 D 触发器。维持阻塞型 D 触发器由 6 个与非门组成，其中 G_1、G_2、G_3、G_4 构成带置位和复位的 RS 触发器，G_5、G_6 构成数据输入电路。D 是输入信号，CLK 是时钟脉冲，其电路结构和逻辑符号如图 4-7 所示。

$D=0$ 时，当时钟脉冲来到之前，即 $CLK=0$ 时，Q_3、Q_4、Q_6 均为 1，G_5 因输入端全为 1 而输出 Q_5 为 0。这时触发器的状态不变。

当时钟脉冲从 0 跳变到 1，即 $CLK=1$ 时，G_6、G_5、G_3 的输出保持原状态不变，而 G_4 因输入端全 1 其输出由 1 变为 0（$Q_4=0$），这个负脉冲一方面使 G_1、G_2 构成的 RS 锁存器的输出置 0（$Q=0$），同时反馈到 G_6 的输入端，使在 $CLK=1$ 期间不论 D 如何变化，触发器保持 0 态不变，这条反馈线称为置 0 维持线；同时 G_6 的输出端的高电平 $Q_6=1$ 反馈到 G_5 的输入端，保证 $Q_5=0$，从而使 Q_3 保持 1，禁止输出置 1，这条从 G_6 的输出反馈到 G_5 的输入的反馈线称为置 1 阻塞线。

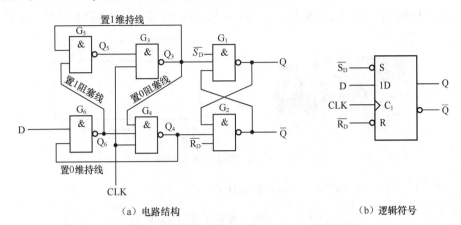

（a）电路结构   （b）逻辑符号

图 4-7　维持阻塞型 D 触发器电路结构和逻辑符号

同理 $D=1$，当 $CLK=0$ 时，Q_3、Q_4 为 1，Q_6 为 0，Q_5 为 1，这时触发器的状态不变。

当时钟脉冲从 0 跳变到 1，即 $CLK=1$ 时，G_3 的输出由 1 变为 0（$Q_3=0$），这个负脉冲一方面使 G_1、G_2 构成的 RS 锁存器的输出置 1（$Q=1$），同时反馈到 G_5 的输入端，使在 $CLK=1$ 时不论 D 如何变化，触发器保持 1 态不变，这条反馈线称为置 1 维持线；同时 G_3 的输出端的低电平 $Q_3=0$ 反馈到 G_4 的输入端，保证 $Q_4=1$，禁止输出置 0，这条从 G_3 的输出反馈到 G_4 的输入的反馈线称为置 0 阻塞线。

$\overline{R_D}$ 和 $\overline{S_D}$ 是直接置 0 和置 1 端，是低电平有效，不需要经过时钟脉冲的控制就可以对 RS 触发器置 0 和置 1。

边沿触发器的逻辑符号对比如图 4-8 所示。图形中，在 CLK 输入端框内的 ">" 表示触发器为边沿触发方式，而且是上升沿触发。如果 CLK 输入端加画小圆圈，则为下降沿触发。逻辑符号对比如图 4-8 所示。

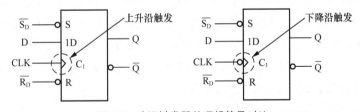

图 4-8　边沿触发器的逻辑符号对比

上升沿触发的 D 触发器的真值表（逻辑状态表）如表 4-5 所示。

表 4-5　上升沿触发的 D 触发器的真值表

CLK	D	Q^n	Q^{n+1}
↑	0	0	0
↑	0	1	0
↑	1	0	1
↑	1	1	1

真值表中 CLK 栏中 "↑" 表示为上升沿触发方式。如果是下降沿触发，则真值表中 CLK 一栏

中"↓"表示。

3. 集成 D 触发器

常用的集成 D 触发器有 74LS74 双上升沿 D 触发器。74LS74 芯片的外形及引脚图如图 4-9 所示。

 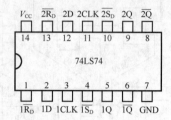

图 4-9　74LS74 芯片的外形及引脚图

芯片由两个上升沿 D 触发器构成，其功能表如表 4-6 所示。

表 4-6　74LS74 芯片 D 触发器的功能表

输入				输出	
$\overline{S_D}$	$\overline{R_D}$	CLK	D	Q^{n+1}	$\overline{Q}^{n+1}$
L	H	×	×	H	L
H	L	×	×	L	H
L	L	×	×	φ	φ
H	H	↑	H	H	L
H	H	↑	L	L	H
H	H	↑	×	Q^n	$\overline{Q}^n$

表 4-6 中，H 表示高电平 1，L 表示低电平 0，"φ"表示输出状态不定，"×"表示任意状态，Q^n 为原来的状态，即稳态输入条件前的状态，$\overline{Q}^n$ 为 Q^n 的补码（逻辑的非态），Q^{n+1} 为在时钟和输入控制下触发器新的状态。$\overline{R_D}$ 和 $\overline{S_D}$ 是直接置 0 和置 1 端，低电平有效。$\overline{R_D}$ 和 $\overline{S_D}$ 都为高电平时，遇到时钟的上升沿时输出翻转一次，$Q^{n+1} = D$；$\overline{R_D}$ 和 $\overline{S_D}$ 都为低电平时，输出状态不定，应该避免。

74LS74 双上升沿 D 触发器连接如图 4-10（a）所示，假如 Q 初始状态为 0，1CLK 的输入脉冲波形如图 4-10（b）所示，画出 1Q 和 2Q 的波形。

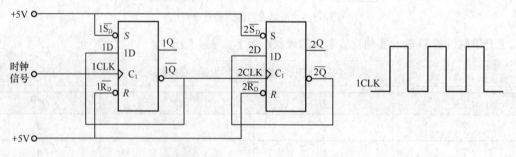

（a）电路逻辑图　　　　　　　　　　　　　　　（b）1CLK 的输入波形

图 4-10　74LS74 电路逻辑图和 1CLK 的输入波形

D 触发器的特性方程为 $Q^{n+1} = D$，因为触发器的输入端 D 接到输出 $\overline{Q}$，所以当时钟的上升沿到来时，输出翻转一次，$Q^{n+1} = \overline{Q}^n$；而且第一个 D 触发器的输出 $1\overline{Q}$ 连接到了第 2 个 D 触发器的

2CLK，因此 2Q 在 1$\overline{Q}$（2CLK）的上升沿翻转一次，波形图如图 4-11 所示。

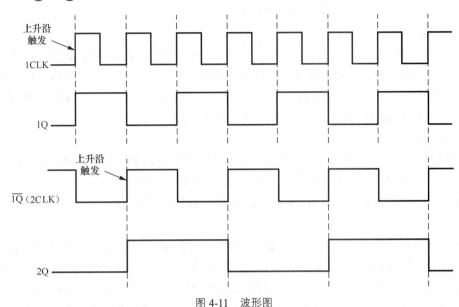

图 4-11　波形图

4.1.4　JK 触发器

1. JK 触发器的工作原理

JK 触发器是由两个 RS 触发器串联组成的，两个触发器的时钟通过一个非门连接，互补的时钟信号控制两个触发器不能同时翻转，因此两个 RS 触发器分别称为主触发器 FF1 和从触发器 FF2，时钟脉冲先使主触发器发生翻转，而后使从触发器发生翻转，因此这种触发器也称为主从型 JK 触发器。将输出 Q 与 $\overline{Q}$ 分别反馈到主触发器的输入端，就满足了 RS=0 的约束条件，其逻辑图如图 4-12（a）所示，图 4-12（b）所示为主从 JK 触发器的逻辑符号。

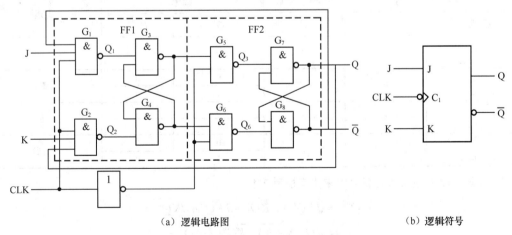

（a）逻辑电路图　　　　　　　　　　　　　　（b）逻辑符号

图 4-12　JK 触发器逻辑电路图和逻辑符号

根据逻辑图分析不同输入下其输出状态。

（1）J=1，K=0。

设触发器的初始状态为 "0" 态，当 CLK=1 时，此时主触发器 FF1 置 1。当 CLK 从 1 下跳为 0

时，从触发器 FF2 的状态也翻转为 1。若触发器初始状态为 "1" 态时，也可以分析得出触发器置 1 的功能。可见 $J=0$，$K=0$ 时，JK 触发器具有置 1 功能。

（2）$J=0$，$K=1$。

设触发器的初始状态为 "0" 态，当 $CLK=1$ 时，此时主触发器 FF1 具有保持功能，为 "0" 态。当 CLK 从 1 下跳到 0 时，从触发器 FF2 的状态也保持不变为 "0" 态。若触发器初始状态为 "1" 态时，当 $CLK=1$ 时，此时主触发器 FF1 具有置 0 功能，当 CLK 从 1 下跳为 0 时，从触发器 FF2 的状态也为 0。可见 $J=0$，$K=1$ 时，JK 触发器具有置 0 功能。

（3）$J=0$，$K=0$。

设触发器的初始状态为 "0" 态，当 $CLK=1$ 时，由于主触发器 FF1 的状态保持不变。当 CLK 从 1 下跳为 0 时，从触发器 FF2 也保持原态不变为 "0"。若触发器初始状态为 "1" 态时，也可以分析得出保持原态不变的结论。可见 $J=0$，$K=0$ 时，JK 触发器具有保持功能。

（4）$J=1$，$K=1$。

设触发器的初始状态为 "0" 态，门 G_2 被 Q 端的低电平封锁，当时钟脉冲来到后（$CLK=1$），仅 G_1 门输出为低电平，主触发器发生翻转为 "1" 态。当 CLK 从 1 下跳为 0 时，从触发器 FF2 也翻转为 "1" 态。同理，触发器初始状态为 "1" 态，门 G_1 被 $\overline{Q}$ 端的低电平封锁，当 $CLK=1$，仅 G_2 门输出为低电平，主触发器发生翻转为 "0" 态。当 CLK 从 1 下跳为 0 时，从触发器 FF2 也翻转为 "0" 态。可见，JK 触发器在 $J=1$、$K=1$ 的情况下，每来一个时钟脉冲，它就翻转一次，即 $Q^{n+1}=\overline{Q^n}$，具有计数功能。

从以上分析可知，CLK 为 1，主触发器 FF1 打开，其状态由 J、K 决定，接收信号并暂存，从触发器 FF2 保持状态不变；CLK 从 1 到 0，主触发器 FF1 封锁，其状态保持不变，从触发器 FF2 的状态取决于主触发器，并保持主、从触发器状态一致，因此触发器的翻转分两步动作，这也是脉冲触发方式的特点。

主从 JK 触发器的逻辑状态表如表 4-7 所示。

表 4-7　主从 JK 触发器的逻辑状态表

输入			输出		功能
CLK	J	K	Q^n	Q^{n+1}	
⎍	0	0	0	0	保持
			1	1	
⎍	0	1	0	0	置 0
			1	0	
⎍	1	0	0	1	置 1
			1	1	
⎍	1	1	0	1	计数
			1	0	

由 JK 触发器的逻辑状态表可以求出其驱动方程：

$$Q^{n+1} = \overline{J}K Q^n + J\overline{K}\,\overline{Q^n} + J\overline{K}Q^n + JK\overline{Q^n}$$
$$= J\overline{Q^n}(K+\overline{K}) + \overline{K}Q^n(J+\overline{J})$$
$$= J\overline{Q^n} + \overline{K}Q^n$$

2. 集成 JK 触发器

常用的集成 JK 触发器有 74LS76、74HC112 双 JK 触发器等。它们功能一样，引脚排列不同。74LS76 芯片的外形及引脚图如图 4-13 所示。

 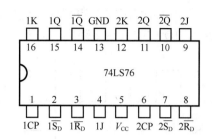

图 4-13　74LS76 芯片的外形及引脚图

芯片由两个下降沿 JK 触发器构成，其功能表如表 4-8 所示。

表 4-8　74LS76 芯片 JK 触发器的功能表

输入					输出	
$\overline{S_D}$	$\overline{R_D}$	CP	J	K	Q^{n+1}	$\overline{Q^{n+1}}$
L	H	×	×	×	H	L
H	L	×	×	×	L	H
L	L	×	×	×	φ	φ
H	H	⎍↓	L	L	Q^n	$\overline{Q^n}$
H	H	⎍↓	L	H	H	L
H	H	⎍↓	H	L	L	H
H	H	⎍↓	H	H	触发	触发
H	H	H	×	×	Q^n	$\overline{Q^n}$

表 4-8 中，CP 为时钟信号，H 表示高电平 1，L 表示低电平 0，"φ" 表示输出状态不定，"×" 表示任意状态，Q^n 为原来的状态，即稳态输入条件前的状态，$\overline{Q^n}$ 为 Q^n 的补码（逻辑的非态），Q^{n+1} 为在时钟和输入控制下触发器新的状态。$\overline{R_D}$ 和 $\overline{S_D}$ 是直接置 0 和置 1 端，低电平有效。$\overline{R_D}$ 和 $\overline{S_D}$ 都为高电平时，遇到时钟的上升沿时输出翻转一次，$Q^{n+1} = D$；$\overline{R_D}$ 和 $\overline{S_D}$ 都为低电平时，输出状态不定，应该避免这种情况。

74LS76JK 触发器逻辑电路图如图 4-14（a）所示，假如 Q 初始状态为 0，1CP 的输入脉冲波形如图 4-14（b）所示，画出 Q_A 和 Q_B 的波形。

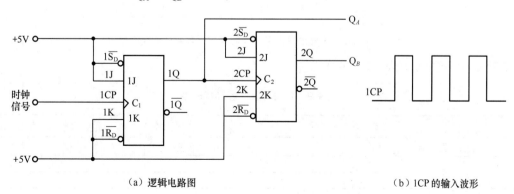

（a）逻辑电路图　　　　　　　　　　　　　　　（b）1CP 的输入波形

图 4-14　74LS76 连接图

JK 触发器的特性方程为：$Q^{n+1} = J\overline{Q^n} + \overline{K}Q^n$。图 4-14 所示的触发器的 $\overline{R_D}$ 和 $\overline{S_D}$ 都为高电平，且

输入 1J、1K、2J、2K 都接高电平，得到 $Q^{n+1} = \overline{Q^n}$ ，因此在 1CP 的下降沿，1Q 输出翻转一次，同时 1Q 连接到 2CP，1Q（2CP）的下降沿，2Q 输出翻转一次。波形图如图 4-15 所示。

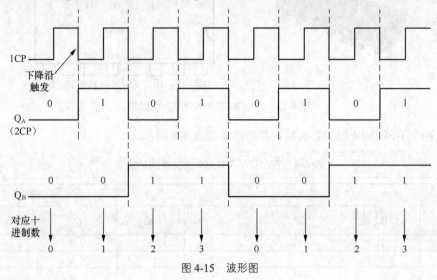

图 4-15　波形图

从波形图可知，触发器按照顺序计数，从 0 到 3（00，01，10，11），然后返回 0 重新开始一个循环，具有计数器的功能。

4.1.5　T 触发器

在一些实际应用中，有时需要输出在 CP 时钟脉冲控制下进行翻转，当控制信号为 1 时，输出翻转，当控制信号为 0 时，输出保持不变。如果把这个控制信号用 T 表示，也就是当 $T=0$ 时输出保持状态不变，当 $T=1$ 时输出翻转，这种触发器称为 T 触发器。一般将 JK 触发器的 J、K 两个输入端连接到一起作为控制信号 T，就构成了 T 触发器。

由 JK 触发器改接为 T 触发器及 T 触发器的逻辑符号如图 4-16 所示。

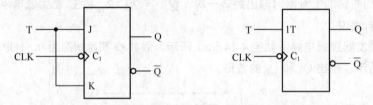

图 4-16　JK 触发器改接为 T 触发器及 T 触发器的逻辑符号

T 触发器的逻辑状态表如表 4-9 所示。

表 4-9　T 触发器的逻辑状态表

T	输出	
	Q^n	Q^{n+1}
0	0	0
	1	1
1	0	1
	1	0

由 T 触发器的逻辑状态表可以求出其驱动方程：

$$Q^{n+1} = T\overline{Q^n} + \overline{T}Q^n$$

4.2 寄存器

寄存器是用来暂时存放参与运算的数据和运算结果的逻辑部件，因此寄存器的功能是存储二进制代码，它是由具有存储功能的触发器组合起来构成的。一个触发器可以存储 1 位二进制代码，故存放 n 位二进制代码的寄存器，需用 n 个触发器来构成。常用的有 4 位、8 位、16 位等寄存器。

寄存器按逻辑功能分为数码寄存器和移位寄存器两种。

4.2.1 数码寄存器

数码寄存器具有寄存数码和清除数码的功能，通常由 RS 触发器或 D 触发器构成。它是在时钟 CLK 脉冲控制下，将数据存入对应的触发器。

图 4-17 所示为下降沿触发的 D 触发器构成的数码寄存器。$D_0 \sim D_3$ 为数码输入端，$Q_0 \sim Q_3$ 为数码输出端，$\overline{R_D}$ 是清零端，CLK 是时钟脉冲输入端。电平触发或上升沿触发的 D 触发器也可以构成寄存器，不同的是时钟控制的方式不同。

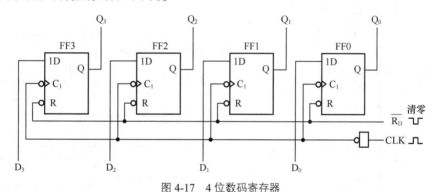

图 4-17 4 位数码寄存器

当 $\overline{R_D} = 0$ 时，通过异步输入端 $\overline{R_D}$ 将 4 个 D 触发器复位到 0 状态，实现异步清零功能。当 $\overline{R_D} = 1$ 时，且时钟脉冲 CLK 由 0 跳变到 1 时，经过非门后时钟变成下降沿，触发 D 触发器，加在并行数码输入端的数码就会立即被送入寄存器中，使输出端并行输出数码，从而完成接收寄存数码的功能。

上述寄存器接收数据时所有的代码都是同时输入、同时输出的，这种方式称为并行输入、并行输出方式。需要注意的是在寄存数据前先清零。

例如，寄存二进制数（$D_0 \sim D_3$）1011，通过清零端 $\overline{R_D}$ 使触发器的输出为 0，当 $CLK=0$ 时，经过非门后加到触发器的时钟为 1，由于触发器为下降沿触发，这时触发器不工作；当时钟脉冲 CLK 由 0 跳变到 1 时，经过非门后时钟变成下降沿，触发 D 触发器，这时数据 1011 输入到 $D_0 \sim D_3$，因为 D 触发器的输出端 $Q^{n+1}=D$，所以 $Q_0 \sim Q_3$ 为 1011；如果 CLK 再由 1 跳变到 0 时，由于加到触发器的时钟为上升沿，所以触发器不工作，输出保持不变，实现了数据的寄存。

上述寄存器为 4 位数码寄存器，同样可以寄存 5 位、8 位、12 位等，把寄存器存储数据的位数称为寄存器的存储容量，寄存器的存储容量由级的个数确定，即触发器的个数来决定。

集成电路 74HC175 为四上升沿触发的 D 触发器，可以用作数码寄存器。74HC175 芯片的外形及引脚图如图 4-18 所示。$\overline{CLR}$ 为清零端，无论触发器处于何种状态，只要 $\overline{CLR} = 0$，输出 $Q_0 \sim Q_3$

为 0; 不需要异步清零时, 应使 $\overline{CLR}=1$。当 $\overline{CLR}=1$, 且 CLK 为上升沿时并行送入数据使得 $Q_0=D_0$, $Q_1=D_1$, $Q_2=D_2$, $Q_3=D_3$。当 $\overline{CLR}=1$, 且 $CLK=0$ 时, 各触发器保持原状态不变。

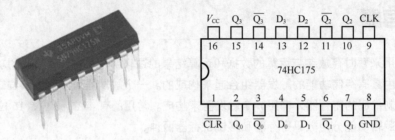

图 4-18　74HC175 芯片的外形及引脚图

其内部逻辑图及存储数据波形图如图 4-19 所示, 设寄存二进制数为 ($D_0 \sim D_3$) 1011。

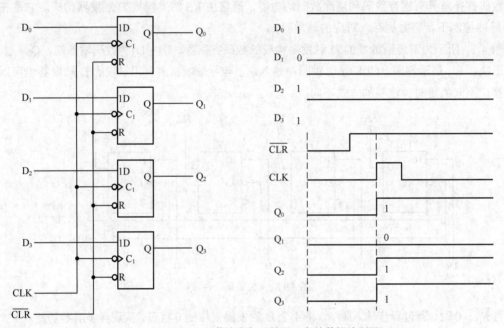

图 4-19　74HC175 芯片内部逻辑图及存储数据波形图

4.2.2　移位寄存器

移位寄存器的功能不仅能够寄存代码, 还可以对代码进行移位。

移位寄存器存放数码的方式有并行和串行两种。并行方式就是数码同时从各个对应位输入到寄存器中; 串行方式就是数码从一个输入端逐位输入寄存器中。寄存器输出数码的方式也有并行和串行两种。并行方式就是各位数码在输出端上同时出现; 串行方式就是被输出的数码在一个输出端逐位出现。因此, 寄存器存取数码方式有串行输入串行输出、串行输入并行输出、并行输入并行输出和并行输入串行输出 4 种。

1. 串行输入串行输出移位寄存器

串行输入串行输出是指每次通过一条线路输送和接收一位数据, 一次传送一位。

图 4-20 所示为 5 个上升沿触发 D 触发器构成的 5 位寄存器。数据输入和输出通过一根传输线传输, 属于串行输入串行输出模式。

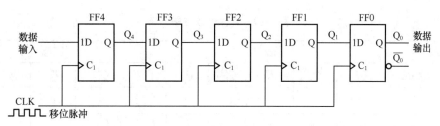

图 4-20　5 个上升沿触发 D 触发器构成的 5 位寄存器

下面分析移位寄存器的工作过程，以寄存数码"10111"为例，数据按照时钟脉冲的节拍从低位到高位依次串行送到数据输入端。

寄存器初始时输出清零，即 Q_0、Q_1、Q_2、Q_3、Q_4 置 0。首先最低位 1（最右一位）加载到数据输入线上，当第一个脉冲上升沿到来时，使得 FF4 的 Q_4=1，其他输出状态保持 0 不变；

当第二个脉冲上升沿到来时，次低位 1 已加载到数据输入线上，使得 FF4 的 Q_4=1，FF3 的 Q_3=1，其他输出状态保持 0 不变；

当第三个脉冲上升沿到来时，后面的数码 1 已加载到数据输入线上，使得 Q_4=1，Q_3=1，Q_2=1，其他输出状态保持 0 不变；

当第四个脉冲上升沿到来时，后面的数码 0 已加载到数据输入线上，使得 Q_4=0，Q_3=1，Q_2=1，Q_1=1，FF0 的输出 Q_0=0 保持不变；

当第五个脉冲上升沿到来时，后面的数码 1 已加载到数据输入线上，使得 Q_4=1，Q_3=0，Q_2=1，Q_1=1，Q_0=1。

经过 5 个脉冲后寄存器存有数码 $Q_4Q_3Q_2Q_1Q_0$=10111，波形图如图 4-21 所示。

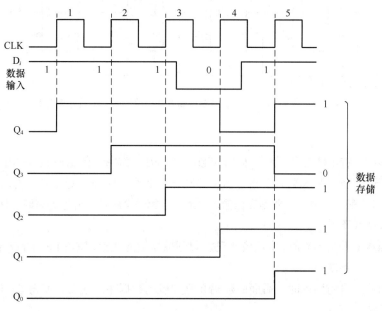

图 4-21　串行输入串行输出寄存器示例波形图

以上 5 个脉冲完成了数据串行输入寄存器的过程，最低位（最右边）的"1"在 Q_4 输出。如果要得到寄存器输出的数据，就需要将数据串行移出从 Q_4 输出，因此时钟信号继续控制，当第 6 个脉冲上升沿到来时，次低位"1"在 Q_4 输出；当第 7 个脉冲上升沿到来时，后面一位的"1"在 Q_4 输出，依此类推，经过 10 个脉冲后，输入数据全部移出，移入 0。寄存器数据移位表如表 4-10 所示。

表 4-10　寄存器数据移位表

输入		现态					次态				
D_i	CLK	Q_4^n	Q_3^n	Q_2^n	Q_1^n	Q_0^n	Q_4^{n+1}	Q_3^{n+1}	Q_2^{n+1}	Q_1^{n+1}	Q_0^{n+1}
1	↑	0	0	0	0	0	1	0	0	0	0
1	↑	1	0	0	0	0	1	1	0	0	0
1	↑	1	1	0	0	0	1	1	1	0	0
0	↑	1	1	1	0	0	0	1	1	1	0
1	↑	0	1	1	1	0	1	0	1	1	1

通过上述分析可以看出，经过 10 个脉冲实现数据右移移位串行输出。

2. 串行输入并行输出移位寄存器

串行输入并行输出是指数据串行输入寄存器，数据位的输出是以并行的方式，同时从每一级触发器得到。

（1）D 触发器组成的右移移位寄存器。

图 4-22 是由 D 触发器组成的串行输入并行输出的 4 位右移寄存器。

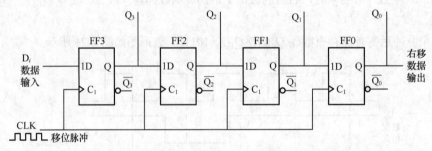

图 4-22　由 D 触发器组成的串行输入并行输出的 4 位右移寄存器

下面分析移位寄存器的工作过程，以寄存数码"1001"为例，数据按照时钟脉冲的节拍从低位到高位依次串行送到数据输入端 D_i。寄存器初始时输出清零，即 Q_0、Q_1、Q_2、Q_3 置 0。

首先最低位 1（最右一位）加载到数据输入线上，当第一个脉冲上升沿到来时，使得 FF3 的 $Q_3=1$，其他输出状态保持 0 不变；

当第二个脉冲上升沿到来时，次低位 0 已加载到数据输入线上，使得 FF3 的 $Q_3=0$，FF2 的 $Q_2=1$，其他输出状态保持 0 不变；

当第三个脉冲上升沿到来时，后面的数码 0 已加载到数据输入线上，使得 $Q_3=0$，$Q_2=0$，$Q_1=1$，其他输出状态保持 0 不变；

当第四个脉冲上升沿到来时，最高位的数码 1 已加载到数据输入线上，使得 $Q_3=1$，$Q_2=0$，$Q_1=0$，$Q_0=1$。

每当移位脉冲 CLK 上升沿到来时，每个触发器的状态向右移动给下一个触发器，经过 4 个脉冲后，4 位数据寄存到各个触发器的输出端。串行输入并行输出 4 位寄存器数据右移移位表如表 4-11

所示。与串行输入串行输出不同的是数据输出不用逐位取出，可以从 4 个触发器的 Q 端直接得到并行的数码输出，因此为串行输入并行输出方式。

表 4-11　串行输入并行输出 4 位寄存器数据右移移位表

输入		现态				次态			
D_i	CLK	Q_3^n	Q_2^n	Q_1^n	Q_0^n	Q_3^{n+1}	Q_2^{n+1}	Q_1^{n+1}	Q_0^{n+1}
1	↑	0	0	0	0	1	0	0	0
0	↑	0	0	0	0	0	1	0	0
0	↑	1	0	0	0	0	0	1	0
1	↑	1	1	1	0	1	0	0	1

（2）JK 触发器组成的左移移位寄存器。

图 4-23 是由 JK 触发器组成的串行输入并行输出的 4 位左移移位寄存器。

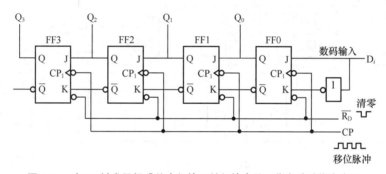

图 4-23　由 JK 触发器组成的串行输入并行输出的 4 位左移移位寄存器

$\overline{R_D}$ 为清零端，低电平有效，工作时先清零，而后 $\overline{R_D}$ 一直处于高电平。FF0 接成 D 触发器，数码由输入端 D_i 送入，$Q_3 \sim Q_0$ 为输出端。

设寄存的二进制数为 1101，工作过程如下。

清零后，最左侧数据 1 先送入数据输入端 D_i，第一个移位脉冲的下降沿到来时使触发器 FF0 翻转，$Q_0=1$，其他仍然保持"0"态；

第二个移位脉冲的下降沿到来时，次低位的数码仍然为 1 送入数据输入端，使 FF0 和 FF1 同时翻转，由于 FF1 的 J 端为 1，FF0 的 J 端也为 1，所以 $Q_1=1$，$Q_0=1$，Q_2 和 Q_3 仍为 0。

第三个脉冲下降沿到来时，后面的数码 0 已加载到数据输入线上，使得 $Q_2=1$，$Q_1=1$，$Q_3=0$，其他输出状态保持 0 不变；

当第四个脉冲下降沿到来时，最右侧的数码 1 已加载到数据输入线上，使得 $Q_3=1$，$Q_2=1$，$Q_1=0$，$Q_0=1$。

如此进行，每来一个移位脉冲，移位一次，存入一个新数码，直到全部存数结束。输入数码存储完成后，就可以在各级触发器的输出端同时读出并行数据 1101。

表 4-12 为串行输入并行输出 4 位寄存器数据左移移位表。

表 4-12　串行输入并行输出 4 位寄存器数据左移移位表

输入		现态				次态			
D_i	CLK	Q_3^n	Q_2^n	Q_1^n	Q_0^n	Q_3^{n+1}	Q_2^{n+1}	Q_1^{n+1}	Q_0^{n+1}
①	↓	0	0	0	0	0	0	0	①
①	↓	0	0	0	1	0	0	①	①
⓪	↓	1	0	0	0	①	①	⓪	
①	↓	1	1	1	0	①	①	⓪	①

（3）D 触发器组成的双向移位寄存器。

在以上单向移位寄存器的基础上增加一些必要的门电路，就可以构成既能左移又能右移的双向移位寄存器。图 4-24 所示为由 D 触发器组成的双向移位寄存器，串行输入并行输出。

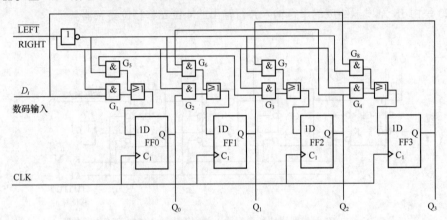

图 4-24　由 D 触发器组成的双向移位寄存器

从逻辑图可知，当 RIGHT/$\overline{\text{LEFT}}$ 控制端为高电平时，$G_1 \sim G_4$ 门开启，$G_5 \sim G_8$ 门因为一端输入为 0 致使输出保持 0 而封锁，数据从 FF0 输入，每个触发器的输出端接到后一级触发器的输入端，当时钟到来时（上升沿），数据依次右移一个位置；当 RIGHT/$\overline{\text{LEFT}}$ 控制端为低电平时，$G_5 \sim G_8$ 开启，数据从 FF3 输入，每个触发器的输出端接到前一级触发器的输入端，当时钟到来时，数据依次左移一个位置，从而实现数据的双向移动。

3. 并行输入串行输出寄存器

并行输入串行输出是指数据同时输入寄存器，而数据位的输出是以串行的方式，依次从输出端得到。

图 4-25 所示为 4 个上升沿触发 D 触发器及外围门电路

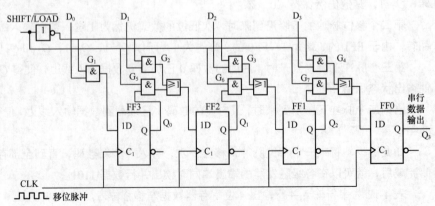

图 4-25　4 个上升沿触发 D 触发器及外围门电路构成的并行输入串行输出的 4 位寄存器

构成的并行输入串行输出的 4 位寄存器。

图中 D_0、D_1、D_2、D_3 为数据输入线，SHIFT/$\overline{\text{LOAD}}$（移位/置数）为输入控制端，控制 4 位数据并行进入寄存器中。当 SHIFT/$\overline{\text{LOAD}}$ 为低电平时，门 $G_1 \sim G_4$ 开启，门 $G_5 \sim G_7$ 禁用，D_0、D_1、D_2、D_3 分别加到相应触发器的 D 输入端。当时钟脉冲到来时，输出 Q 随着输入信号 D_i 的不同而改变，同时存储了所有的 4 个数码。

当 SHIFT/$\overline{\text{LOAD}}$ 为高电平时，门 $G_1 \sim G_4$ 禁用，而门 $G_5 \sim G_7$ 开启，实现数据从上一级向右移位到下一级，依次串行输出数据。或门用于允许正常的移位操作或者并行数据进入操作。

4．并行输入并行输出寄存器

并行输入并行输出是指数据同时输入寄存器，而数据位的输出也是以并行的方式，同时从输出端得到。

图 4-26 所示为 4 个上升沿触发 D 触发器构成的并行输入并行输出的 4 位寄存器。

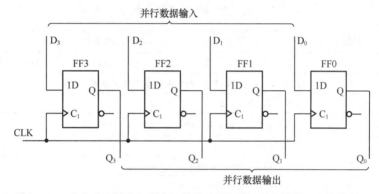

图 4-26　4 个上升沿触发 D 触发器构成的并行输入并行输出的 4 位寄存器

图中 D_0、D_1、D_2、D_3 为并行数据输入端，Q_0、Q_1、Q_2、Q_3 为数据输出端，4 位输入信号同时加到输入端，当时钟信号的上升沿到来时，触发器输出信号为输入数据，$Q^{n+1} = D$，实现了数据的并行输出。

4.2.3　集成移位寄存器

常用的集成移位寄存器有双向移位寄存器 74LS194、74LS195 以及 8 位寄存器 74HC165 等。74HC165 集成移位寄存器在数码管显示和键盘处理时经常用到，这里主要介绍 74HC165 集成芯片的构成和使用。

74HC165 集成移位寄存器的逻辑构成图如图 4-27 所示。

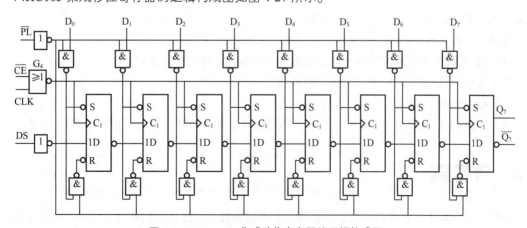

图 4-27　74HC165 集成移位寄存器的逻辑构成图

74HC165 是一个 8 位串行或并行输入，串行输出的移位寄存器。具有 1 个串行输入（DS 引脚），8 个并行数据输入（$D_0 \sim D_7$）和 2 个互补的串行输出（Q_7 和 $\overline{Q7}$），芯片的外形和引脚分布图如图 4-28 所示。

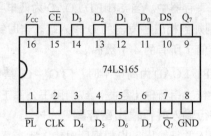

图 4-28　74HC165 芯片的外形和引脚分布图

74HC165 芯片引脚功能如表 4-13 所示。

表 4-13　74HC165 芯片引脚功能

符号	引脚	功能
$\overline{PL}$	1	异步并行读取端（低电平有效）［asynchronous parallel load input (active LOW)］
CLK	2	时钟输入端［clock input (LOW-to-HIGH edge-triggered)］
D0 ~ D7	11 ~ 14，3 ~ 6	并行数据输入（parallel data inputs）
$\overline{Q7}$	7	互补输出端（complementary output from the last stage）
GND	8	地（ground 0V）
Q7	9	串行输出（serial output from the last stage）
DS	10	串行输入（serial data inputs）
$\overline{CE}$	15	时钟使能端（低电平有效）［clock enable input (active LOW)］
V_{CC}	16	正电源（positive supply voltage）

当 $\overline{PL}$ 引脚为低电平时，$D_0 \sim D_7$ 端的数据并行进入移位寄存器。当 $\overline{PL}$ 引脚为高电平时，数据从 DS 引脚串行进入寄存器。$\overline{CE}$ 为时钟控制端，当 $\overline{CE}$ 引脚为低电平时，数据在时钟 CLK 上升沿时进行移位。当 $\overline{CE}$ 引脚为高电平时，时钟输入无效。

74HC165 的时钟输入是一个"或门"结构，允许其中一个输入端作为时钟输入。使能端（$\overline{CE}$）低电平有效。CLK 和 $\overline{CE}$ 的引脚分配是独立的，并且在必要时，为了布线的方便可以互换。只有在 CLK 为高电平时，才允许 $\overline{CE}$ 由低电平转高电平。

74HC165 移位寄存器的工作步骤总结如下：

（1）$\overline{PL}$ 引脚为低电平，获取并行数据输入，数据移入移位寄存器；

（2）将 $\overline{PL}$ 引脚置为高电平，停止并行数据输入；

（3）$\overline{CE}$ 引脚为低电平，使能时钟输入；

（4）时钟 CLK 每产生一个上升沿，移位寄存器中的数据从高位到低位依次移出到 Q_7 中。

4.3　计数器

计数器是由基本触发器构成的，是数字系统中用得较多的基本逻辑器件。它不仅能记录输入时钟脉冲的个数，还可以实现分频、定时、产生节拍脉冲和脉冲序列等。常用于计算机中的时序发生器、分频器、指令计数器等。

计数器的种类很多。按时钟脉冲输入方式的不同，可分为同步计数器和异步计数器；按进位体制的不同，可分为二进制计数器、十进制计数器和任意进制计数器；按计数过程中数字增减趋势的不同，可分为加法计数器、减法计数器和可逆计数器。

4.3.1 异步计数器

异步计数器中，各触发器的时钟信号不是同步的，触发器的翻转有先有后，因此称为异步计数器。

1. 2 位异步二进制计数器

按照二进制数运算规律进行计数的电路称作二进制计数器。二进制计数器是结构最简单的计数器，应用范围很广。

二进制数只有 0 和 1 两个数码，前面讲到的触发器有 0 和 1 两种状态，一个触发器可以表示 1 位二进制数，因此要构成 n 位二进制计数器，需用 n 个具有计数功能的触发器。例如，要实现 2 位二进制计数器，必须用 2 个触发器，要实现 4 位二进制计数器，必须用 4 个触发器。

图 4-29 所示为 D 触发器构成的 2 位异步二进制计数器，时钟 CLK 连接到最低位的触发器 FF0 上，高位触发器 FF1 的时钟连接到低位的输出 $\overline{Q}$。FF0 的输出在 CLK 的上升沿来临时改变状态，FF1 的输出在 FF0 的输出端上升沿转换时改变状态，因此，两个触发器不会同时触发，从而构成异步计数器。

CLK 为时钟输入端，每个 D 触发器的 D 端接到本级的 $\overline{Q}$。根据 $Q^{n+1} = D$，当时钟的上升沿到来时，FF0 的输出 Q_0 翻转为 $\overline{Q}_0$，当上升沿到来时翻转一次。假设触发器的初始状态为 0（后续计数器进行分析时，都假设初始状态为 0），时钟信号和触发器输出的波形图如图 4-30 所示。

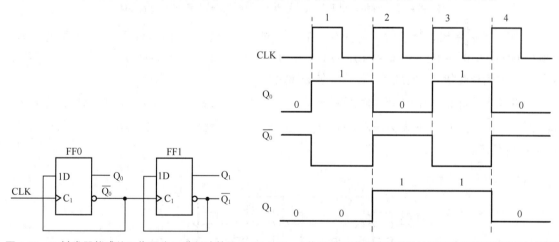

图 4-29 D 触发器构成的 2 位异步二进制计数器　　　图 4-30 2 位异步二进制计数器时钟信号和触发器输出的波形图

从图中可以看出，随着时钟的变化，2 位二进制计数器的输出呈现了 4 种不同的状态，$00 \rightarrow 01 \rightarrow 10 \rightarrow 11 \rightarrow 00$，经过 3 个时钟脉冲后，第 4 个脉冲上升沿到来恢复到 00 状态。

2. 3 位异步二进制计数器

图 4-31 所示为 JK 触发器连接成 T 触发器形式构成的 3 位异步二进制加法计数器。

CLK 作为 FF0 的脉冲，Q_0 作为 FF1 的输入脉冲，Q_1 作为 FF2 的输入脉冲，Q_0、Q_1、Q_2 作为输出。3 个触发器的脉冲不能同时触发，构成异步计数器。

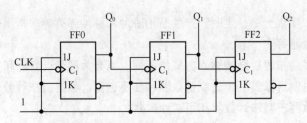

图 4-31　JK 触发器连接成 T 触发器形式构成的 3 位异步二进制加法计数器

工作过程分析如下：当第一个脉冲 CLK 的下降沿到来时，Q_0 就翻转一次；Q_0 从 1 变成 0 时，Q_1 才发生翻转；Q_1 从 1 变成 0 时，Q_2 才发生翻转。也就是最低位触发器来一个脉冲就翻转一次，每个触发器由 1 变为 0 时，要产生进位信号，这个进位信号使相邻的高位触发器翻转。

3 位异步二进制加法计数器时钟信号和触发器输出的波形图如图 4-32 所示。

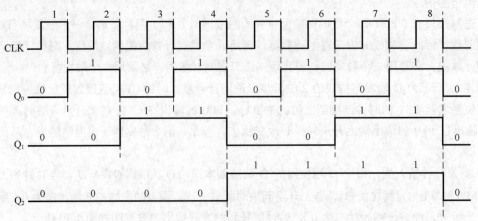

图 4-32　3 位异步二进制加法计数器时钟信号和触发器输出的波形图

从图中可以看出，随着时钟的变化，3 位二进制计数器的输出呈现了 8 种不同的状态，$000 \rightarrow 001 \rightarrow 010 \rightarrow 011 \rightarrow 100 \rightarrow 101 \rightarrow 110 \rightarrow 111 \rightarrow 000$，经过 7 个时钟脉冲，第 8 个脉冲下降沿到来时恢复到 000 状态，构成了 3 位异步加法计数器。

如果将上述计数器两个触发器之间的连接线进行改接，CLK 作为 FF0 的脉冲，$\overline{Q_0}$ 作为 FF1 的输入脉冲，$\overline{Q_0}$ 作为 FF2 的输入脉冲，Q_0、Q_1、Q_2 作为输出，就构成了 3 位异步二进制减法计数器，如图 4-33 所示。

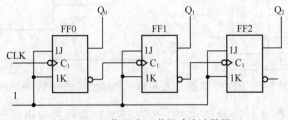

图 4-33　3 位异步二进制减法计数器

3 位异步二进制减法计数器时钟信号和触发器输出的波形图如图 4-34 所示。

FF0 触发器时钟接 CLK，Q_0 在 CLK 的下降沿触发翻转；FF1 触发器时钟接 $\overline{Q_0}$，因此 Q_1 在 $\overline{Q_0}$ 的下降沿（即 Q_0 的上升沿）触发翻转；FF2 触发器时钟接 $\overline{Q_0}$，因此 Q_2 在 $\overline{Q_0}$ 的下降沿（即 Q_1 的上升沿）触发翻转。

从图中可以看出，随着时钟的变化，3 位二进制计数器的输出呈现了 8 种不同的状态，000 →
111 → 110 → 101 → 100 → 011 → 010 → 001 → 000，经过 7 个时钟脉冲，第 8 个脉冲下降沿到来时
恢复到 000 状态，构成了 3 位异步二进制减法计数器。

通过以上实例可以看出，二进制加法计数器和二进制减法计数器的区别在于低位触发器的输出
端接到高位触发器的时钟端的连接不同，如果采用上升沿触发的 T 触发器构成计数器，则连接情况
正好相反。

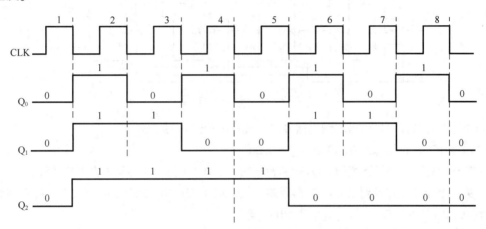

图 4-34   3 位异步二进制减法计数器时钟信号和触发器输出的波形图

3. 4 位异步二进制计数器

图 4-35 所示为 JK 触发器连接成 T 触发器形式构成的 4 位异步二进制加法计数器。

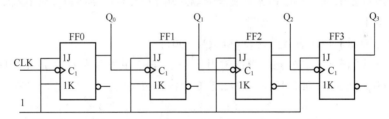

图 4-35   JK 触发器连接成 T 触发器形式构成的 4 位异步二进制加法计数器

分析过程同 3 位异步二进制加法计数器，FF0 触发器时钟接 CLK，Q_0 在 CLK 的下降沿触发翻
转；FF1 触发器时钟接 Q_0，因此 Q_1 在 Q_0 的下降沿触发翻转；FF2 触发器时钟接 Q_1，因此 Q_2 在 Q_1
的下降沿触发翻转；FF3 触发器时钟接 Q_2，因此 Q_3 在 Q_2 的下降沿触发翻转。4 位异步二进制加法
计数器时钟信号和触发器输出的波形图如图 4-36 所示。

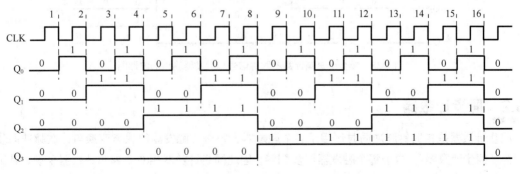

图 4-36   4 位异步二进制加法计数器时钟信号和触发器输出的波形图

4. 异步十进制计数器

图 4-35 所示的 4 位二进制计数器计数过程从 0000 到 1111 有 16 个状态,转换成十进制数为 0 ~ 15 的 16 个数。十进制计数器对应 0 ~ 9 的 10 个状态,因此可以通过增加适当门电路对图 4-35 进行改进,使得计数过程跳过 1010 ~ 1111 的 6 个状态。异步十进制计数器如图 4-37 所示。

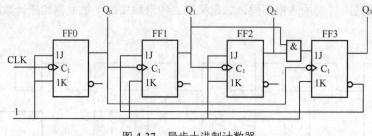

图 4-37　异步十进制计数器

异步十进制计数器时钟信号和触发器输出的波形图如图 4-38 所示。

工作过程如下,设初态为 0,$Q_3Q_2Q_1Q_0$=0000:

(1) 第一个脉冲下降沿到来时,Q_0 就翻转一次,从 0 变成 1,其他触发器状态不变;

(2) 第二个脉冲下降沿到来时,Q_0 再翻转一次,从 1 变成 0,此时 FF1 的 1J、1K 仍然为 1,Q_1 发生翻转,Q_1 从 0 变成 1 时,Q_3Q_2 保持 0 不变;

(3) 依此类推,在输入第八个脉冲之前,FF0、FF1 和 FF2 触发器的 J、K 输入始终保持 1,工作过程和前面分析的异步二进制加法计数器相同,虽然 FF3 触发器的时钟连接了 Q_0,但是 FF3 触发器的输入端 1J 为与门输入,即 $1J=Q_2Q_1=0$,因此输出保持 0 不变;

(4) 第八个脉冲到来时,此时 FF3 触发器的输入端 $1J=1K=1$,所以 Q_0 从 1 变成 0 时,Q_3 就翻转一次,从 0 变成 1;

(5) 第九个脉冲到来时,输出变成 $Q_3Q_2Q_1Q_0$=1001;

(6) 第十个脉冲到来时,FF0 触发器的输出变为 0,FF3 触发器因为 Q_0 从 1 变成 0 这个下降沿而变成 0,于是 $Q_3Q_2Q_1Q_0$=0000,1010 ~ 1111 这 6 个状态被跳过,实现十进制计数。

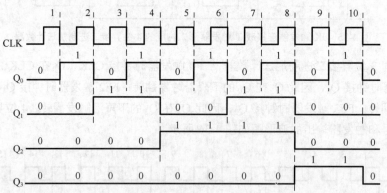

图 4-38　异步十进制计数器时钟信号和触发器输出的波形图

4.3.2　同步计数器

同步计数器是指时钟脉冲同时作用于各个触发器,每一个触发器的状态变换与计数脉冲同步,故称为“同步计数器”。由于每个触发器同步翻转,因此同步计数器相对于异步计数器来说,其工作速度很快,但布线相对复杂。

1. 2 位同步二进制计数器

图 4-39 所示为下降沿触发的 JK 触发器构成的 2 位同步二进制计数器，时钟 CLK 同时连接到 FF0、FF1 触发器的时钟端，FF0 触发器的输入端用 J0、K0 表示，FF1 触发器的输入端用 J1、K1 表示，FF0 触发器的输出 Q_0 连接到 FF1 的输入 J1、K1。

在前面 JK 触发器的讲解中可知，当 $J=0$，$K=0$ 时，JK 触发器具有保持功能；当 $J=1$，$K=1$，$Q^{n+1} = \overline{Q^n}$，时钟的下降沿触发翻转，具有计数功能。从图 4-39 可知，只有当 $Q_0=1$ 时，FF1 在时钟的下降沿触发，输出 Q_1 翻转一次，当 $Q_0=0$ 时，Q_1 保持原来状态不变。时钟信号和触发器输出的波形图如图 4-40 所示。

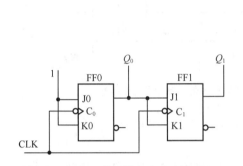

图 4-39　下降沿触发的 JK 触发器
构成的 2 位同步二进制计数器

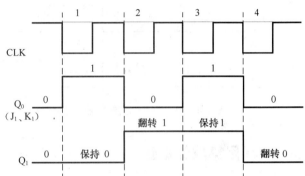

图 4-40　2 位同步二进制计数器时钟信号和
触发器输出的波形图

从图中可以看出，随着时钟的变化，2 位二进制计数器的输出呈现了 4 种不同的状态，$00 \rightarrow 01 \rightarrow 10 \rightarrow 11 \rightarrow 00$，经过 3 个时钟脉冲后，第 4 个脉冲上升沿到来恢复到 00 状态。

2. 3 位同步二进制计数器

图 4-41 所示为 JK 触发器连接成 T 触发器形式构成的 3 位同步二进制加法计数器。

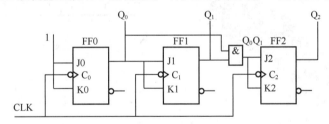

图 4-41　JK 触发器连接成 T 触发器形式构成的 3 位同步二进制加法计数器

CLK 作为 3 个触发器的脉冲，Q_0 作为 FF1 输入信号，Q_1 与 Q_0 的"与"信号作为 FF2 的输入信号，Q_0、Q_1、Q_2 作为输出。3 个触发器的脉冲同步，构成 3 位同步计数器。

工作过程分析如下：当第一个脉冲 CLK 的下降沿到来时，Q_0 就翻转一次；Q_0 从 1 变成 0 时，Q_1 才发生翻转；Q_0Q_1 从 1 变成 0 时，Q_2 才发生翻转。也就是最低位触发器来一个脉冲就翻转一次，每个触发器由 1 变为 0 时，要产生进位信号，这个进位信号使相邻的高位触发器翻转。

同样对于 JK 触发器，当 $J=0$，$K=0$ 时，JK 触发器具有保持功能；当 $J=1$，$K=1$，$Q^{n+1} = \overline{Q^n}$，相对应触发器时钟的下降沿触发翻转，具有计数功能。时钟信号、触发器输入信号及输出的波形图如图 4-42 所示。

从图中可以看出，随着时钟的变化，3 位二进制计数器的输出呈现了 8 种不同的状态，$000 \rightarrow 001 \rightarrow 010 \rightarrow 011 \rightarrow 100 \rightarrow 101 \rightarrow 110 \rightarrow 111 \rightarrow 000$，经过 7 个时钟脉冲，第 8 个脉冲下降沿到来时恢复到 000 状态，构成了 3 位同步加法计数器。

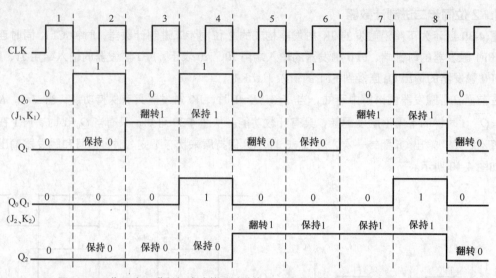

图 4-42　3 位同步二进制加法计数器时钟信号、触发器输入信号及输出的波形图

4.3.3　常用集成计数器

集成计数器的种类很多，74 系列常用的有异步十进制计数器 74LS90、74LS290；同步十进制计数器 74LS190、74HC190、74LS160；4 位异步二进制加法计数器 74LS293、4 位同步二进制计数器 74161（74LS161、74HC161）等。4000 系列常用的有双 4 位同步二进制计数器 CD4520、CD4518 等。

1. 异步十进制计数器 74LS290

74LS290 是一个异步十进制计数器，芯片的外形和引脚图如图 4-43 所示。

图 4-43　74LS290 芯片的外形及引脚图

74LS290 芯片是由下降沿触发的 JK 触发器和外围门电路构成。引脚 12、13 为清零端 $R_{0(1)}$ 和 $R_{0(2)}$，同时为高电平时，输出 $Q_3Q_2Q_1Q_0=0000$；引脚 1、3 为置 9 端 $S_{9(1)}$ 和 $S_{9(2)}$，当这两个引脚同时为高电平时，输出 $Q_3Q_2Q_1Q_0=1001$，对应十进制数 9；引脚 10、11 为时钟端 CLK_0 和 CLK_1；引脚 9、5、4 和 8 为数据输出端 Q_0、Q_1、Q_2、Q_3。74LS290 芯片的功能表如表 4-14 所示。

表 4-14　74LS290 芯片的功能表

$R_{0(1)}$	$R_{0(2)}$	$S_{9(1)}$	$S_{9(2)}$	输出			
1	1	0	×	0	0	0	0
		×	0				
×	×	1	1	1	0	0	1

续表

$R_{0(1)}$	$R_{0(2)}$	$S_{9(1)}$	$S_{9(2)}$	输出
×	0	×	0	计数
0	×	0	×	计数
0	×	0	×	计数
×	0	×	0	计数

74LS290 芯片共有两个时钟输入端 CLK_0 和 CLK_1，这样使用起来更为灵活，如果时钟信号从 CLK_0 输入，Q_0 为输出端，构成二进制计数器；如果时钟信号从 CLK_1 输入，$Q_3Q_2Q_1$ 为输出端，构成五进制计数器；如果时钟信号从 CLK_0 输入，Q_0 连接到 CLK_1 输入，$Q_3Q_2Q_1Q_0$ 作为输出，就构成了十进制计数器，因此又将 74LS290 芯片称为二-五-十进制计数器。

74LS290 芯片构成十进制的逻辑电路图如图 4-44 所示。

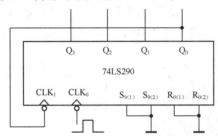

图 4-44　74LS290 芯片构成十进制的逻辑电路图

2. 同步十进制计数器 74LS160

74LS160 是一个同步十进制计数器，芯片的外形和引脚图如图 4-45 所示。

74LS160 芯片也是由 JK 触发器和外围门电路构成。引脚 1（$\overline{R_D}$）为异步置零端，低电平有效；引脚 9（$\overline{LD}$）为预置数控制端，$D_0 \sim D_3$ 为数据输入端；EP、ET 为工作状态控制端；C 为进位端。74LS160 芯片的逻辑符号如图 4-46 所示。

图 4-45　74LS160 芯片的外形及引脚图

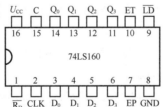

图 4-46　74LS160 芯片的逻辑符号

74LS160 芯片的功能表见表 4-15。

表 4-15　74LS160 芯片的功能表

输入					输入				输出			
$\overline{R_D}$	$\overline{LD}$	EP	ET	CLK	D_3	D_2	D_1	D_0	Q_3	Q_2	Q_1	Q_0
0	×	×	×	×			×		0	0	0	0
1	0	×	×	↑	D_3	D_2	D_1	D_0	D_3	D_2	D_1	D_0
1	1	1	1	↑			×		计数			
1	1	0	×	×			×		保持			
1	1	×	0	×			×		保持			

74LS160 芯片构成十进制计数器的逻辑电路图如图 4-47 所示。

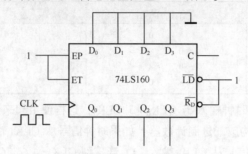

图 4-47　74LS160 芯片构成十进制计数器的逻辑电路图

3.　4 位同步二进制加法计数器 74LS161

74LS161 是 TTL 型 4 位二进制加法计数器集成电路，是 CMOS 型集成电路，与 74LS160 功能相同。74LS161 芯片的外形和引脚图与 74LS160 基本相同，如图 4-48 所示。

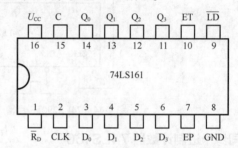

图 4-48　74LS161 芯片的外形及引脚图

74LS161 与 74LS160 的功能表相同，不同的是 74LS160 为十进制计数器，也就是说它的计数范围是从 0000 ~ 1001，计数到 9 之后下一个时钟就回到 0；74LS161 的计数范围是 0000 ~ 1111，然后回到 0。

74LS161 的主要功能如下。

异步清零功能：当 $\overline{R_D}$ 为零时，不论有无时钟脉冲 CLK 和其他信号输入，计数器被清零，即 Q_0 ~ Q_3 都为 0。

同步并行置数功能：当 $\overline{R_D}$ =1、$\overline{LD}$ =0 时，在输入时钟脉冲 CLK 上升沿的作用下，并行输入的数据 D_0 ~ D_3 被置入计数器，即 Q_0 ~ Q_3=D_0 ~ D_3。

计数功能：当 $\overline{LD}$ = $\overline{R_D}$ =EP=ET=1，在 CLK 端输入计数脉冲时，计数器进行二进制加法计数。

保持功能：当 $\overline{LD}$ = $\overline{R_D}$ =1 时，且 EP 和 ET 中有一个为 0 时，则计数器保持原来状态不变。

4.　同步二–十进制计数器 CD4518

CD4518 计数器的外形及引脚分布图如图 4-49 所示。

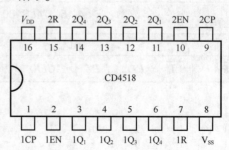

图 4-49　CD4518 计数器的外形及引脚分布图

　　CD4518 是二-十进制（8421 编码）同步加计数器，内含两个单元的加计数器，每个单元有两个时钟输入端 CP 和 EN，可用时钟脉冲的上升沿或下降沿触发。

　　CD4518 计数器的功能表见表 4-16。

表 4-16　CD4518 计数器的功能表

输入			输出功能
CP	EN	R	
↑	H	L	加计数器
L	↓	L	加计数器
↓	X	L	保持
X	↑	L	
↑	L	L	
H	↓	L	
X	X	H	全部为 L

　　由表可知，若用 EN 信号下降沿触发，时钟信号由 EN 端输入，CP 端置"0"；若用 CP 信号上升沿触发，时钟信号由 CP 端输入，EN 端置"1"。RESET 端（图 4-49 引脚图中的 1R、2R）是清零端，RESET 端置"1"时，计数器输出端 $1Q_1 \sim 1Q_4$ 及 $2Q_1 \sim 2Q_4$ 均为"0"，只有 RESET 端置"0"时，CD4518 计数器才开始计数。

4.4　时序逻辑电路的分析与设计

4.4.1　时序逻辑电路的特点

　　通过前面时序逻辑电路的讲解，可知时序逻辑电路在逻辑功能上的特点是任意时刻的输出不仅取决于当时的输入信号，而且还取决于电路原来的状态，或者说还与以前的输入有关。例如，触发器的输出 Q^{n+1} 不仅与输入的状态有关，还与初态 Q^n 有关。在电路结构上与组合逻辑电路也不同，例如 RS 触发器，如图 4-50（a）所示，它由两部分组成，门电路组合成的组合电路和 RS 锁存器构成的存储电路，存储电路是时序电路的核心部分；其次还存在反馈环节，输出反馈到输入端，与输入信号一起共同决定电路的输出状态。时序逻辑电路的组成可用图 4-50（b）所示的框图来表示。有些时序逻辑电路可能没有组合逻辑部分，但是在功能上具有时序电路的基本特征。

　　图 4-50（b）所示为时序逻辑电路的组成框，$X_1 \sim X_i$ 表示输入信号，$Y_1 \sim Y_i$ 表示输出信号，$Z_1 \sim Z_i$ 表示存储电路的输入信号，$Q_1 \sim Q_i$ 表示存储电路的输出信号。它们之间的逻辑关系可以用方程来表示。

　　输出方程：$Y = F[X, Q^n]$，表示电路输出状态与组合门电路的输入信号及存储电路输出信号（触发器的现态）之间的逻辑关系。

　　驱动方程：$Z = G[X, Q^n]$，表示存储电路输入信号与组合门电路的输入信号及存储电路输出信号（触发器的现态）之间的逻辑关系。

　　状态方程：$Q^{n+1} = H[Z, Q^n]$，表示存储电路触发器的次态与存储电路的输入信号及触发器的现态之间的逻辑关系。

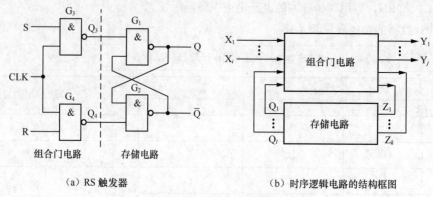

（a）RS 触发器　　　　　　　　　　　（b）时序逻辑电路的结构框图

图 4-50　时序逻辑电路的结构

以上方程能够表示时序逻辑电路的逻辑功能。

4.4.2　时序逻辑电路的分析

时序逻辑电路的分析就是根据一个给定的时序逻辑电路，通过分析得到电路的逻辑功能，找出输出状态随着输入和时钟信号的变化规律。

时序逻辑电路包括同步时序逻辑电路和异步时序逻辑电路，分析方法略有不同。异步时序逻辑电路分析除了与同步时序逻辑电路相同的方法外，还需要分析出每次电路状态转换时各触发器是否有时钟信号。下面主要介绍同步时序逻辑电路的分析方法。

同步时序逻辑电路的分析方法一般就是通过电路分析写出电路的输出方程、驱动方程和状态方程，得到电路的逻辑功能。

同步时序逻辑电路的分析步骤：分析电路，写出每个触发器的驱动方程→ 将驱动方程代入到触发器的特性方程，得到状态方程→根据逻辑电路图写出电路的输出方程→分析逻辑功能。

例 4-1：试分析图 4-51 所示时序逻辑电路的逻辑功能。

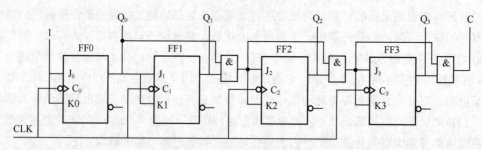

图 4-51　例 4-1 的时序逻辑电路

例 4-1 的时序逻辑电路中的 JK 触发器的输入端 J 和 K 连接到一起，构成了 T 触发器。

分析步骤如下。

（1）写出每个触发器的驱动方程：

$$FF0：T_0=1$$
$$FF1：T_1=Q_0$$
$$FF2：T_2=Q_1Q_0$$
$$FF3：T_3=Q_2Q_1Q_0$$

（2）将驱动方程代入到 T 触发器的特性方程 $Q^{n+1}=T\overline{Q^n}+\overline{T}Q^n$，得到电路的状态方程：

$$Q_0{}^{n+1}=\overline{Q_0{}^n}$$

$$Q_1{}^{n+1}=Q_0{}^n\overline{Q_1{}^n}+\overline{Q_0{}^n}Q_1{}^n$$

$$Q_2{}^{n+1}=Q_1{}^nQ_0{}^n\overline{Q_2{}^n}+\overline{Q_1{}^nQ_0{}^n}Q_2{}^n$$

$$Q_3{}^{n+1}=Q_2{}^nQ_1{}^nQ_0{}^n\overline{Q_3{}^n}+\overline{Q_2{}^nQ_1{}^nQ_0{}^n}Q_3{}^n$$

（3）电路的输出方程：

$$C=Q_3Q_2Q_1Q_0$$

根据以上方程可以列出逻辑电路的状态转换表，如表 4-17 所示。

表 4-17　例 4-1 逻辑电路的状态转换表

时钟顺序	Q_3	Q_2	Q_1	Q_0	C	十进制数
0	0	0	0	0	0	0
1	0	0	0	1	0	1
2	0	0	1	0	0	2
3	0	0	1	1	0	3
4	0	1	0	0	0	4
5	0	1	0	1	0	5
6	0	1	1	0	0	6
7	0	1	1	1	0	7
8	1	0	0	0	0	8
9	1	0	0	1	0	9
10	1	0	1	0	0	10
11	1	0	1	1	0	11
12	1	1	0	0	0	12
13	1	1	0	1	0	13
14	1	1	1	0	0	14
15	1	1	1	1	1	15
16	0	0	0	0	0	0

为了更直观形象地显示时序电路的逻辑功能，可以用状态转换图的形式表示状态的变化。在状态转换图中用圆圈表示电路的各个状态，以箭头表示状态转换的方向，箭头旁注明了状态转换前的输入变量取值和输出值。通常将输入变量取值写在斜线以上，将输出写在斜线以下，本例中的输出为 C，状态变换图如图 4-52 所示。

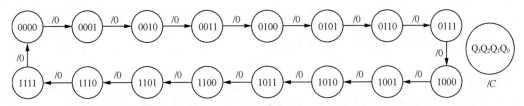

图 4-52　例 4-1 时序逻辑电路的状态变换图

通过逻辑状态表（状态变换图）可以看出，本时序逻辑电路的功能为经过 16 个脉冲，电路的状态循环变化一次，输出一个高电平，因此本电路构成十六进制计数器，C 的输出为进位脉冲。

如果输入时钟信号 CLK 的频率为 f_0，那么触发器的输出 Q_0、Q_1、Q_2、Q_3 的频率分别为 $\dfrac{1}{2}f_0$、$\dfrac{1}{4}f_0$、

$\frac{1}{8}f_0$、$\frac{1}{16}f_0$，因此该时序逻辑电路还具有分频的功能，也称为分频器。

在数字电路的实验或者计算机的模拟中，希望看出在不同时段各个输入/输出端口的状态，便于检查电路的逻辑功能，可以将状态表的内容转化成时间波形的形式，这种在时钟信号和输入信号作用下，电路的状态和输出状态随时间变化的波形图称为时序图，例 4-1 时序逻辑电路的时序图如图 4-53 所示。

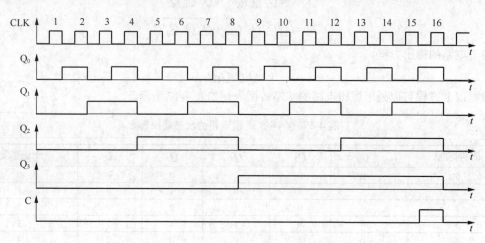

图 4-53　例 4-1 时序逻辑电路的时序图

通过以上分析可知，状态转换表、状态转换图、时序图是时序逻辑电路的描述方法，能够清楚地描述电路的逻辑功能。

4.4.3　时序逻辑电路的设计

时序逻辑电路的设计就是根据具体的功能要求，设计出实现这一逻辑功能的过程。下面以同步时序逻辑电路的设计为例来讲述设计方法。这里主要介绍用触发器和门电路设计同步时序逻辑电路的方法，而使用集成电路进行设计时，过程相对简单，设计标准是以使用的集成电路数目最少，连线相对最少为原则，在 4.4.4 小节任意进制计数器的设计中进行讲解。

1. 同步时序逻辑电路设计步骤

同步时序逻辑电路设计步骤如下。

（1）根据功能要求和给定条件，进行逻辑抽象，画出电路的状态转换图或状态表。

① 对逻辑问题进行分析，确定输入变量、输出变量及该电路应包含的状态，并用字母 S0、S1、S2……等来表示。

② 分别以上述状态为现态，考察在每一个可能的输入组合作用下，应转入哪个状态及相应的输出。

③ 按照题意画出电路的状态转换图或状态表。

（2）进行状态化简。

在原始状态图中，如有两个或两个以上的状态，在相同的条件下，不仅有相同的输出，而且向同一个状态转换，则这些状态是等价的，化简时进行合并，即对等价状态进行合并。

（3）状态分配（状态编码）。

首先根据电路包含的 m 个状态，确定触发器的类型和数目 n，n 个触发器共有 2^n 种状态组合，m 取值范围为 $2^{n-1}<m\leqslant 2^n$。其次要给每个电路状态规定对应的触发器状态组合，每组触发器的状态组合都是一组二值代码，所以该过程又称状态编码。

（4）选定触发器的类型。例如，选择 JK 触发器，就需要根据驱动方程和 JK 触发器的特性方程，求出电路的状态方程和输出方程。

（5）根据得到的方程式画出逻辑图。

（6）检查设计的电路能否自启动。

2. 设计实例

例 4-2：设计一个带有进位输出端的七进制计数器。

（1）逻辑抽象。

七进制有 7 个状态，分别用 S0 ~ S6 来表示；进位信号用 C 表示，有进位时 $C=1$，无进位时 $C=0$。电路的状态转换图如图 4-54 所示。

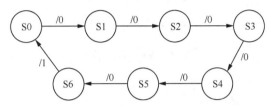

图 4-54　例 4-2 时序逻辑电路的状态变换图

（2）状态化简。

七进制计数器必须用 7 个不同的状态表示输入的脉冲数，因此状态不能再进行化简。

（3）状态分配（状态编码）。

根据电路包含的 7 个状态，因为 $2^2 < 7 < 2^3$，确定触发器的数目为 3，取自然二进制数 000 ~ 110 作为 S0、S1、S2、S3、S4 的编码，得到状态编码，111 的状态为无效状态。电路的状态转换表见表 4-18。

表 4-18　例 4-2 时序逻辑电路的状态转换表

状态变化顺序	Q_2	Q_1	Q_0	C	十进制数
0	0	0	0	0	0
1	0	0	1	0	1
2	0	1	0	0	2
3	0	1	1	0	3
4	1	0	0	0	4
5	1	0	1	0	5
6	1	1	0	1	6
7	0	0	0	0	0

（4）选定触发器的类型，求出电路的状态方程、驱动方程、输出方程。

① 选择 JK 触发器，JK 触发器的特性方程为：$Q^{n+1} = J\overline{Q^n} + \overline{K}Q^n$。

② 图 4-55 所示为根据状态转换图画出的七进制电路的次态（$Q_2^{n+1} Q_1^{n+1} Q_0^{n+1}$）的卡诺图。

$$
\begin{array}{c|cccc}
 & \text{00} & \text{01} & \text{11} & \text{10} \\
\hline
0 & 001 & 010 & 100 & 011 \\
1 & 101 & 110 & \times\times\times & 000 \\
\end{array}
$$

图 4-55　例 4-2 时序逻辑电路次态的卡诺图

对卡诺图进行分解，分解为 3 个函数，分别表示 Q_2^{n+1}、Q_1^{n+1}、Q_0^{n+1} 这 3 个逻辑函数，如图 4-56 所示。

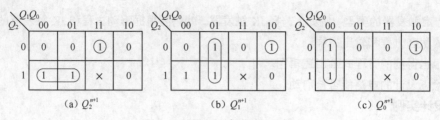

图 4-56 图 4-55 卡诺图的分解

③ 根据卡诺图写出状态方程。

状态方程：

$$Q_2^{n+1} = Q_2^n \overline{Q_1^n} + \overline{Q_2^n} Q_1^n Q_0^n$$

$$Q_1^{n+1} = \overline{Q_1^n} Q_0^n + \overline{Q_2^n} Q_1^n \overline{Q_0^n}$$

$$Q_0^{n+1} = \overline{Q_1^n} \cdot \overline{Q_0^n} + \overline{Q_2^n} \cdot \overline{Q_0^n}$$

④ 求驱动方程。

JK 触发器的特性方程为：$Q^{n+1} = J\overline{Q^n} + \overline{K}Q^n$。

将状态方程代入特性方程，由此可以得出驱动方程：

$$J_2 = Q_1^n Q_0^n \qquad\qquad K_2 = Q_1^n$$

$$J_1 = Q_0^n \qquad\qquad K_1 = \overline{\overline{Q_2^n} \cdot \overline{Q_0^n}}$$

$$J_0 = \overline{Q_1^n Q_2^n} \qquad\qquad K_0 = 1$$

⑤ 输出方程为：$C = Q_2^n Q_1^n \overline{Q_0^n}$

（5）根据得到的方程式画出逻辑图。

根据方程式画出逻辑电路图如图 4-57 所示。

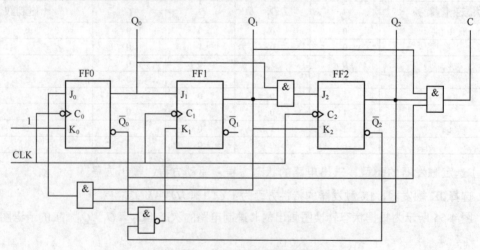

图 4-57　例 4-2 七进制计数器逻辑电路图

（6）检查设计的电路能否自启动。

将无效态（111）代入状态方程、输出方程进行计算，得到 111 → 000，结果为有效状态，所以能够自启动。七进制状态转换图如图 4-58 所示。

异步时序逻辑电路的设计方法与同步时序逻辑电路的设计方法步骤类似，区别在于异步时序逻辑电路还需要考虑为每个触发器选定合适的时钟信号。选择时钟信号的原则是触发器的输出状态翻转时必定有时钟信号的发生，不翻转时多余的时钟信号越少越好。

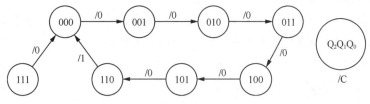

图 4-58　七进制状态转换图

4.4.4　任意进制计数器的设计

4.4.3 介绍了用触发器和门电路设计同步时序逻辑电路的方法，本节以任意进制计数器的设计为例来讲述使用集成电路进行电路设计。

在实际应用中，除了二进制和十进制计数器以外，还会用到其他进制的计数器，比如电子时钟的"分"或"秒"信号为 60 进制，"小时"是 24 进制等。一般可以利用已有的集成计数器进行改接设计。若要用 M 进制集成计数器构成 N 进制计数器，当 $M>N$ 时，只需要一片 M 进制集成计数器就可以；当 $M<N$ 时，就需要多片 M 进制集成计数器级联进行设计来实现。

构成任意进制计数器一般有反馈清零法和反馈置数法。反馈清零法就是利用集成计数器的清零端，当计数器达到所需状态时强制性输出为零，使计数器从零开始重新计数；反馈置数法利用集成计数器的置数端，当计数器达到所需状态时强制性对其置数，使计数器从被置数的状态开始重新计数。

1. 反馈清零法

通常有清零端的集成计数器可用反馈清零法实现任意进制计数器的设计。

例 4-3：利用集成计数器 74LS290 设计八进制计数器。

74LS290 可以构成十进制计数器，而八进制计数器需要输出状态从 0111 直接跳转到 0000，而没有后续的 1000、1001 状态。

八进制计数器的状态转换图如图 4-59 所示。

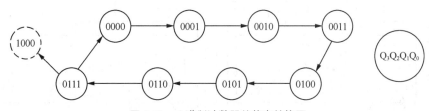

图 4-59　八进制计数器的状态转换图

计数器从 0000 开始计数，当来了 8 个计数脉冲后，计数器即将变为 1000 状态，这时候需要计数器回到 0000 状态，74LS290 集成电路有两个清零端 $R_{0(1)}$ 和 $R_{0(2)}$，这时把 1000 状态的高电平端（Q_3）接到清零端 $R_{0(1)}$ 和 $R_{0(2)}$，所以计数器被强制清零，回到初始状态 0000，并开始新一轮重新计数，如图 4-60 所示。

状态 1000 在出现的瞬间就被强制清回到 0000 状态，不能显示出来，因此计数状态为 0000 ~ 0111 这八个状态，所以这种设计是八进制计数器。

例 4-4：用一片集成计数器 74LS160 设计一个七进制计数器。

74LS160 是同步十进制加法计数器，令 $EP=ET=1$，$\overline{LD}=1$，计数器处于计数状态。

计数器从 0000 开始计数，当来了 7 个计数脉冲后，计数器变为 0111 状态，引脚 1（$\overline{R_D}$）为异步置零端，低电平有效；如果把 0111 状态高电平的输出端经过门电路连接至 $\overline{R_D}$。由于清零端 $\overline{R_D}=Q_2Q_1Q_0=0$，所以计数器被强制清零，回到初始状态 0000，并开始新一轮重新计数。状态 0111 在出现的瞬间就被强制清回到 0000 状态，不能显示出来，因此计数状态为 0000～0110 这七个状态，所以这种设计是七进制计数器，如图 4-61 所示。

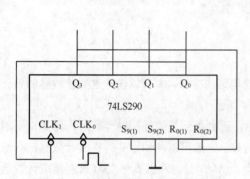

图 4-60　反馈清零法设计八进制计数器

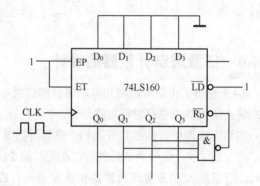

图 4-61　反馈清零法设计七进制计数器

例 4-5：试用反馈清零法设计使用两片 74LS290 构成一个二十四进制计数器。

一片 74LS290 可以构成十进制计数器，它最大可计 10 个脉冲，要实现二十四进制计数器，就需要计 24 个脉冲，而两片 74LS290 级联最大可以计 100 个脉冲，满足要求。两片 74LS290 级联就是把个位的最高位 Q_3 与十位的 CLK_0 端连接起来。

计数器从 0000 0000 开始计数，当来了 10 个计数脉冲后，低位计数器向高位计数器发送 1 个进位脉冲，本位归 0。当来了 24 个计数脉冲后，有 0000 0000～0010 0100 二十五个状态。将最后一个状态反馈清零，使得 $R_{0(1)}=R_{0(2)}=1$，计数器就会被强制清零回到 0000 0000 状态，而最后一个状态 0010 0100 为暂态，不显示，如图 4-62 所示。

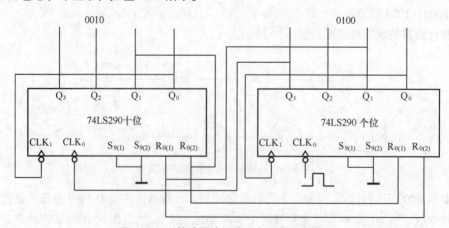

图 4-62　反馈清零法设计二十四进制计数器

计数器显示 0000 0000～0010 0011 二十四个状态，从而实现了二十四进制计数器的设计。

例 4-6：试用反馈清零法设计使用一片 CD4518 构成一个十二进制计数器。

一片 CD4518 包含两个十进制计数器，一个十进制最大可计 10 个脉冲，要实现十二进制计数器，就需要计 12 个脉冲，需要将两个十进制计数器级联起来，一个做个位的十进制（输出为 1Q 的计数器），另外一个做十位的二进制（输出为 2Q 的计数器）。

计数器从 0000 0000 开始计数，当来了 10 个计数脉冲后，低位计数器向高位计数器发送 1 个进位脉冲（$1Q_4$ 连接至 2EN），本位归 0。当来了 12 个计数脉冲后，有 0000 0000～0001 0010 十二个状态。将最后一个状态反馈清零，使得 $iR=2R=1$，也就是将 $2Q_1$、$1Q_2$ 的"与"信号同时接到清零端 1R、2R，计数器就会被强制清零回到 0000 0000 状态，而最后一个状态 0001 0010 为暂态，不显示，如图 4-63 所示。计数器显示 0000 0000～0001 0010 十二个状态，从而实现了十二进制计数器的设计。

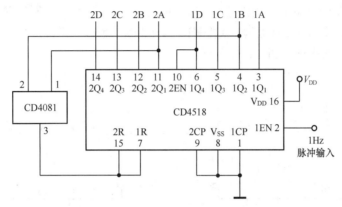

图 4-63　CD4518 构成的十二进制计数器

1Hz 的时钟触发信号也可以由 1CP 端输入，1EN 端置"1"，其他连接不变，同样构成八进制计数器。图 4-63 中的 CD4518 在 4.3.3 中有详细说明，下面介绍一下 CD4081 的功能。

CD4081 是 4-2 输入与门，即每一片 CD4081 上有 4 个独立的 2 个输入端的与门。即 $Y = A \cdot B$，CD4081 的外形及引脚分布图如图 4-64 所示。

图 4-64　CD4081 的外形及引脚分布图

2. 反馈置数法

反馈置数法就是利用集成计数器的置数端，当计数器达到所需状态时强制性对其置数，使计数器从被置数的状态开始重新计数。这种方法适合有置数端的集成计数器的电路设计。

例 4-7：试用反馈置数法设计使用一片 74LS160 构成一个七进制计数器。

74LS160 芯片的引脚 9（$\overline{LD}$）为同步预置数控制端，当它为低电平时，输出转换为 $D_0 \sim D_3$ 为数据输入。

令 $EP=ET=1$，$\overline{R}_D=1$，计数器处于计数状态。计数器从 0000 开始计数，当来了 6 个计数脉冲后，计数器变为 0110 状态，令置数端 $\overline{LD} = \overline{Q_2Q_1} = 0$，所以计数器处于置数状态，当再来一个计数脉冲时，置数开始，0000 被强制性送到 $Q_3 \sim Q_0$ 端，计数器开始从 0000 进入新一轮重新计数。状态 0110 是在下一个时钟脉冲出现后才会消失，因此可以显示出来，所以计数状态为 0000 ~ 0110，从而实现了七进制计数器的设计，如图 4-65 所示。

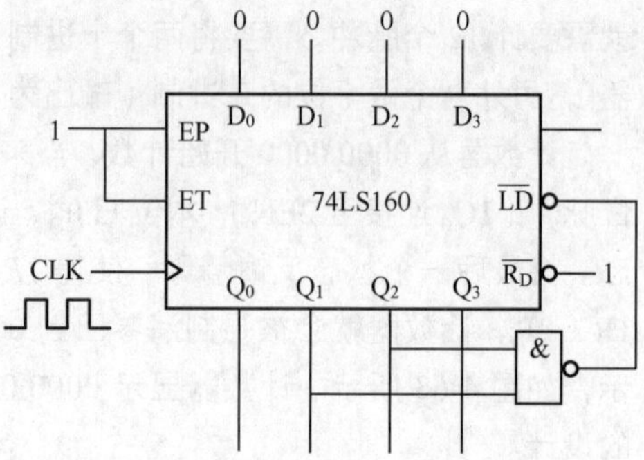

例 4-8：试用反馈置数法设计使用两片 74LS160 构成一个二十四进制计数器。

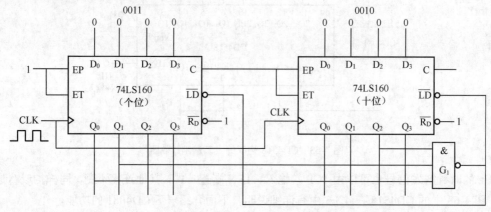

图 4-65　反馈置数法设计七进制计数器

74LS160 是同步十进制加法计数器，它最大可以计10 个脉冲，要实现二十四进制计数器，就需要计 24 个脉冲，所以采用两片 74LS160 级联可以实现。二十四进制计数器的电路连接如图 4-66 所示。

图 4-66　反馈置数法设计二十四进制计数器的电路连接

级联通过个位的进位端 C 与十位的 EP 和 ET 端连接。令两片 74LS160 的 $\overline{R_D}$ =1，个位的 $EP=ET=1$，计数器处于计数状态。计数器从 0000 0000 开始计数，当来了 10 个计数脉冲后，低位计数器向高位计数器发送 1 个进位脉冲，本位归 0。当来了 23 个计数脉冲后，计数器变为 0010 0011 状态，同时与非门 G_1 的输出发生变化，使得芯片的置数端 $\overline{LD} = 0$，所以计数器处于置数状态，当再来一个计数脉冲时，置数开始，$D_0 \sim D_3$ 的预置数 0000 被强制性送到芯片的 $Q_3 \sim Q_0$ 端，计数器开始从 0000 进入新一轮重新计数。状态 0010 0011 是在下一个时钟脉冲出现后才会消失，因此可以显示出来，所以计数状态为 0000 0000 ~ 0010 0011，从而实现了二十四进制计数器的设计。

4.5　六十进制计数器的设计与制作

4.5.1　六十进制计数器的设计

设计任务：设计一个六十进制计数器，工作电源和 1Hz 的时钟信号由外部电源提供，数码管显示。

设计思路：

（1）一片 CD4518 包含两个十进制计数器，最大可实现一百进制计数器，选择 4518 计数器进行设计。

（2）首先将两个十进制计数器级联，构成一百进制计数器，然后利用反馈清零法实现六十进制，反馈时选择 CD4081 与门电路实现清零功能。

（3）显示模块选择共阴极数码管进行显示，数码管选择 1kΩ 的限流电阻进行保护。

（4）因为数码管采用共阴极数码管，因此可选择 CD4511 译码器进行译码。

六十进制计数器的原理图如图 4-67 所示。

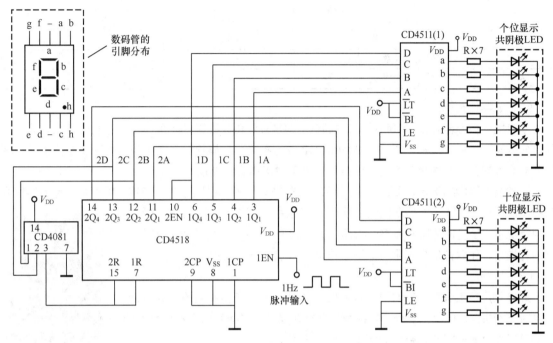

图 4-67　六十进制计数器的原理图

1Hz 的时钟触发信号由 1EN 端输入，1CP 端置"0"，$1Q_4$ 连接到 2EN，实现两个计数器的级联。

计数器从 0000 0000 开始计数，当来了 10 个计数脉冲后，低位计数器向高位计数器发送 1 个进位脉冲（$1Q_4$ 连接至 2EN），本位归 0。当来了 60 个计数脉冲后，输出状态从 0000 0000 至 0110 0000 共六十个状态。将最后一个状态反馈清零，使得 $1R=2R=1$，也就是将 $2Q_3$、$2Q_2$ 的"与"信号同时接到清零端 1R、2R，计数器就会被强制清零回到 0000 0000 状态，而最后一个状态 0110 0000 为暂态，不显示。

两片 CD4511 同时驱动个位和十位的数码管显示数据，1Hz 的时钟触发信号也可以由 1CP 端输入，1EN 端置"1"。

4.5.2　六十进制计数器的制作

电路的制作步骤为：元器件准备→元器件布局→焊接→电路调试。元器件布局可以通过 PCB 制作软件进行印制电路板设计，本节以试验的方式利用万能焊接板进行电路的制作，因此元器件的布局针对万能焊接板而言。

（1）元器件准备。

六十进制计数器选用的元器件清单如表 4-19 所示。

表 4-19　六十进制计数器选用的元器件清单

序号	名称	型号	数量
0	集成计数器	CD4081	1
1	集成与门	CD4518	1
2	译码器	CD4511	2
3	共阴极数码管	LG3611	2
4	芯片插座	IC16P	3
5	芯片插座（数码管用）	IC24P	1
6	电阻	1kΩ	14

（2）元器件布局。

本电路的核心器件是 CD4518、CD4081、CD4511 和数码管，而且都是通过底座连接，因此布局时先根据万能板的位置，对 IC16P 和 IC24P 进行布局，数码管的限流电阻布局时要整齐美观，因为分立元件较少，布局相对容易，注意底座上下对应引脚不能短路。

计数器电路的布局示例如图 4-68 所示。一般是利用细导线进行飞线连接，用不同颜色的导线表示不同的信号，飞线连接尽量做到水平和竖直走线，整洁清晰即可。在条件允许的情况下，尽量使元器件在整个板面上分布均匀、疏密一致。在保证电气性能的前提下，元器件应相互平行或垂直排列，以求整齐、美观。

（3）焊接。

焊接采用手工焊接，按照焊接五步法进行焊接，因底座引脚间的距离较近，焊接时不能短路。电路主要分为计数模块和显示模块，焊接时两个模块之间的连接可以先在断开状态，待单元测试完成后再连接。

焊接时需注意：假如万能板的焊盘上面已经氧化，那么需要用细砂纸轻轻打磨，打磨光亮为止，可涂抹酒精松香溶液，晾干后待用；元器件引脚如果氧化，用刀片等工具刮掉氧化层后，做镀锡处理待焊接；导线剥开后，绝缘层剥离长度要控制，以免焊接后容易和别的线短接。

（4）电路调试。

电路的调试采取分模块调试的方法，按照计数模块和显示模块分别进行调试。接入时钟信号，电路通电，利用仪器测量计数器的输出是否正常；按照 CD4511 的功能表输入相应的 BCD 码，测试数码管的显示是否正常。

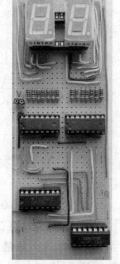

图 4-68　计数器电路的布局示例

分模块调试完成后，单元模块连接到一起进行联调，观察数码管显示是否正常。

第5章

脉冲信号的产生和整形

脉冲信号是数字电路应用中非常重要的信号，常见的脉冲信号有矩形波、锯齿波、三角波、尖脉冲等脉冲信号，矩形脉冲信号在实际应用中经常作为时钟信号起到控制和协调整个电子电路的作用。本章主要讲解矩形脉冲信号的产生和整形；重点介绍单稳态电路、施密特触发电路和多谐振荡器电路；讲述555定时器的结构原理以及利用555定时器构成单稳态电路、施密特触发电路和多谐振荡器电路的方法；并针对具体实例对其在电子电路中的应用进行了阐述。

5.1 单稳态电路

5.1.1 微分型单稳态电路

单稳态电路是每触发一次产生一个单脉冲的电路。微分型单稳态电路是由基本门电路（CMOS门电路）和RC微分电路构成，如图5-1所示。

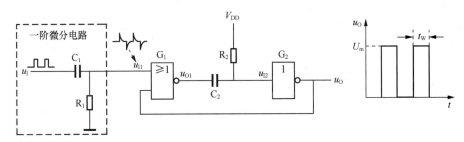

图5-1 微分型单稳态电路

下面分析图5-1微分型单稳态电路的工作过程。

（1）当没有输入信号，即$u_I=0$时，$u_{I2}=V_{DD}$，所以$u_O=0$，$u_{O1}=V_{DD}$，电路处于稳态。对于CMOS电路，$U_{OH}\approx V_{DD}$，$U_{OL}\approx 0V$，$U_{TH}\approx V_{DD}/2$。

（2）当输入端u_I加入触发脉冲时，微分电路输出很窄的正负脉冲（图5-1中u_{I1}的波形），当u_{I1}上升到U_{TH}以后，使u_{O1}跳转到低电平，由于电容C_2上的电压不能发生突变，所以u_{I2}也同时跳转到低电平，使输出u_O变为高电平，电路进入暂稳态。这时即使u_{I1}回到低电平，u_O的高电平维持不变。

（3）上述（2）的分析过程中，虽然电容C_2上的电压不能发生突变，但是当u_{O1}跳转到低电平时，电容C_2立即开始通过电阻R_2充电并向高电平变化，随着充电电压的增大，当充电电压使$u_{I2}=U_{TH}$

时，输出返回到 0。同时电容 C_2 通过电阻 R_2 和 G_2 门的输入保护电路向 V_{DD} 放电，直至电容 C_2 上的电压为 0，电路恢复到稳定状态。

输出 u_O 的波形参见图 5-1 所示，输出脉冲宽度 t_W 等于电容 C_2 开始充电从 u_{I2} 上升到 U_{TH} 的时间。根据 RC 电路过渡过程的分析可知，在电容充、放电过程中，电容上的电压 u_C 从充、放电开始到变化至 U_{TH} 所经过的时间 t 为：

$$t = RC\ln\frac{u_C(\infty)-u_C(0)}{u_C(\infty)-U_{TH}}$$

式中，u_C（0）是电容电压的起始值，u_C（∞）是电容电压充、放电的终值。将 u_C（0）=0、u_C（∞）=V_{DD} 代入上式得到：

$$\begin{aligned} t_W &= RC\ln\frac{V_{DD}-0}{V_{DD}-U_{TH}} \\ &= RC\ln 2 = 0.69RC \end{aligned}$$

输出脉冲 u_O 的幅度为：

$$U_m = U_{OH} - U_{OL} \approx V_{DD}$$

脉冲信号的波形参数在 1.1.2 小节中讲解过，这里就不在赘述。

通过上面分析可知，单稳态触发器的工作特点是：①在没有受到外界触发脉冲作用的情况下，单稳态触发器保持在稳态。②在受到外界触发脉冲作用的情况下，单稳态触发器翻转，进入“暂稳态”。稳态为 0，则暂稳态为 1。③经过一段时间，单稳态触发器从暂稳态返回稳态。单稳态触发器在暂稳态停留的时间仅仅取决于电路本身的参数，与触发脉冲的宽度和幅度无关。

5.1.2 积分型单稳态电路

积分型单稳态电路是由基本门电路（CMOS 门电路）和 RC 积分电路构成，如图 5-2 所示。

积分型单稳态电路的工作过程如下。

（1）当没有输入信号，即 u_I=0 时，G_1 为非门，因而 u_{O1}=u_{I2}=U_{OH}，G_2 为与非门，因为 u_I=0，使得 u_O=U_{OH}，电容 C 上有充电电压，电路处于稳态。

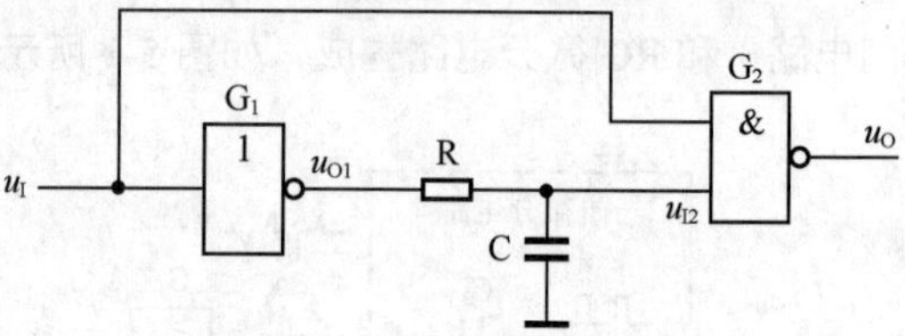

图 5-2 积分型单稳态电路

（2）当输入端 u_I 加入触发脉冲时，G_1 门的输出 u_{O1} 从高电平 U_{OH} 下跳到低电平 U_{OL}，由于电容上的电压不能突变，u_{I2} 仍为高电平，使 u_O 变为低电平，电路进入暂稳态。在暂稳态期间，电容 C 将通过 R 放电。

（3）随着放电过程的进行，u_{I2} 的电压逐渐下降，当下降到 U_{TH} 时，u_O 跳转到高电平；等到触发脉冲消失后（u_I 变为低电平），u_{O1} 也恢复为高电平，u_O 保持高电平不变，同时 u_{O1} 开始通过电阻 R 对电容 C 充电，一直到 u_{I2} 的电压升高到高电平为止，电路又恢复到初始的稳定状态。

输出脉冲的宽度 t_W 为：

$$\begin{aligned} t_W &= RC\ln\frac{U_{OL}-U_{OH}}{U_{OL}-U_{TH}} = RC\ln\frac{0-U_{OH}}{0-U_{TH}} \\ &= RC\ln 2 = 0.69RC \end{aligned}$$

输出脉冲 u_O 的幅度为：

$$U_m = U_{OH} - U_{OL}$$

积分型单稳态电路由于转换过程中没有正反馈，因此输出波形的边沿比较差，而且必须在触发脉冲的宽度大于输出脉冲的宽度时才能正常工作。为解决在窄脉冲的触发下也能工作，可以对电路进行改进，在输入级增加一个与非门，使输出反馈到输入端，用负脉冲触发，如图 5-3 所示。

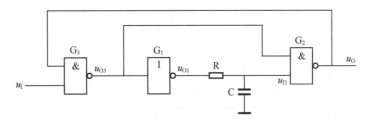

图 5-3　改进的积分型单稳态电路

当输入端 u_1 加入负触发脉冲时，G_3 门的输出 u_{O3} 变为高电平，u_O 变为低电平，电路进入暂稳态。因为输出 u_O 反馈到了输入端，所以即使负触发很窄，在暂稳态期间 u_{O3} 的高电平能够继续保持。当 RC 放电电路放电到 $u_{I2}=U_{TH}$ 后，u_O 才返回高电平，电路回到稳态。解决窄脉冲不能稳定触发的问题。

5.1.3　集成单稳态触发器

在普通微分型单稳态触发器的基础上增加一个输入控制电路和一个输出缓冲电路就可以构成集成单稳态触发器。输入控制电路实现了触发脉冲宽度转换功能以及触发脉冲边沿选择功能，输出缓冲电路则提高了电路的负载能力。集成单稳态触发器除了少数用于定时的电阻、电容需要外接以外，其他电路都集成在一个芯片上，而且电路还附加了上升沿与下降沿的触发控制功能，有的还带有清零功能，具有温度稳定性好、使用方便等优点，在数字系统中得到了广泛的应用。目前在 TTL 或 CMOS 集成电路中，都有单片的集成单稳态触发器。

1. 集成单稳态触发器的分类

集成单稳态触发器根据触发特性分为不可重复触发的单稳态触发器和可重复触发的单稳态触发器。

不可重复触发单稳态触发器在暂稳态期间，不会响应任何触发脉冲，单稳态触发器保持暂稳态的时间就是输出的脉冲宽度。不可重复触发单稳态触发器对脉冲的响应情况如图 5-4 所示。

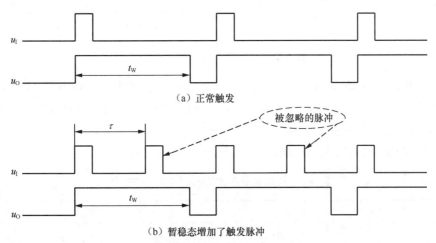

（a）正常触发

（b）暂稳态增加了触发脉冲

图 5-4　不可重复触发单稳态触发器对脉冲的响应情况

可重复触发的单稳态触发器在暂稳态期间会响应其他触发脉冲，触发器重新触发，脉冲宽度会延伸。可重复触发单稳态触发器对脉冲的响应情况如图 5-5 所示。

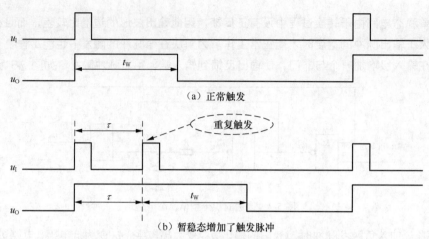

（a）正常触发

（b）暂稳态增加了触发脉冲

图 5-5　可重复触发单稳态触发器对脉冲的响应情况

单稳态触发器在暂稳态期间，可重复触发的单稳态触发器受触发脉冲的影响，而不可重复触发单稳态触发器不受触发脉冲的影响。假设单稳态触发器的输出脉冲宽度为 t_W 秒，两个相隔 τ 秒的触发脉冲先后到达，$\tau < t_W$，那么，它在第一个触发脉冲的作用下进入暂稳态，这个暂稳态还没有结束，第二个触发脉冲就到达了。对于可重复触发的单稳态触发器来说，电路将被重新触发，输出脉冲的宽度等于 $\tau + t_W$ 秒；对于不可重触发的单稳态触发器来说，电路将不被重新触发，输出脉冲的宽度等于 t_W 秒。

2. 集成单稳态触发器 74121

74121 是一种 TTL 集成单稳态触发器，芯片的外形及引脚图如图 5-6 所示。

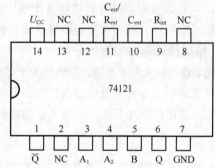

图 5-6　74121 芯片的外形及引脚图

74121 是以微分型单稳态触发电路为核心，加上外围输入控制电路和输出缓冲电路构成的。芯片内部有一个 $2\,\text{k}\Omega$ 的内部定时电阻可供设计使用。在稳定状态下，单稳态触发器的输出 $Q=0$、$\overline{Q}=1$；当有触发脉冲作用时，电路进入暂稳态，$Q=1$、$\overline{Q}=0$。

集成单稳态触发器 74121 的功能表如表 5-1 所示。

表 5-1　集成单稳态触发器 74121 的功能表

输入			输出	
A_1	A_2	B	Q	$\overline{Q}$
0	×	1	0	1
×	1	1	0	1
×	×	0	0	1
1	1	×	0	1

续表

输入			输出	
A_1	A_2	B	Q	$\overline{Q}$
1	↓	1	⊓	⊔
↓	1	1	⊓	⊔
↓	↓	1	⊓	⊔
0	×	↑	⊓	⊔
×	0	↑	⊓	⊔

由 74121 的功能表可知，触发信号可以加在 A_1、A_2 或 B 中的任意一端。其中 A_1、A_2 端是下降沿触发，B 端是上升沿触发。触发方式分为以下三种：

① 在 A_1（或 A_2）端下降沿触发时，这时要求 B 输入端、A_2（或 A_1）输入端必须为高电平；

② 在 A_1 和 A_2 端同时用下降沿触发时，要求 B 输入端为高电平；

③ 在 B 端用上升沿触发时，要求 A_1 和 A_2 端至少有一个是低电平。

集成单稳态触发器 74121 的工作波形如图 5-7 所示。

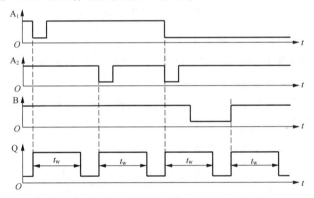

图 5-7 集成单稳态触发器 74121 的工作波形

集成单稳态触发器根据触发特性分为不可重复触发的单稳态触发器和可重复触发的单稳态触发器。

集成单稳态触发器 74121 的输出脉冲宽度取决于定时电阻和定时电容的大小。74121 的 10、11 脚之间用于接定时电容，如果定时电容是电解电容，电容的正极接 10 脚 C_{ext}。定时电阻可以使用芯片内部 2kΩ 的定时电阻，将 9 脚 R_{int} 接到电源 U_{CC}（14 脚）上，如图 5-8（a）所示；如果要获得较宽的输出脉冲，可采用外部定时电阻，将电阻接在 11 脚 C_{ext}/R_{ext} 和 14 脚 U_{CC} 之间，如图 5-8（b）所示。

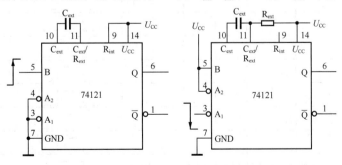

（a）使用内部电阻定时的单稳态触发器　　（b）使用外接电阻定时的单稳态触发器

图 5-8 74121 芯片的外部元器件接法

外接定时电路输出脉冲的宽度 t_W 为：

$$t_W \approx R_{ext} C_{ext} \ln 2 = 0.69 R_{ext} C_{ext}$$

74121 单稳态触发器是不可重复触发的单稳态电路，除了它之外，常用的还有 74221、74LS221 等，常用的可重复触发的单稳态电路有 74122、74LS122、74123、74LS123 等，4000 系列的有双可重复触发单稳态触发器 CC4098。

3. 集成单稳态触发器 74122

74122 是可重复触发集成单稳态触发器，芯片的外形及引脚图如图 5-9 所示。

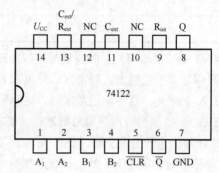

图 5-9 74122 芯片的外形及引脚图

74122 的输出脉冲宽度 t_W 可由三种方法控制。

① 通过选择外定时元件 C_{ext} 和 R_{ext} 值来确定脉冲宽度，或者接 74122 的内部定时电阻 R_{int}（10 kΩ），将 R_{int} 接 U_{CC}，连接方式同 74121。

② 通过正触发输入端（B）或负触发输入端（A）的重触发延长 t_W。

③ 通过清除端（$\overline{CLR}$）的清除功能使 t_W 缩小。

集成单稳态触发器 74122 的功能表如表 5-2 所示。

表 5-2 集成单稳态触发器 74122 的功能表

输入					输出	
$\overline{CLR}$	A_1	A_2	B_1	B_2	Q	$\overline{Q}$
0	×	×	×	×	0	1
×	1	1	×	×	0	1
×	×	×	0	×	0	1
×	×	×	×	0	0	1
1	0	×	↑	1	⊓	⊔
1	0	×	1	↑	⊓	⊔
1	×	0	↑	1	⊓	⊔
1	×	0	1	↑	⊓	⊔
1	1	↓	1	1	⊓	⊔
1	↓	↓	1	1	⊓	⊔
1	↓	1	1	1	⊓	⊔
↑	0	×	1	1	⊓	⊔
↑	×	0	1	1	⊓	⊔

外接定时电路输出脉冲的宽度 t_W 为：

$$t_W \approx 0.32 R_{ext} C_{ext} \left(1 + \frac{0.7}{R_{ext}} \right)$$

R_{ext} 的单位为 kΩ 级，C_{ext} 的单位为 pF，t_W 的单位为 ns。

5.2 施密特触发电路

施密特触发电路输出具有两种稳定的状态，输出的状态随着输入信号的大小而翻转。当输入电压高于正向阈值电压，输出为高电平；当输入电压低于负向阈值电压，输出为低电平；当输入在正负向阈值电压之间，输出不改变。施密特触发器可作为波形整形电路，可将模拟信号波形整形为数字电路能够处理的方波波形，也可以作为波形产生电路。

5.2.1 施密特触发电路的结构和原理

图 5-10（a）所示为利用非门和电阻构成的施密特触发电路，两级非门串联起来，经过分压电阻将输出信号反馈到输入端，构成了正反馈，形成了具有施密特触发特性的电路，图形符号如图 5-10（b）所示。

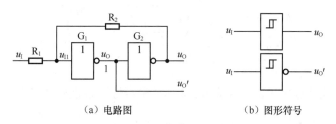

（a）电路图　　　　　　　　　　（b）图形符号

图 5-10　非门和电阻构成的施密特触发电路

假如与非门 G_1 和 G_2 为 CMOS 电路，阈值电压 $U_{TH} \approx V_{DD}/2$，$R_1 < R_2$。下面讲述 u_O（同相输出）的输出状态变化情况，u_O'（反相输出）的状态与 u_O 的状态相反。

（1）当没有输入信号，即 $u_I = 0$ 时，$u_{I1} \approx 0$，G_1、G_2 为非门，因而 $u_{O1} = 1$，$u_O = 0$，触发器处于第一稳定状态。此时，R_1、R_2 对于输入信号形成对地的分压电路，如图 5-11（a）所示。

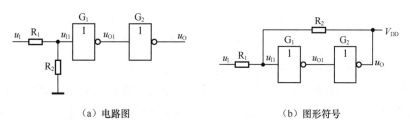

（a）电路图　　　　　　　　　　（b）图形符号

图 5-11　非门构成的施密特触发器

G_1 门的输入电压为：

$$u_{I1} = \frac{R_2}{R_1 + R_2} u_I$$

当 u_{I1} 大于阈值电压 $U_{TH} \approx V_{DD}/2$ 时触发器才能翻转，也就是当输入 $u_I \geq \dfrac{R_1 + R_2}{R_2} \cdot \dfrac{1}{2} V_{DD}$ 触发器才能翻转，把这个电压称为施密特触发器的正向阈值电压 U_{T+}，即

$$U_{T+} = \frac{R_1 + R_2}{2R_2} V_{DD} \, \circ$$

（2）当输入端 u_I 逐步升高时，由于 R_2 的正反馈作用，电路的状态迅速地转换为 $u_O = U_{OH} \approx V_{DD}$，即 $u_{O1} = 0$，$u_O = 1$，触发器处于第二稳定状态。此时，R_1、R_2 对于输入信号形成正电源 V_{DD} 的分压电路，如图 5-11（b）所示。

（3）当输入端 u_I 下降到阈值电压 U_{T+}，触发器并不翻转。因为 V_{DD} 经 R_1、R_2 在 G_1 门的输入端产生电阻分压，与输入信号 u_I 叠加到一起，此时 G_1 门的输入电压为：

$$u_{I1} = u_I + \frac{R_1}{R_1 + R_2}(V_{DD} - u_I)$$

只有 u_I 继续下降到 $u_{I1} \leqslant \frac{1}{2} V_{DD}$ 时，即 $u_I \leqslant \left(1 - \frac{R_1}{R_2}\right)\frac{V_{DD}}{2}$，触发器翻转到第一次的稳定状态，把这个电压称为施密特触发器的反向阈值电压 U_{T-}，即

$$U_{T-} = \left(1 - \frac{R_1}{R_2}\right)\frac{V_{DD}}{2} = \left(\frac{R_2 - R_1}{2R_2}\right)V_{DD}$$

把正向阈值电压 U_{T+} 与反向阈值电压 U_{T-} 之间的差值称为回差电压 ΔU_T。

$$\Delta U_T = U_{T+} - U_{T-} = \left(1 + \frac{R_1}{R_2}\right)\frac{V_{DD}}{2} - \left(1 - \frac{R_1}{R_2}\right)\frac{V_{DD}}{2}$$

$$= \frac{2R_1}{R_2} \cdot \frac{V_{DD}}{2} = \frac{2R_1}{R_2} U_{TH}$$

根据以上分析，可以画出施密特触发器的电压传输特性，如图 5-12 所示。

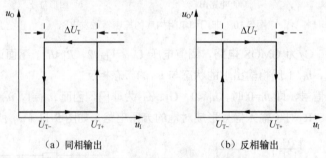

（a）同相输出　　　　　　　　（b）反相输出

图 5-12　施密特触发器的电压传输特性

通过电压传输特性可以看出，施密特触发电路具有以下特点：

（1）施密特触发电路有两个稳定状态，输出状态的维持和转换取决于输入电压的大小；

（2）施密特触发电路相当于一个阈值开关电路，具有两个不同的阈值电压，正向阈值电压 U_{T+} 和负向阈值电压 U_{T-}，通过改变电阻 R_1、R_2 的阻值可以改变 U_{T+}、U_{T-} 以及回差电压 ΔU_T 的大小，但是必须保证 $R_1 < R_2$，如果 $R_1 > R_2$，就有 $U_{T+} > 2U_{TH} \approx V_{DD}/2$，$U_{T-} < 0$，这说明即使 u_I 上升到 V_{DD} 或下降到 0，电路的状态也不会发生变化，电路处于"自锁状态"，不能正常工作。

（3）因为电路有正反馈，使得输出为边沿陡峭的矩形脉冲，抗干扰能力强。

5.2.2　施密特触发电路的应用

施密特触发电路的应用非常广泛，主要有以下几个方面。

1. 波形变换

施密特触发电路具有当任何波形的信号进入电路时，输出在正、负阈值电压之间跳动，因此可将三角波、正弦波、周期性波等变成矩形波。

图 5-13 所示为将正弦波变换为矩形波的波形。

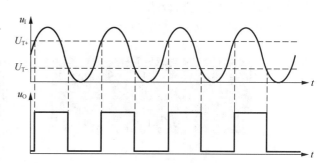

当 u_I=0 时，u_O=0，u_I 继续增大，在 $u_I < U_{T+}$ 时 u_O=0 不变；当 $u_I > U_{T+}$ 时，触发电路输出翻转，u_O=1；当输入端 u_I 下降到阈值电压 U_{T+}，触发电路并不翻转，直到 u_I 下降到阈值电压 U_{T-}，触发电路输出翻转，u_O=0；如此循环往复，输出呈现矩形波形。

图 5-13 正弦波变换成矩形波的波形

2. 波形整形

波形整形将受到干扰的或不符合边沿要求的信号整形为较好的矩形波形。

施密特触发器采用反相输出，波形整形如图 5-14 所示。

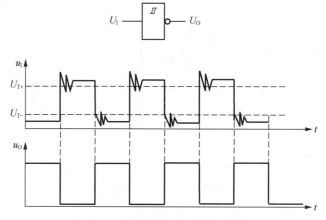

图 5-14 施密特触发电路的波形整形

通过设置合适的阈值电压 U_{T+} 和 U_{T-}，可以得到理想的波形。

3. 脉冲幅度鉴别

通过施密特触发器可以鉴别出幅度大于 U_{T+} 的脉冲信号，如图 5-15 所示。

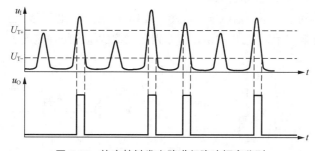

图 5-15 施密特触发电路进行脉冲幅度鉴别

施密特触发电路还可以外接合适的电容作为矩形脉冲产生电路，构成多谐振荡电路，这一点将在后面章节中介绍。

5.2.3　集成施密特触发电路

集成施密特触发器产品的种类较多，TTL 类型的有具有施密特触发器功能的六反相器 7414 和四输入双与非门 7413 等，CMOS 类型有六反相器 CC40106 等，下面介绍集成施密特触发器 CC40106。

1. CC40106 芯片介绍

CC40106 芯片的外形及引脚分布图如图 5-16 所示。

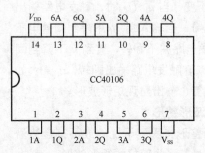

图 5-16　40106 芯片的外形及引脚分布图

CC40106 集成了 6 个反向输出的施密特触发电路，其内部的结构图和逻辑符号如图 5-17 所示。

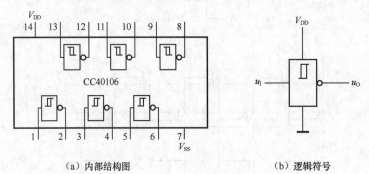

（a）内部结构图　　　　　　　　　　　　（b）逻辑符号

图 5-17　CC40106 的内部结构图和逻辑符号

当 CC40106 电源电压为 15V 时，U_{T+}=6.8V～10.8V，U_{T-}=4V～7.4V，ΔU_T=1.6V～5V；当电源电压为 5V 时，U_{T+}=2.2V～3.6V，U_{T-}=0.9V～2.8V，ΔU_T=0.3V～1.6V。

2. CC40106 集成施密特触发电路的应用

利用集成施密特触发器可以构成单稳态电路、波形整形电路、矩形波产生电路等。

（1）利用 CC40106 构成的单稳态电路。

构成的单稳态电路可以是下降沿触发，如图 5-18（a）所示，也可以是上升沿触发，如图 5-18（b）所示。通过选择电容 C 和电阻 R 的值，可以得到需要的输出脉冲宽度 t_W。

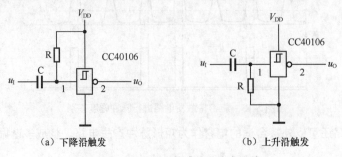

（a）下降沿触发　　　　　　　　　　　　（b）上升沿触发

图 5-18　CC40106 构成的单稳态电路

（2）利用 CC40106 构成的波形整形电路。电路原理图和波形图如图 5-19 所示。

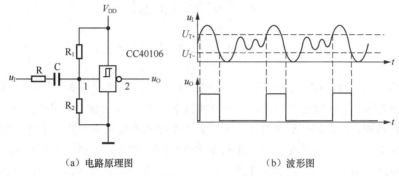

（a）电路原理图　　　　　　　　　　（b）波形图

图 5-19　CC40106 构成的波形整形电路

（3）利用 CC40106 集成电路还可以构成矩形波产生电路，在后面章节中进行讲解。

5.3　多谐振荡电路

多谐振荡电路是一种能产生矩形波的自激振荡电路，不需要外加脉冲，接通电源后，就能自动产生矩形脉冲，也称矩形波发生器。自激振荡器的电路构成有多种形式，这里介绍几种常用的电路的构成和原理。

5.3.1　施密特触发电路构成的多谐振荡电路

施密特触发器组成多谐振荡器时电路相对简单，外接一个 RC 积分电路，电阻 R 跨接在施密特触发器输出和输入两端，与电容 C 构成充放电回路，决定多谐振荡器的振荡频率。改变 R、C 的大小即可改变振荡频率。

施密特触发电路构成的多谐振荡电路及电压波形如图 5-20 所示。

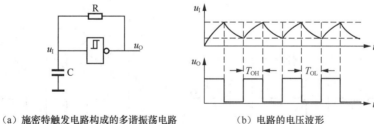

（a）施密特触发电路构成的多谐振荡电路　　　（b）电路的电压波形

图 5-20　施密特触发电路构成的多谐振荡电路及电压波形

工作过程如下：

接通电源瞬间，电容 C 上的电压为 0V，输出 u_O 为高电平。u_O 通过电阻 R 对电容 C 充电，当 u_I 达到 U_{T+} 时（施密特触发电路为反相输出），施密特触发器翻转，输出为低电平；电容 C 又开始放电，u_I 下降，当 u_I 下降到 U_{T-} 时，电路又发生翻转，如此周而复始而形成振荡。其输入、输出波形如图 5-20（b）所示。

若施密特触发器采用的是 CMOS 电路，$U_{OH} \approx V_{DD}$，$U_{OL} \approx 0$，根据电压波形得到振荡周期的计算公式如下：

$$T = T_{OH} + T_{OL}$$

$$= RC\ln\frac{V_{DD} - U_{T-}}{V_{DD} - U_{T+}} + RC\ln\frac{U_{T+}}{U_{T-}}$$

$$= RC\ln\left(\frac{V_{DD} - U_{T-}}{V_{DD} - U_{T+}} \cdot \frac{U_{T+}}{U_{T-}}\right)$$

从上面公式可以看出，电路输出信号 u_O 为连续的脉冲方波，振荡频率不仅与 R、C 的大小有关，还与电路的电源电压 V_{DD}、施密特触发器的正负阈值电压 U_{T+}、U_{T-} 有关。选择合适的 R、C 的大小可以得到所需频率和占空比的矩形波脉冲信号，如果需要占空比可调的矩形波脉冲信号，可以利用二极管的单向导电性，经过两个不同的电阻对电容进行充、放电，通过改变电阻的阻值就能够改变占空比，这一应用在后续的由 555 时基电路构成的多谐振荡器中也有体现。施密特触发电路构成的占空比可调的多谐振荡器如图 5-21 所示。

利用集成触发器 CC40106 构成的多谐振荡器如图 5-22 所示。

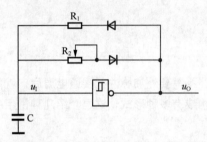

图 5-21　施密特触发电路构成的占空比可调的多谐振荡器　　图 5-22　CC40106 构成的多谐振荡器

通过改变 R、C 元件的大小可以设计所需频率的多谐振荡器，通过改变 R_1、R_2 电阻的阻值可以改变矩形波的占空比。

5.3.2　门电路构成的多谐振荡电路构成

通过非门电路和外围的 R、C 元件可以构成多谐振荡器，如图 5-23（a）所示。

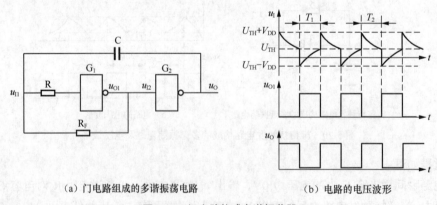

（a）门电路组成的多谐振荡电路　　　　　　　（b）电路的电压波形

图 5-23　门电路构成多谐振荡器

假设电路由两个 CMOS 反相器、反馈电容 C 及改变偏置电压的电阻 R、R_F 构成。选择合适的电阻值使 G_1、G_2 门保证静态时工作在放大状态，也就是静态时 G_1、G_2 门工作在电压传输特性的转折区，此时 $U_{TH} \approx V_{DD}/2$。电路的工作过程如下。

当 u_{I1} 有一个小的正向变化时，G_1 门使 u_{I2} 有一个反向变化，G_2 门使 u_O 有一个正向变化，由于

在 G_1 门的输出端和输入端连接了反馈电阻 R_F，这个反馈的存在使 u_{O1} 迅速变为低电平，u_O 迅速变为高电平，电路进入第一个暂稳态。同时电容 C 开始放电，使 u_{I1} 逐渐下降，当下降到 $u_{I1}=U_{TH}$ 时，又因为正反馈的存在，使使 u_{O1} 迅速变为高电平，u_O 迅速变为低电平，电路进入第二个暂稳态。同时电容 C 开始充电，使 u_{I1} 逐渐升高，当升高到 $u_{I1}=U_{TH}$ 时，电路又重新转换为第一个暂稳态。电路不停地在这两个暂稳态之间振荡，如图 5-23（b）所示。

假如 G_1 门串联的电阻 R 足够大，G_1 门的输入电流可以忽略不计，R_F 远大于 MOS 管的导通内阻，电容那么 C 的充电时间为：

$$T_1 \approx R_F C \ln \frac{V_{DD}-(U_{TH}-U_{DD})}{V_{DD}-U_{TH}} = R_F C \ln 3$$

根据电容放电过程可以得到的放电时间为：

$$T_2 \approx R_F C \ln \frac{0-(U_{TH}+U_{DD})}{0-U_{TH}} = R_F C \ln 3$$

所以电路的振荡周期为：$T = T_1 + T_2 \approx 2R_F C \ln 3 = 2.2 R_F C$

5.3.3 环形多谐振荡电路

环形多谐振荡电路是一种采用奇数个非门、输出端和输入端首尾相接组成的环形电路，利用闭合回路的正反馈作用产生自激振荡，也称为环形振荡器。

环形多谐振荡电路如图 5-24 所示。

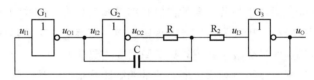

图 5-24　环形多谐振荡电路

工作原理如下。

（1）假设接通电源的瞬间，G_1 门的输入 u_{I1} 为低电平，则 u_{O1} 为高电平，这个高电平一方面使 u_{O2} 为低电平，一方面电容 C 开始充电并通过 R_2 使 u_{I3} 为高电平，则 u_O 为低电平，进入第一个暂稳态。

（2）随着电容 C 的充电，u_{I3} 电压开始下降，当下降到 U_{TH} 时，u_O 翻转为高电平，电路进入第二个暂稳态。

（3）u_O 的高电平反馈到 u_{I1}，使 u_{O1} 为低电平，电容 C 开始放电，使 u_{I3} 电压逐渐上升，当上升到 U_{TH} 时，u_O 翻转为低电平，电路又重新转换为第一个暂稳态。电路不停地在这两个暂稳态之间振荡，产生矩形波形。

改变 R 和 C 的值可以改变振荡频率，振荡周期近似为：

$$T \approx RC \ln \left(\frac{2U_{OH}-U_{TH}}{U_{OH}-U_{TH}} \cdot \frac{U_{OH}+U_{TH}}{U_{TH}} \right)$$

假定 $U_{OH}=3V$，$U_{TH}=1.4V$，振荡周期近似计算为：$T \approx 2.2RC$。

5.3.4 石英晶体多谐振荡电路

当有些使用场合要求多谐振荡器的工作频率稳定性很高时，上述几种多谐振荡器的精度不能满足要求。为了获得频率稳定度更高的脉冲信号，通常把一只石英晶体和上述多谐振荡器中的耦合电容 C 串联起来，组成石英晶体多谐振荡器。

石英晶振是指从一块石英晶体上按一定方位角切下薄片（简称为晶片），也称晶体、晶振，而在封装内部添加 IC 组成振荡电路的晶体元件称为晶体振荡器。其产品一般用金属外壳封装，也有用玻璃壳、陶瓷或塑料封装的。

石英晶体振荡器的外形和电路符号如图 5-25 所示。

（a）石英晶体振荡器外形　　　　　　　（b）电路符号

图 5-25　石英晶体振荡器的外形和电路符号

当晶体不振动时，可把它看成一个静电电容 C，它的容值大小与晶片的几何尺寸、电极面积有关，一般为几个皮法到几十皮法。

当晶体振荡时，机械振动的惯性可用电感 L 来等效。一般 L 的值为几十毫亨到几百毫亨。晶片的弹性可用电容 C 来等效，C 的值很小，一般只有 00002 ~ 0.1pF。晶片振动时因摩擦而造成的损耗用 R 来等效，它的数值约为 1002。由于晶片的等效电感很大，而 C 和 R 很小，回路的品质因数 Q 很大，可达 1000 ~ 10000。再由于晶片本身的谐振频率基本上只与晶片的切割方式、几何形状、尺寸有关，而且可以做得很精确，因此利用石英谐振器组成的振荡电路可获得很高的频率稳定度，有极好的选频特性，足以满足大多数数字系统对频率稳定度的要求。

当所需信号频率 f 等于晶体固有频率 f_0 时，它的等效阻抗最小，该信号最容易通过，并在电路中形成正反馈，以满足振荡条件，所以此时振荡器的工作频率也是 f_0，这个频率只由石英晶体的几何形状决定，与外围电阻、电容等参数无关。

利用门电路组成的石英晶体多谐振荡电路有多种形式，常见的由 TTL 门电路组成的晶体振荡电路如图 5-26 所示。

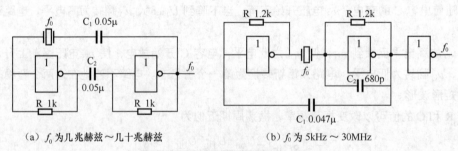

（a）f_0 为几兆赫兹 ~ 几十兆赫兹　　　　（b）f_0 为 5kHz ~ 30MHz

图 5-26　TTL 门电路组成的晶体振荡电路

由 CMOS 门电路组成的 32768Hz 晶体振荡电路常见的电路形式如图 5-27 所示。

图 5-27（a）中，G_1 门产生振荡信号，G_2 门用于缓冲整形。R_F 是反馈电阻，通常在几十兆欧左右，可选 22MΩ，R 起稳定振荡作用，通常取十至几百千欧。C_1 是频率微调电容器，C_2 用于温度特性校正。

一般的晶振振荡电路都是在一个反相放大器的两端接入晶振，再由两个电容分别接到晶振的两端，每个电容的另一端再接到地，这两个电容串联的容量值就应该等于负载电容，请注意一般 IC 的引脚都有等效输入电容，这个不能忽略。一般的晶振的负载电容为 15pF 或 12.5pF，如果再考虑元件引脚的等效输入电容，那么选择两个 22pF 的电容构成晶振的振荡电路是比较好的选择。

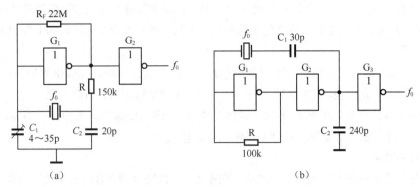

图 5-27　CMOS 门电路组成的 32768Hz 晶体振荡电路常见的电路形式

5.4　555 时基电路

5.4.1　555 时基电路的结构与原理

555 时基电路是一种将模拟功能与逻辑功能巧妙结合在同一硅片上的组合集成电路。利用它能极方便地构成施密特触发电路、单稳态电路和多谐振荡电路等电路。由于使用灵活、方便，所以自从 Signetics 公司于 1972 年推出这种产品以后，555 时基电路大量应用于电子控制、电子检测、仪器仪表、家用电器、音响报警、电子玩具等诸多方面；还可用作振荡器、脉冲发生器、延时发生器、定时器、方波发生器、单稳态触发振荡器、双稳态多谐振荡器、自由多谐振荡器、锯齿波发生器、脉宽调制器、脉位调制器等。

1. 555 时基电路的构成

555 时基电路分为 TTL 和 CMOS 两大类。TTL 型电路的内部结构图如图 5-28 所示。从图中可以看出，它是由分压器、比较器、RS 锁存器、输出级和放电开关等组成的。

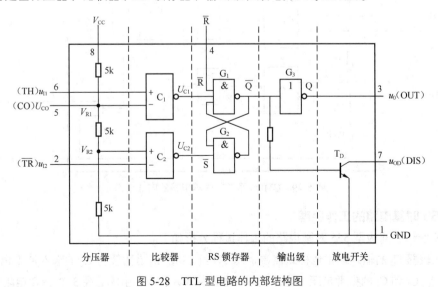

图 5-28　TTL 型电路的内部结构图

（1）分压器。

分压器由 3 个 5kΩ 的电阻组成，对 V_{CC} 进行分压，为两个比较器 C1、C2 提供基准电平，经分压后 C1 的基准电平为 $2/3V_{CC}$，C2 的基准电平为 $1/3V_{CC}$，改变管脚 U_{CO} 的接法就改变了两个电压比较器的基准电平。因为分压器由 3 个 5kΩ 的电阻组成，因此一般称为 555 时基电路（或 555 定时电路）。

（2）比较器。

比较器 C1、C2 是两个结构和性能完全相同的高精度电压比较器，其输出直接控制着 R-S 触发器的状态。u_{I1}（TH）是比较器 C1 的输入端，u_{I2}（$\overline{TR}$）是比较器 C2 的输入端。

当 u_{I1}（TH）输入信号 $> 2/3V_{CC}$，则 C1 输出高电平，否则 C1 输出为低电平；当 u_{I2}（$\overline{TR}$）输入信号 $> 1/3Vcc$，则 C2 输出低电平，否则 C2 输出为高电平。

（3）RS 锁存器。

RS 锁存器为低电平触发，图中 G1 的输入端接 U_{C1}，为置 0 输入端（R），G2 的输入端接 U_{C2}，为置 1 输入端。$U_{C1}=0$、$U_{C2}=1$，触发器的输出 $Q=0$。

（4）输出级。

输出级由 G3 门组成，输出缓冲，提高了带负载的能力。

（5）放电开关。

三极管 T_D 集电极开路，起到开关的作用，与外接元器件构成放电回路。当 $u_o=0$ 时，即 $\overline{Q}=1$，T_D 导通，相当于开关闭合，为电容提供了一个接地的放电通路；当 $u_o=1$ 时，即 $\overline{Q}=0$，T_D 不导通，相当于开关断开，电容器不能放电。

由于制造工艺的原因，CMOS 型 555 时基电路的内部结构和 TTL 型 555 时基电路结构略有不同，如图 5-29 所示。但它们的引脚功能及输入和输出逻辑功能是相同的，两种 555 电路有着完全相同的外特性。在一些 CMOS 型 555 时基电路中，分压电阻的阻值不是 5kΩ 了，3 个电阻的阻值为 10kΩ，但是仍延续"555 时基电路"这一名称。

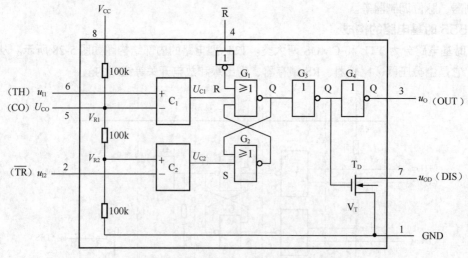

图 5-29　CMOS 型 555 时基电路的内部结构

2. 555 时基电路的工作原理

图 5-29 所示的双极型 555 时基电路的工作过程分析如下。

u_{I1} 是比较器 C_1 的输入端（也称阈值端，用 TH 标注），u_{I2} 是比较器 C_2 的输入端（也称触发端，用 $\overline{TR}$ 标注）。C_1 和 C_2 的参考电压（电压比较的基准）V_{R1} 和 V_{R2} 由 V_{CC} 经 3 个 5kΩ 电阻分压给出。

在控制电压输入端 U_{CO} 悬空时，$V_{R1}=2/3V_{CC}$，$V_{R2}=1/3V_{CC}$。如果 U_{CO} 外接固定电压，则 $V_{R2}=1/2U_{CO}$。

$\overline{R}$ 是置零输入端。只要在 $\overline{R}$ 端加上低电平，输出端 u_O 便立即被置为低电平，不受其他输入端状态的影响。正常工作时，必须使 $\overline{R}$ 处于高电平。图 5-29 中的数码 1～8 为器件引脚的编号。

当 $u_{I1}>V_{R1}$、$v_{I2}>V_{R2}$ 时，比较器 C1 的输出 $U_{C1}=1$、比较器 C2 的输出 $U_{C2}=0$，SR 锁存器被置 0，T_D 导通，同时 u_O 为低电平。

当 $u_{I1}<V_{R1}$、$u_{I2}>V_{R2}$ 时，$U_{C1}=0$、$U_{C2}=0$，锁存器的状态保持不变，因而 T_D 和输出的状态也维持不变。

当 $u_{I1}<V_{R1}$、$u_{I2}<V_{R2}$ 时，$U_{C1}=0$、$U_{C2}=1$，故锁存器被置 1。u_O 为高电平，同时 T_D 截止。

当 $u_{I1}>V_{R1}$、$u_{I2}<V_{R2}$ 时，$U_{C1}=1$、$U_{C2}=1$，由或非门连接而成的锁存器处于 $Q=\overline{Q}=0$ 的状态，u_O 处于高电平，同时 T_D 截止。

555 时基电路的功能表如表 5-3 所示。

表 5-3 555 时基电路的功能表

输入			输出	
$\overline{R}$	u_{I1}（TH）	u_{I2}（$\overline{TR}$）	u_O	T_D 状态
0	×	×	0	导通
1	$>2/3V_{CC}$	$>1/3V_{CC}$	0	导通
1	$<2/3V_{CC}$	$>1/3V_{CC}$	不变	不变
1	$<2/3V_{CC}$	$<1/3V_{CC}$	1	截止
1	$>2/3V_{CC}$	1	1	截止

3. 集成 555 时基电路的外形及引脚分布

555 时基电路的外形及引脚分布图如图 5-30 所示。

（a）555 外形

（b）555 引脚分布图

图 5-30 555 时基电路的外形和引脚分布图

图 5-30 所示的集成 555 时基电路为双列直插式芯片，8 个引脚在内部结构图中已经对应标注。555 时基电路之所以得到广泛的应用，主要在于它具有以下几个特点。

（1）555 在电路结构上是由模拟电路和数字电路组合而成，它将模拟功能与逻辑功能兼容为一体，能够产生精确的时间延迟和振荡，它拓宽了模拟集成电路的应用范围。

（2）该电路采用单电源。双极型 555 时基电路的电源电压范围为 4.5～16V，最大负载电流达 200mA，CMOS 型 555 时基电路的电源电压范围为 2～18V，最大负载电流达 100mA。电源适应范围更宽，这样就可以和模拟运算放大器与 TTL 或 CMOS 数字电路共用一个电源。

（3）555 可独立构成一个定时电路，且定时精度高，所以常被称为 555 定时器。

（4）555 的最大输出电流可达 200mA（双极型），带负载能力强，可直接驱动小电动机、扬声器、继电器等负载。

555 定时器可工作在 3 种工作模式下。

单稳态模式：在此模式下，555 功能为单次触发。应用范围包括定时器、脉冲丢失检测、反弹跳开关、轻触开关、分频器、电容测量、脉冲宽度调制（PWM）等。

无稳态模式：在此模式下，555 以振荡器的方式工作。这一工作模式下的 555 芯片常被用于频闪灯、脉冲发生器、逻辑电路时钟、音调发生器、脉冲位置调制（PPM）等电路中。此状态又称为自激多谐电路。

双稳态模式（或称施密特触发器模式）：在 DIS 引脚空置且不外接电容的情况下，555 的工作方式类似于一个 R-S 触发器，可用于构成锁存开关。

5.4.2 555 时基电路构成单稳态电路

如果将 555 的 u_{I2}（$\overline{TR}$）端，即引脚 2，作为触发信号 u_i，TD 的输出端（引脚 7）接至 u_{I1}（TH），即引脚 6，同时引脚 6 对地接入电容 C，就构成了单稳态电路，如图 5-31 所示。

1. 单稳态触发器的工作原理

单稳态触发器的特点是电路有一个稳定状态和一个暂稳状态，所以称为单稳态电路。其工作过程如下。

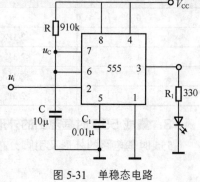

图 5-31 单稳态电路

如果没有外加信号，u_i 端悬空处于高电平，根据前面 555 的工作原理分析可知，R-S 锁存器的输出 $Q=0$，因此 u_O 为低电平，电路处于稳定状态。这时接通电源，如锁存器在输出为 0 的状态，T_D 导通，引脚 7 对地的电压 $u_C=0$，因为和 6 端 TH 连接在一起，所以比较器的输出都为 0，使得 u_O 保持低电平不变，处在稳定状态。即无触发器信号（u_i 为高电平）时，电路处于稳定状态，为低电平。

当 u_i 端加一个负脉冲信号，低电平触发端 $\overline{TR}$ 得到低于 1/3 V_{CC} 的触发信号，输出 u_O 为高电平，放电开关管 T_D 截止，电源 V_{CC} 经电阻 R 开始对电容 C 充电，电路进入暂稳态，定时开始。当电容两端电压 u_C 上升到 2/3 V_{CC} 后，6 端为高电平，输出 u_O 变为低电平，放电开关管 T_D 导通，定时电容 C 充电结束，即暂稳态结束。电路恢复到稳态 u_O 为低电平的状态。当再来一个低电平触发脉冲时，又重复上述过程。单稳态电路的工作波形图如图 5-32 所示。

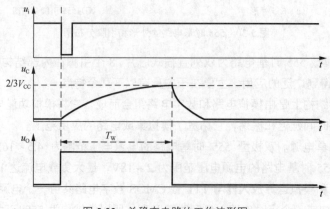

图 5-32 单稳态电路的工作波形图

从波形图可知，电路在触发信号作用下，将由稳态翻转到暂稳态，暂稳态是一个不能长久保持的状态，由于电路中 RC 延时环节的作用，经过一段时间后，电路会自动返回到稳态，并在输出端获得一个持续时间为 T_W 的宽脉冲信号，T_W 是暂稳态的维持时间，其长短取决于外接定时元件 R、C 的参数值。

555 定时电路可合理选择外围定时电容 C 和电阻 R，实现定时的功能，输出的脉冲宽度 T_W 即为定时的时间长度。

定时时长：$T_W = RC\ln3 \approx 1.1RC$

根据图 5-32 的元件参数，可知 $T_W \approx 1.2 \times 910 \times 10^3 \times 10 \times 10^{-6} = 10.92$（s），外接负载发光二极管在一个触发脉冲到来后，持续点亮约11s。

2. 应用实例

单稳态电路在许多电子电路中得到了广泛的应用。

图 5-33 所示为由 555 定时器构成的单稳态触摸开关电路。

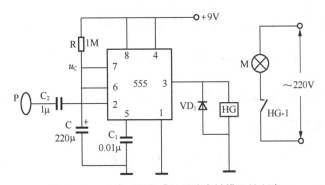

图 5-33　555 定时器构成的单稳态触摸开关电路

图 5-33 中，P 为触摸金属片；HG 为继电器，控制照明回路的通断；RC 构成定时元件；电源采用+9V 供电，二极管 VD_1 起到保护的作用。

平时触摸金属片 P 端没有感应电压，T_D 导通，电容 C 对地的电压 $u_C=0$，使得 u_O 为低电平不变，处在稳定状态，继电器 HG 线圈失电，连接在照明灯回路的常开触点 HG-1 断开，照明灯 M 呈现熄灭状态。

当需要开灯时，用手触碰一下金属片 P，人体感应的杂波信号电压经由 C2 加至 555 的触发端，使 555 的输出由低电平变成高电平，继电器 HG 线圈得电，常开触点 HG-1 闭合，电灯点亮。同时 555 第 7 脚的放电开关 T_D 截止，电源便通过 R 给 C 充电，定时开始，当电容 C 的电压上升至电源电压的 2/3 $V_{CC} \approx 6V$ 时，555 第 7 脚放电开关 T_D 导通，使电容 C 放电，输出由高电平变回到低电平，继电器释放，照明灯熄灭，定时结束。

定时时长 $T_W = RC\ln3 \approx 1.1RC \approx 242$（s），约为 4min。

5.4.3　555 时基电路构成双稳态电路

将 555 时基电路的两个输入端接到一起，即 TH 和 $\overline{\text{TR}}$ 接到一起作为输入，由于比较器中 C_1 和 C_2 的参考电压不同，U_{C1} 和 U_{C2} 随输入信号的变化分别为高或低电平，因而使得 RS 锁存器置 0 或置 1，就构成了双稳态电路。因此，输出电压 u_o 由高电平变为低电平和由低电平变为高电平所对应的 u_i 值也不同，具有和施密特触发电路同样的输出特性，因此双稳态电路也称为施密特触发电路。

1. 555时基电路构成双稳态电路的工作原理

555 时基电路构成的双稳态电路（施密特触发电路）如图 5-34 所示。

图中在 V_{CO} 端（5 脚）接 $0.01\mu F$ 左右的滤波电容，提高比较器参考电压 V_{R1} 和 V_{R2} 的稳定性。

当输入电压 u_i 从 0 逐渐增大时，输出电压的变化如下：

当 $u_i < \dfrac{1}{3}V_{CC}$ 时，$U_{C1}=0$、$U_{C2}=1$，$Q=1$，故 $u_o=U_{OH}$；

当 $\dfrac{1}{3}V_{CC} < u_i < \dfrac{2}{3}V_{CC}$ 时，$U_{C1}=U_{C2}=0$，故 $u_o=U_{OH}$ 保持不变；

当 $u_i > \dfrac{2}{3}V_{CC}$ 时，$U_{C1}=1$、$U_{C2}=0$，$Q=0$，故 $u_o=U_{OL}$。

因此，输出由高电平转换成低电平的电压值为 $U_{T+} = \dfrac{2}{3}V_{CC}$。

当输入电压 u_i 从大于 2/3V_{CC} 的值逐渐减小时，输出电压的变化如下：

当 $\dfrac{1}{3}V_{CC} < u_i < \dfrac{2}{3}V_{CC}$ 时，$U_{C1}=U_{C2}=0$，则 $u_o=U_{OL}$ 不变；

当 $u_i < \dfrac{1}{3}V_{CC}$ 时，$U_{C1}=0$、$U_{C2}=1$，$Q=1$，则 $u_o=U_{OH}$。

因此，输出由低电平转换成高电平的电压值为 $U_{T-} = \dfrac{1}{3}V_{CC}$。

由此得到电路的回差电压为

$$\Delta U_T = U_{T+} - U_{T-} = \dfrac{1}{3}V_{CC}$$

图 5-35 所示为电路的电压传输特性，可以看出它是一个典型的反相输出的施密特触发特性。

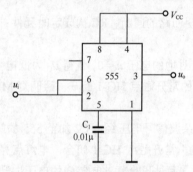

图 5-34　555 构成施密特触发电路

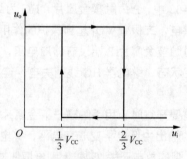

图 5-35　电路的电压传输特性

如果参考电压由外接的电压 U_{CO} 供给，则不难看出这时 $U_{T+} = U_{CO}$，$U_{T-} = \dfrac{1}{2}U_{CO}$，$\Delta U_T = \dfrac{1}{2}U_{CO}$。

通过改变 U_{CO} 值可以调节回差电压的大小，但控制电压 U_{CO} 的最大值不能超过电源电压 V_{CC}。例如，外接电压 U_{CO} 为 4V，则回差电压为 1/2U_{CO}=2V。

2. 应用实例

555 构成的施密特触发电路在波形变换、波形整形中得到了广泛的应用。

（1）波形变换。

在图 5-34 所示的电路中，电源电压为+5V，输入信号为正弦信号，$u_{pp}=5V$，$f=1kHz$，则

$U_{T+} = \dfrac{2}{3}V_{CC} \approx 3.33V$，$U_{T-} = \dfrac{1}{3}V_{CC} \approx 1.67V$。施密特触发电路的波形变换如图 5-36 所示。

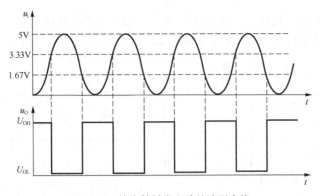

图 5-36　施密特触发电路的波形变换

从输出波形可知，555 构成的施密特触发电路把正弦信号变成了矩形波，实现了波形的变换。同样可以把三角波、锯齿波等变换成方波。

（2）光控照明电路。

555 时基电路构成的光控照明电路如图 5-37 所示。

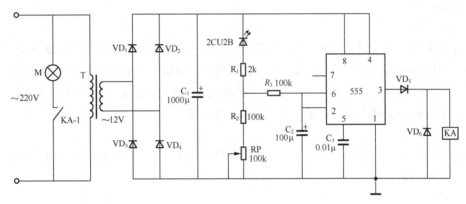

图 5-37　555 时基电路构成的光控照明电路

图 5-37 所示的电路中，T 为变压器，将交流 220V 的电压变换为交流 12V；$VD_1 \sim VD_4$ 构成桥式整流电路，交流电压变换成直流电压；电容器 C_1 组成一个简单的电容滤波电路，滤波后得到比较平稳的直流电压波形；光敏二极管 2CU2B 随着光照的不同阻值发生变化，改变 555 时基电路的输入电压；VD_5、VD_6 对 555 时基电路加以保护；555 时基电路接成施密特触发电路的状态，输出电压随着输入电压（2 脚和 6 脚对地的电压）的大小而改变，具有高电平和低电平两种稳定状态，控制继电器 KA 的通断，继而实现照明灯 M 的亮和灭。

工作原理为：当光敏二极管 2CU2B 受到光照时，其内阻变小，555 时基电路的 2 脚和 6 脚电压高于 $2/3V_{CC}$，3 脚输出低电平，继电器处于断开状态，照明灯 M 不亮。当晚上光敏二极管 2CU2B 得不到光照或光照微弱时，其内阻变大，555 时基电路的 2 脚和 6 脚电压低于 $1/3V_{CC}$，3 脚输出高电平，继电器得电吸合，照明灯 M 点亮。为了防止继电器断开时产生较高的电动势而损坏 555 时基电路，增加 VD_5、VD_6 对电路加以保护。

5.4.4　555 时基电路构成无稳态电路

1. 555 时基电路构成无稳态电路的工作原理

图 5-38（a）所示为 555 时基电路构成的多谐振荡器电路，电路无须外加触发脉冲，利用外接的

RC 电路的进行充、放电，改变高、低触发端的电平，使输出端置 0 或置 1，得到连续的脉冲信号，输出为矩形波。因为输出信号在高低电平之间转换，因此也称为无稳状态。

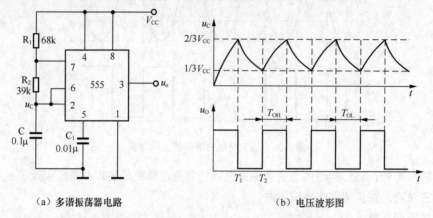

（a）多谐振荡器电路　　　　　　　　（b）电压波形图

图 5-38　555 构成无稳态（自激多谐振荡器）电路

工作原理如下。

（1）暂稳态 I。

接通电源瞬间（$t=0$）时，电容 C 来不及充电，u_C 为低电平，此时 555 时基电路内 RS 锁存器置 1，即 $Q=1$，故 $u_o=U_{OH}$；同时由于 $\overline{Q}=0$，放电管 T_D 截止，电容 C 开始充电，充电回路为 $V_{CC} \rightarrow R_1 \rightarrow R_2 \rightarrow C \rightarrow$ 地，充电时间为 $T_1=(R_1+R_2)C\ln2$，电路进入暂稳态，电容 C 上的电压 u_C 随时间 t 按指数规律上升，输出电压 u_o 稳定在高电平。电压波形如图 5-38（b）所示。

（2）自动翻转 I。

当电容两端电压 u_C 上升到 2/3 V_{CC} 时，RS 锁存器 Q 由 1 变为 0，输出 u_O 由高电平变为低电平，定时电容 C 充电结束。

（3）暂稳态 II。

此时 $Q=0$，$\overline{Q}=1$，因此放电管 T_D 导通，电容 C 开始放电，放电回路为 $C \rightarrow R_2 \rightarrow T_D \rightarrow$ 地，放电时间为 $T_2=R_2C\ln2$，电容 C 上的电压 u_C 随时间 t 按指数规律下降，输出电压 u_o 稳定在低电平。

（4）自动翻转 II。

当电容上的电压 u_C 下降到了 1/3 V_{CC} 时，RS 锁存器 Q 由 0 变为 1，输出 u_O 由低电平变为高电平，定时电容 C 放电结束。

随着时间的变换，电路重复上述过程，电路没有稳态，只有两个暂稳态交替变化，输出为连续的矩形波脉冲信号。

振荡周期：$T = T_1 + T_2 = (R_1 + 2R_2)C\ln2 \approx 0.7(R_1 + 2R_2)C$

振荡频率：$f=1/T$

占空比为：$q = \dfrac{T_1}{T} = \dfrac{0.7(R_1 + R_2)C}{0.7(R_1 + 2R_2)C} = \dfrac{R_1 + R_2}{R_1 + 2R_2}$

根据图 5-38 中元件的参数，可知：

振荡周期：$T = 0.7(R_1 + 2R_2)C = 0.7 \times (68 + 2 \times 39) \times 10^3 \times 0.1 \times 10^{-6} \approx 0.01\text{(s)}$

振荡频率：$f=1/T=100\text{Hz}$

占空比：$q = \dfrac{T_1}{T} = \dfrac{R_1 + R_2}{R_1 + 2R_2} = \dfrac{68 + 39}{68 + 2 \times 39} = 73.3\%$

从上式可以看出，占空比始终是大于 50%，如果需要方波信号，还需要对电路进行改进，可以利用二极管的单向导电性，设计成占空比可调的自激多谐振荡电路，如图 5-39 所示。

当 555 定时器输出高电平时，放电管 T_D 截止，电源 V_{CC} 对电容 C 充电，充电回路为 $V_{CC} \rightarrow R_1 \rightarrow R_{W1} \rightarrow VD_1 \rightarrow C \rightarrow$ 地，充电时间为 $T_1 = (R_1 + R_{W1})C\ln2$，电路进入暂稳态。

当电容两端电压 u_C 充电到 2/3 V_{CC} 时，输出 u_O 由高电平变为低电平，定时电容 C 充电结束。放电管 T_D 导通，电容 C 开始放电，放电回路为 $C \rightarrow VD_2 \rightarrow R_2 \rightarrow VD_2 \rightarrow R_{W2} \rightarrow T_D \rightarrow$ 地，放电时间为 $T_2 = (R_2 + R_{W2})C\ln2$，当电容上的电压 u_C 下降到了 1/3 V_{CC} 时，输出 u_O 由低电平变为高电平，定时电容 C 放电结束。如此循环下去便可稳定地输出矩形波。

振荡周期：$T = T_1 + T_2 = (R_1 + R_2 + R_W)C\ln2 \approx 0.7(R_1 + R_2 + R_W)C$

振荡频率：$f = 1/T$

占空比：$q = \dfrac{T_1}{T} = \dfrac{R_1 + R_{W2}}{R_1 + R_2 + R_W}$

如果取 $R_1 = R_2$，调整 R_W 的中间抽头，可以改变占空比 q，如果使得 $R_{P1} = R_{P2}$，可得占空比 $q = 50\%$，输出为方波。

2. 应用实例

（1）火警温控报警电路。

火警温控报警电路是利用三极管反向饱和电流随着温度的变化不同而变化，从而控制 555 时基电路复位端的原理而实现的。图 5-40 所示为自激多谐振荡器用于简易温度控制的报警电路。

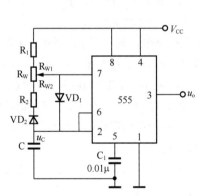

图 5-39　555 构成占空比可调的自激多谐振荡电路

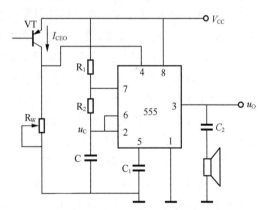

图 5-40　555 构成的温度控制报警电路

在图 5-40 中，555 时基电路与外围元件 R_1、R_2 和 C 组成多谐振荡器，其复位端 4 脚通过 R_W 接地；器件 VT 是由锗材料构成的三极管，它的基极开路，锗材料的三极管穿透电流 I_{CEO}（基极开路时，由集电区穿过基区流向发射区的反向饱和电流）大，而且对温度的变化比较敏感；R_W 与三极管 T 串联，流过的电流为三极管的穿透电流 I_{CEO}；输出端通过电容 C_2 与声音报警器连接。

常温下锗管穿透电流 I_{CEO} 较小，一般在 $10 \sim 50\mu A$，因此 R_W 上产生的电压较低，则 555 时基电路复位端 4 脚 $\overline{R}$ 的电压较低，则 555 时基电路于复位状态，输出为低电平，多谐振荡器不能振荡，声音报警器不发声。

当周围温度发生变化时，I_{CEO} 增大，R_W 上产生的电压增大，复位端 4 脚 $\overline{R}$ 的电压为高电平，自激多谐振荡器开始振荡输出，报警器发出报警声。

（2）水位监控电路。

图 5-41 所示为 555 时基电路构成的自激多谐振荡器，用于水位监控电路的报警。

水位监控电路是改变自激多谐振荡器外围电容 C 的电压来控制 555 时基电路的输出来实现报警功能的。水位正常情况下，电容 C 被短接，6 脚电压 u_{I1}<2/3 V_{CC}，2 脚电压 u_{I2}<1/3 V_{CC} 时，锁存器被置 1，u_O 为高电平，报警器不发声；当水位下降到探测器以下时，电容 C 正常接入电路，555 时基电路构成的自激多谐振荡器工作，输出为矩形波，驱动扬声器发出报警声音。

（3）门铃电路。

图 5-42 所示为 555 时基电路构成的自激多谐振荡器门铃控制电路。

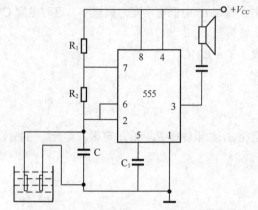

图 5-41　555 构成的水位监控电路的报警电路　　　图 5-42　555 构成的自激多谐振荡器门铃控制电路

开关 S 是启动门铃响的按钮开关，在没有按下的状态，电容 C_1 回路不能接通，无法进行充电，因此 4 脚处的电压为 0，复位端一直处于低电平，使得输出电压一直为 0，扬声器无法工作，不能发出声音。此时 C_2 通过 R_1、R_2、R_3 进行充电，充满电后其电压接近于电源电压。

当闭合开关 S 时，V_{CC} 的电流流过二极管 VD_1 对电容 C_1 进行充电，其两端电压升高，4 端口的电压也开始逐渐升高。当 C_1 端电压上升为高电平时，即 4 端口输入的是高电平，由 VD_2、R_2、R_3 和 C_2 组成的多谐振荡器开始工作，输出频率为 f_1=1/0.7$(R_2+2R_3)C_2$，输出端有电流时就会使扬声器发声。

当断开开关 S 时，C_1 和 R_3 组成放电回路，C_1 开始放电。同时 R_1、R_2、R_3 和 C_2 组成多谐振荡器开始工作，输出频率为 f_2=1/0.7$(R_1+R_2+2R_3)C_2$，输出端有电流时就会使扬声器发声。

当 C_1 放电完毕的时候，4 端口又恢复低电平，555 定时器停止工作。

因为输出端输出不同的频率，分别为 f_1 和 f_2，因此发出的声音就不同。通过选择元件的参数，设计了两种不同的频率，扬声器就会发出"叮""咚"两种不同的声音。

（4）救护车双音报警电路。

本电路由两个 555 时基电路构成，因此可采用双时基电路集成电路 556 构成。

556 集成电路由两个 555 时基电路构成，工作电压范围为 4.5～16V；最大工作频率为 500kHz；功耗为 600mW。556 集成电路的外形和引脚分布如图 5-43 所示。

（a）556 外形图　　　　　　　（b）556 引脚分布图

图 5-43　556 集成电路的外形和引脚分布

图 5-44 所示为 556 构成的自激多谐振荡器救护车双音报警电路。

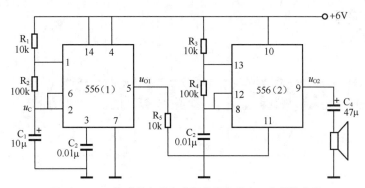

图 5-44　556 构成的自激多谐振荡器救护车双音报警电路

556（1）构成的自激多谐振荡器的输出振荡方波（5 脚）通过 R_5 接至 556（2）的控制端（11 脚），控制 556（2）振荡器的振荡频率。

因为 556（2）的控制端（11 脚）外接了参考电压，当参考电压改变时，输出的频率发生改变。当 556（1）输出的方波为低电平时，通过 R_5 接至 556（2）的控制端（11 脚），556（2）的振荡频率就变低；当 556（1）输出的方波为高电平时，556（2）的振荡频率就变高，556（2）变化输出信号通过 C_1 使扬声器发出交错的救护车警笛声。

改变第一级振荡器的频率可以改变高低音交替出现的周期，改变第二级的电阻值可以改变高低音的频率。

两级振荡器的输出波形如图 5-45 所示。

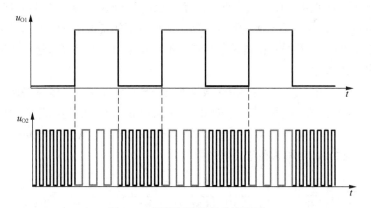

图 5-45　两级振荡器的输出波形

除以上应用实例外，555 时基电路还可以用于产生锯齿波、电动机调速控制电路等多种用途，这里就不再一一举例。

第6章

模/数和数/模转换电路

信号处理是数字技术中非常重要的一个环节，包括模拟信号转换为数字信号（A/D）和数字信号转换成模拟信号（D/A）。本章主要讲解 A/D 和 D/A 的转换原理，介绍转换步骤以及常用的集成 A/D 和 D/A 转换器，并针对具体集成转换器介绍了其常见的应用电路。

6.1 概述

随着数字电子技术的迅速发展以及计算机在信息处理、自动检测和自动控制系统中的广泛应用，模拟信号和数字信号之间的变换越来越重要。在自动控制系统中，被控制和被测量的对象往往是一些连续变化的物理量，如温度、压力、流量、速度、电流、电压等。这些随时间连续变化的物理量，称为模拟量（Analog）；计算机参与测量和控制时，模拟量不能直接送入计算机，必须先把它们转换成数字量（Digital）；同样计算机输出的是数字量，不能直接用于使用模拟量的控制执行部件，必须将这些数字量转换成模拟量。

在图 6-1 所示的系统中，模/数和数/模转换是非常重要的一个环节，能够将模拟量转换成数字量的器件称为模拟/数字转换器，简称 ADC（Analog-Digital Converter）；能够将数字量转换成模拟量的器件称为数字/模拟转换器，简称 DAC（Digital-Analog Converter）。ADC 和 DAC 是沟通模拟电路和数字电路之间联系的桥梁，也称为两者之间的接口。

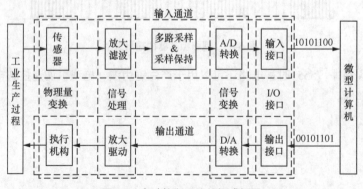

图 6-1　自动控制系统的组成框图

模/数（A/D）转换是将传感器采集处理后的信号进行变换，变换成数字信号。一般传感器由电容、电阻、电感或敏感材料组成，传感器能够把非电物理量转换成电参量（电流或电压），这些电参量的变化非常微弱，极易受到干扰，需要进行信号放大处理，一个采集系统往往需要采集多路模拟信号，多路转换器进行采样保持，然后转化为数字信号。A/D 转换器可以分为直接 A/D 转换器和间接 A/D 转换器。直接 A/D 转换器就是模拟信号直接转换成数字信号，常用的有并联比较型 A/D 转换器、逐次逼近式 A/D 转换器；间接 A/D 转换器就是模拟电压信号先转换成中间变量（时间或频率等），中间变量再转换成数字信号，例如双积分型 A/D 转换器就是间接 A/D 转换器。中间变量为时间的转换器一般称为 V-T 变换型 A/D 转换器，中间变量为频率的转换器一般称为 V-F 变换型 A/D 转换器。

转换后的数字信号经中央处理器进行数据处理后输出，输出的信号依然是数字信号，这些信号不能直接驱动执行机构，需要进行数字/模拟转换（D/A），D/A 转换器分为电流求和型转换器和分压器型转换器。电流求和型转换器就是当数字量输入时，将数值为 1 的支路电流相加，得到与数字量成正比的电流信号，这个电流流过电阻，转换成电压输出信号。常见的有权电阻型 D/A 转换器、权电流型 D/A 转换器、倒 T 形电阻网络 D/A 转换器就是这种类型。分压器型转换器是用数字量控制分压器的开关，使输出电压与输入的数字量成正比，常用的有开关树形 D/A 转换器和权电容网络 D/A 转换器。

无论是 A/D 转换器还是 D/A 转换器，必须有足够的转换精度，才能保证数据处理结果的准确性。同时还要有足够快的转换速度，满足控制和检测的需要。

D/A 转换器的工作原理相对简单，而且在一些 A/D 转换器中用 D/A 作为内部的组成电路模块，因此先介绍 D/A 转换器的相关知识。

6.2 数/模（D/A）转换器

D/A 转换器有不同类型，各种类型的转换原理不尽相同，这里主要介绍几种常用的 D/A 转换器。

6.2.1 权电阻型 D/A 转换器

在第 2 章的知识讲解中，我们知道一个 n 位二进制数可以用 $D_n=d_{n-1}d_{n-2}\cdots d_1d_0$ 表示，从最高位（Most Significant Bit，MSB）到最低位（Least Significant Bit，LSB）的权依次位 2^{n-1}、2^{n-2}、$\cdots$、2^1、2^0。

图 6-2 所示为 4 位权电阻网络 D/A 转换器，它包括权电阻网络、电子模拟开关、求和运算放大器、基准电压 4 部分。

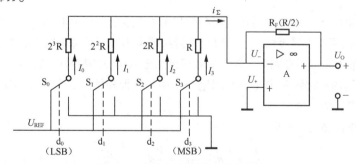

图 6-2　4 位权电阻网络 D/A 转换器

分析电路时，运算放大器看成理想运算放大器，$U_+\approx U_-=0$，可得到：

$I_3 = \dfrac{U_{REF}}{R}d_3$，当 $d_3=1$ 时，模拟开关 S_3 接通到 1 状态，$I_3 = \dfrac{U_{REF}}{R}$；当 $d_3=0$ 时，模拟开关 S_3 接通到 2 状态，$I_3=0$。

$$I_2 = \frac{U_{\text{REF}}}{2R} d_2$$ ，当 d_2=1 时，模拟开关 S_2 接通到 1 状态， $I_2 = \frac{U_{\text{REF}}}{2R}$ ；当 d_2=0 时，模拟开关 S_2 接通到 2 状态， I_2=0。

$$I_1 = \frac{U_{\text{REF}}}{2^2 R} d_1$$ ，当 d_1=1 时，模拟开关 S_1 接通到 1 状态， $I_1 = \frac{U_{\text{REF}}}{2^2 R}$ ；当 d_1=0 时，模拟开关 S_1 接通到 2 状态， I_1=0。

$$I_0 = \frac{U_{\text{REF}}}{2^3 R} d_0$$ ，当 d_0=1 时，模拟开关 S_0 接通到 1 状态， $I_0 = \frac{U_{\text{REF}}}{2^3 R}$ ；当 d_0=0 时，模拟开关 S_0 接通到 2 状态， I_0=0。

利用节点电流定律可知：

$$
\begin{aligned}
i_\Sigma &= I_3 + I_2 + I_1 + I_0 \\
&= \frac{U_{\text{REF}}}{R} d_3 + \frac{U_{\text{REF}}}{2R} d_2 + \frac{U_{\text{REF}}}{2^2 R} d_1 + \frac{U_{\text{REF}}}{2^3 R} d_0 \\
&= \frac{U_{\text{REF}}}{2^3 R} (2^3 d_3 + 2^2 d_2 + 2^1 d_1 + 2^0 d_0)
\end{aligned}
$$

集成运算放大器构成反相比例运算电路，$U_O = -R_F i_\Sigma$ ，又因 R_F=1/2R，则：

$$U_O = -\frac{U_{\text{REF}}}{2^4} (2^3 d_3 + 2^2 d_2 + 2^1 d_1 + 2^0 d_0)$$

通过上式可以看出，输出的模拟电压与输入的数字量成正比，实现了数字信号到模拟信号的转换。

如果该 D/A 转换器为 n 位二进制数，在 4 位的基础上增加电阻网络即可，如果为 n 位数，则输出电压为：

$$U_O = -\frac{U_{\text{REF}}}{2^n} (2^{n-1} d_{n-1} + 2^{n-2} d_{n-2} + \cdots + 2^2 d_2 + 2^1 d_1 + 2^0 d_0)$$

图 6-2 所示的 D/A 转换器电路简单，易于理解，但是各电阻的阻值相差较大且电阻网络相邻电阻的阻值严格相差两倍，当输入的位数增加时，问题更是突出，为了解决这个问题，研制出了倒 T 形电阻网络 D/A 转换器。

6.2.2 倒 T 形电阻网络 D/A 转换器

4 位倒 T 形电阻网络 D/A 转换器的电路结构如图 6-3 所示。它由 R-2R 倒 T 形电阻网络、电阻模拟开关 $S_0 \sim S_3$ 和运算放大器等组成。运算放大器接成反相比例运算电路，其输出为模拟电压 U_0。d_3、d_2、d_1 和 d_0 为输入 4 位二进制数，各位的数码分别控制相应的模拟开关。当二进制数码为 1 时，开关接到运算放大器的反相输入端（ $U_- \approx 0$ ），即图 6-3 中的模拟开关的 2 位；二进制数码为 0 时接"地"，即图 6-3 中的模拟开关的 1 位。

根据图 6-3 的电路结构，得到：

$$i_\Sigma = \frac{I}{2} d_3 + \frac{I}{4} d_2 + \frac{I}{8} d_1 + \frac{I}{16} d_0$$

集成运算放大器构成反相比例运算电路，$U_O = -R i_\Sigma$ ，则：

$$U_O = -\frac{U_{\text{REF}}}{2^4} (2^3 d_3 + 2^2 d_2 + 2^1 d_1 + 2^0 d_0)$$

通过上式可以看出，输出的模拟电压与输入的数字量成正比，实现了数字信号到模拟信号的转换。

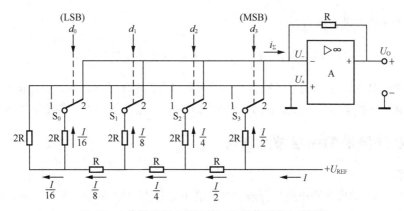

图 6-3   4 位倒 T 形电阻网络 D/A 转换器的电路结构

如果 D/A 转换器为 n 位二进制数，在 4 位的基础上增加电阻网络即可，如果为 n 位数，则输出电压为：

$$U_O = -\frac{U_{REF}}{2^n}(2^{n-1}d_{n-1} + 2^{n-2}d_{n-2} + \cdots + 2^2 d_2 + 2^1 d_1 + 2^0 d_0)$$

图 6-3 所示的 D/A 转换器电阻上始终有电流流过，转换速度高，而且只有两种阻值的电阻，克服了权电阻型 D/A 转换器各电阻的阻值相差较大的缺点。

6.2.3   开关树形 D/A 转换器

开关树形 D/A 转换器电路由电阻分压器和接成树状的开关网络组成。

3 位二进制数码的开关树形 D/A 转换器的电路结构如图 6-4 所示。

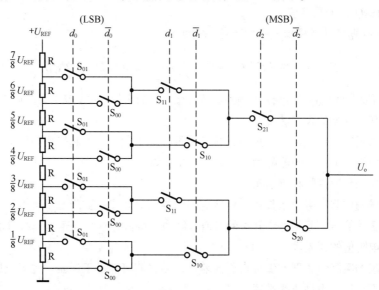

图 6-4   3 位二进制数码的开关树形 D/A 转换器的电路结构

图 6-4 中这些开关的状态分别受 3 位输入代码状态的控制。

当 $d_2=1$ 时，S_{21} 接通而 S_{20} 断开；当 $d_2=0$ 时，S_{20} 接通而 S_{21} 断开。同理，S_{11} 和 S_{10} 两组开关的状态由 d_1 的状态控制，S_{01} 和 S_{00} 两组开关由 d_0 的状态控制。由图 6-4 可知

$$U_O = \frac{U_{REF}}{2}d_2 + \frac{U_{REF}}{2^2}d_1 + \frac{U_{REF}}{2^3}d_0 = \frac{U_{REF}}{2^3}(2^2 d_2 + 2^1 d_1 + 2^0 d_0)$$

对于输入为 n 位二进制数的 D/A 转换器则有：

$$U_O = \frac{U_{REF}}{2^n}(2^{n-1}d_{n-1} + 2^{n-2}d_{n-2} + \cdots + 2^2d_2 + 2^1d_1 + 2^0d_0)$$

这种开关树形 D/A 转换器的电阻种类单一，而且输出取电压信号，基本不取电流，对开关的导通内阻要求不高，转换速度快。缺点是转换位数增加时，电阻开关器件的数量呈 2^n 增加。

6.2.4 DAC 转换器的主要技术指标

1. 分辨率

分辨率是指 DAC 转换器输出所能分辨出来的最小电压值（输入的数字代码只有最低有效位为 1，其余为 0）和最大电压值（输入的数字代码全部为 1）的比值。即：

$$\frac{U_{LSB}}{U_{MSB}} = \frac{-U_{REF}}{2^n} / \frac{-(2^n-1)U_{REF}}{2^n} = \frac{1}{2^n-1}$$

假如 10 位 D/A 转换器，它的分辨率为：$\frac{1}{2^{10}-1} = \frac{1}{1023} \approx 0.001$。

分辨率表示 DAC 转换器在理论上能够达到的精度。

2. 转换误差

DAC 转换器各个环节在性能和参数上与理论值之间存在的误差，即实际达到的数据与理论数据存在的误差。转换误差为实际的转换数据与理想数据之间的最大偏差。这个误差是一个综合性的指标，影响的因素很多，主要有以下几个方面。

（1）基准电压 U_{REF} 的稳定度。

根据 DAC 转换器转换成模拟电压的计算公式如下：

$$U_O = -\frac{U_{REF}}{2^n}(2^{n-1}d_{n-1} + 2^{n-2}d_{n-2} + \cdots + 2^2d_2 + 2^1d_1 + 2^0d_0)$$

从上述公式可以看出 U_{REF} 的变化所引起的误差和输入的数字量的大小成正比，也称为比例系数误差。

（2）集成运算放大器的零点漂移。

集成运算放大器在使用过程中难免引起零点漂移，这个漂移会引起输出电压的误差，这个误差与输入数字的大小没有关系，一般称为漂移误差或平移误差。

（3）模拟开关的导通内阻和导通压降。

模拟开关的导通内阻和导通压降在分析电路的时候认为为零，实际上不可能为零，它们的存在必定引起输出电压的偏差，而且每个开关的导通压降也不相同，这个误差是非线性的。

（4）电路中电阻值的误差。

每个支路电阻的实际值和理论值存在着误差，这种误差可能是正误差，也可能是负误差，对输出电压的影响也不一样，也是非线性的。

除了上述因素外，还包括电路工作过程中的动态误差以及环境温度对转换精度的影响等因素。

3. 转换速度

无论哪一种电路结构的 D/A 转换器，里面都包含由许多由半导三极管组成的开关元件，这些开关元件开、关状态的转换都需要一定的时间；而且各种 D/A 转换不可避免地存在着寄生电容，这些电容的充、放电也需要一定的时间才能完成；此外，运算放大器输入端电压发生跳变时，输出端的电压必须经过一段时间才能稳定地建立起来。所有这些因素都限制了 D/A 转换器的转换速度。通常

从输入的数字量发生突变开始,到输出电压进入与稳态

值相差 $\pm\dfrac{1}{2}$ LSB 范围以内的这段时间,称为建立时间,

用 t_{set} 表示,如图 6-5 所示。

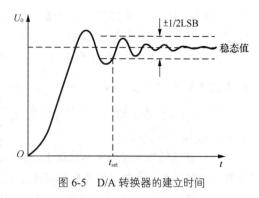

图 6-5　D/A 转换器的建立时间

建立时间是 D/A 转换速率快慢的一个重要参数。建立时间越大,转换速率越低。不同型号 DAC 的建立时间一般从几毫秒到几微秒。若输出形式是电流,DAC 的建立时间是很短的;若输出形式是电压,DAC 的建立时间主要是输出运算放大器所需要的响应时间。

6.2.5　DAC0832 集成转换器

1. DAC0832 的结构组成

DAC0832 是 8 位的 D/A 转换集成芯片,转换速度很快,电流建立时间为 $1\mu s$,与单片机一起使用时,D/A 转换过程无须延时等待。DAC0832 由 8 位输入寄存器、8 位 DAC 寄存器和 8 位 D/A 转换器及转换控制电路构成,其原理方框图如图 6-6 所示。由于其芯片内有输入数据寄存器,故可以直接与单片机接口。

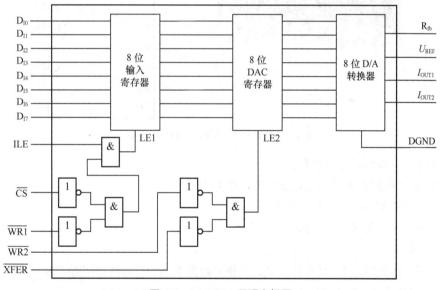

图 6-6　DAC0832 原理方框图

集成电路内有两级输入寄存器,第一级寄存器为 8 位输入寄存器,它的寄存信号为 ILE;第二级寄存器称为 DAC 寄存器,它的寄存信号为传输控制信号 $\overline{XFER}$,根据对 DAC0832 的输入寄存器和 DAC 寄存器不同的控制方法,DAC0832 有三种工作方式。

（1）单缓冲方式。单缓冲方式是控制输入寄存器和 DAC 寄存器同时接收数据,或者只用输入寄存器而把 DAC 寄存器接成直通方式。此方式适用于只有一路模拟量输出或几路模拟量异步输出的情形。

（2）双缓冲方式。双缓冲方式是先使输入寄存器接收数据,再控制输入寄存器的输出数据到 DAC 寄存器,即分两次锁存输入信号。此方式适用于多个 D/A 转换同步输出的情形。

（3）直通方式。直通方式是数据不经两级寄存器寄存,即 $\overline{WR_1}$、$\overline{WR_2}$、$\overline{XFER}$、$\overline{CS}$ 均接

地，ILE 接高电平。此方式适用于连续反馈控制线路，在使用时，必须通过另加 I/O 接口与 CPU 连接，以匹配 CPU 与 D/A 转换。

8 位 D/A 转换器由倒 T 形 R-2R 电阻网络、模拟开关、运算放大器和参考电压 U_{REF} 组成。

运算放大器输出的模拟量 U_O 为：$U_O = -\dfrac{U_{REF}}{2^n}(2^{n-1}d_{n-1} + 2^{n-2}d_{n-2} + \cdots + 2^2 d_2 + 2^1 d_1 + 2^0 d_0)$

输出的模拟量与输入的数字量 $(2^{n-1}d_{n-1} + 2^{n-2}d_{n-2} + \cdots + 2^2 d_2 + 2^1 d_1 + 2^0 d_0)$ 成正比，实现了从数字量到模拟量的转换。

D/A 转换结果采用电流形式输出。若需要相应的模拟电压信号，可通过一个高输入阻抗的线性运算放大器实现。运放的反馈电阻可通过 R_{fb} 端引用芯片内固有电阻，也可外接。DAC0832 逻辑输入满足 TTL 电平，可直接与 TTL 电路或微机电路连接。

2. DAC0832 的引脚功能介绍

DAC0832 的外形及引脚分布图如图 6-7 所示。

图 6-7　DAC0832 的外形及引脚分布图

DAC0832 的引脚功能说明如下。

$D_0 \sim D_7$：8 位数据输入端，D_0 是最低位，D_7 是最高位。

ILE：输入寄存器的锁存信号，高电平有效。

$\overline{CS}$：片选信号，即输入寄存器选择信号，低电平有效，与 ILE 共同作用，对 WR1 信号进行控制，低电平有效。

$\overline{WR1}$：写入控制信号 1，低电平有效，用于将数据总线的输入数据锁存于 8 位输入寄存器中；

$\overline{XFER}$：数据传送控制信号，低电平有效，对 WR2 信号控制进行。

$\overline{WR2}$：写入控制信号 2，低电平有效，用于将锁存于 8 位输入寄存器中的数据传送到 8 位 D/A 寄存器锁存起来。

U_{REF}：基准电源输入端，通过它将外加高精度的电压源接到 T 形电压网络，电压范围为 $-10 \sim +10V$；

R_{fb}：反馈电阻，是集成在芯片内的外接运算放大器的反馈电阻。

I_{OUT1}、I_{OUT2}：DAC 电流输出端。电流 I_{OUT1} 与 I_{OUT2} 的和为常数，I_{OUT1}、I_{OUT2} 随 DAC 寄存器的内容线性变化。

U_{CC}：电源电压，其范围为 $+5 \sim +15V$。

AGND：模拟接地端。

DGND：数字接地端。

3. 输出形式

（1）单极性输出。

DAC0832 单极性输出如图 6-8 所示。由运算放大器进行电流到电压的转换，使用内部反馈电阻。

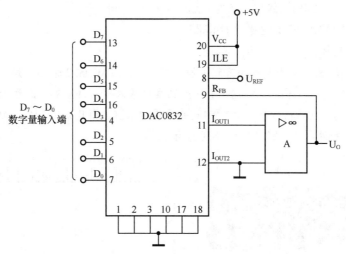

图 6-8　DAC0832 单极性输出

$U_O = -\dfrac{D}{256}U_{REF}$，D 为 8 位二进制数对应的十进制数，D=0～255。

$D = 0 \sim 255$ 时，则 $U_O = 0 \sim -\dfrac{255}{256}U_{REF}$。

$U_{REF} = -5V$，$U_O = [0 \sim 5 \times (255/256)]V$；$U_{REF} = +5V$，$U_O = [0 \sim -5 \times (255/256)]V$。

（2）双极性输出。

DAC0832 双极性输出如图 6-9 所示。如果在实际应用中要求输出为双极性，可采用此种输出形式。

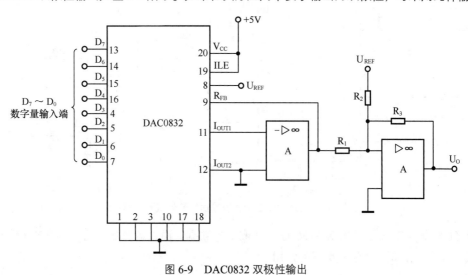

图 6-9　DAC0832 双极性输出

图中，$R_2 = R_3 = 2R_1$。

$$U_O = 2U_{REF}\dfrac{D}{256} - U_{REF} = \left(\dfrac{2D}{256} - 1\right)U_{REF}$$

若 $D=0$，$U_O = -U_{REF}$；$D=128$，$U_O=0$；

若 $D=255$，$U_O = \left(\dfrac{2\times255}{256}-1\right)U_{REF} \approx U_{REF}$；

即输入数字为 $0 \sim 255$ 时，输出电压在 $-U_{REF} \sim +U_{REF}$ 之间变化。

4. D/A 转换器 DAC0832 的实用电路

（1）DAC0832 转换器的功能验证试验电路。

以下是按照 DAC0832 工作在直通方式下设计的电路。DAC0832 输出的是电流，要获得模拟电压输出，即要转换为电压，还必须经过一个外接的运算放大器，外接的集成运算放大器采用集成四运放 LM324，它的内部包含四组形式完全相同的运算放大器，除电源共用外，四组运放相互独立。集成四运放 LM324 的外形和引脚图如图 6-10 所示。

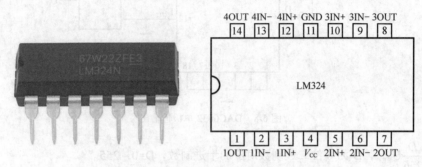

图 6-10　集成四运放 LM324 的外形和引脚图

DAC0832 转换器的功能验证试验电路如图 6-11 所示。

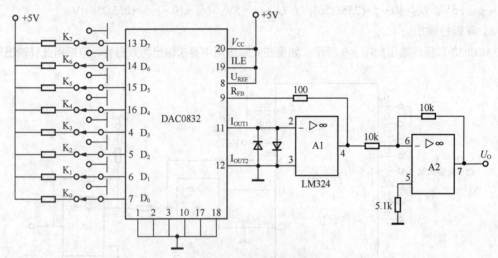

图 6-11　DAC0832 转换器的功能验证试验电路

输入数据 $D_0 \sim D_7$ 通过开关 $K_0 \sim K_7$ 输入 0 或 1 的数据，通过运算放大器 A1 把电流输出转换成电压输出，运算放大器 A2 起到反相的作用。

根据图 6-11 可知，$U_O = \dfrac{D}{256}U_{REF}$，当数字量的十进制数为 255 时，$U_O \approx U_{REF} =5V$；当数字量的十进制数为 128 时，$U_O=2.5V$；当数字量的十进制数为 0 时，$U_O = 0V$。

（2）DAC0832 转换器的功能验证试验电路。

DAC0832 在实际应用中还可以作为信号产生电路。图 6-12 所示为 DAC0832 和计数器 74LS161

（见 4.3.3 节的内容讲述）构成的阶梯波发生电路。

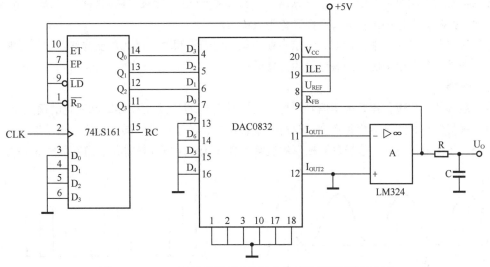

图 6-12　DAC0832 和计数器 74LS161 构成的阶梯波发生电路

将 D/A 转换器的高位 $D_4 \sim D_7$ 均置 0，将低 4 位输入连接到 74LS161 的 $Q_0 \sim Q_3$，为工作在直通方式下设计的双极性输出电路。采用 50Hz 方波作为时钟脉冲输入，连接 74LS161 的 CLK，使用 5V 直流电源为电路供电。在时钟信号作用下，$Q_3 \sim Q_0$ 的输出为 0000 ~ 1001，在 D/A 转换器的作用下，输出波形如图 6-13 所示，输出端 RC 缓冲电路用来去除输出波形中的毛刺现象。

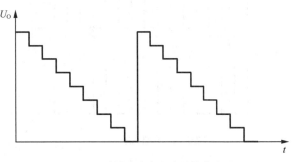

图 6-13　阶梯波发生电路的输出波形

6.3　模/数（A/D）转换器

模/数（A/D）转换器是将模拟量转换成数字量的器件。模拟量可以是电参量，比如电压、电流等信号，也可以非电量，比如声、光、压力、温度等随时间连续变化的非电的信号。非电量可以通过适当的传感器（如光电传感器、压力传感器、温度传感器）转换成电信号。A/D 转换的目的是将模拟量（模拟信号）转换成数字量（数字信号）。

6.3.1　A/D 转换原理

A/D 转换过程是通过采样、保持、量化和编码 4 个步骤完成的。

1. 采样

采样又称为抽样或取样，是利用采样脉冲序列 $P(t)$，从连续时间信号 $X(t)$ 中抽取一系列离散样值，使之成为采样信号 $X(nT_s)$ 的过程，$n= 0，1 \cdots \cdots$。T_s 称为采样间隔或采样周期，$f_s =1/T_s$ 称为采样频率。采样过程如图 6-14 所示。

采样频率的高低影响采样信号表示模拟信号的准确性。采样频率 f_s 一般按照下面原则选取，即

$f_s \geqslant 2f_i(\max)$，也就是采样频率至少是输入信号的最高频率分量两倍以上。

任何模拟信号均可以表示为若干正弦信号之和，$f_i(\max)$ 为谐波中最高频率，又把 $f_i(\max)$ 称为"奈奎斯特频率"。上述的采样频率选择又称为采样定理。

通过采样后的信号可能会含有超过奈奎斯特频率的谐波频率，因此需要滤波器进行滤波，通过低频滤波器滤波后可以消除一些假信号的重叠现象。

2. 保持

由于后续的量化过程需要采样信号保持一定的时间 τ，也就是对于随时间变化的模拟输入信号，要求瞬时采样值在时间 τ 内保持不变，这样才能保证转换的正确性和转换精度，这个过程就是采样保持。经过了采样保持后的信号是阶梯形的连续函数 $X_s(t)$。采样保持操作示意图如图 6-15 所示。

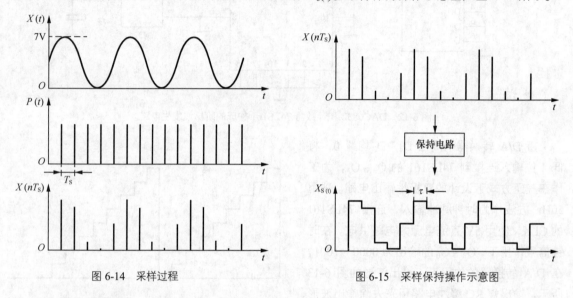

图 6-14 采样过程　　　　　　　　图 6-15 采样保持操作示意图

3. 量化与编码

在数据的转换过程中，量化和编码是同时实现的。将模拟值转换成二进制数的过程称为量化和编码。

数字信号在时间和数值上的变化都是不连续的，任何一个数字量的大小都是以某个最小数量单位的整数倍来表示的。因此，在用数字量表示取样电压时，也必须把它化成这个最小数量单位的整数倍，所规定的最小数量单位称为量化单位，用 △ 表示。将量化的结果用二进制代码表示，称为编码。

输入模拟电压通过取样保持后转换成阶梯波，其阶梯幅值仍然是连续可变的，所以它就不一定能被量化单位 △ 整除，因而不可避免地会引起量化误差。对于一定的输入电压范围，输出的数字量的位数越高，△ 就越小，因此量化误差也越小。而对于一定的输入电压范围、一定位数的数字量输出，不同的量化方法，量化误差的大小也不同。

量化的方法有两种，下面以 0～1V 的模拟信号转换成 3 位二进制代码为例进行说明。

第 1 种量化方法：取 $\triangle = U_M/2^n = (1/2^3)\,V = (1/8)\,V$，规定 0△ 表示 0V<$u_i$<（1/8）V，对应的输出二进制代码为 000；1△ 表示（1/8）V<u_i<（2/8）V，对应的输出二进制代码为 001，依此类推，7△ 表示（7/8）V<u_i<1V，对应的输出二进制代码为 111，如图 6-16（a）所示。这种量化方法的最大量化误差为△。

以图 6-14 的模拟正弦信号为例，输入信号的幅度变化范围位 0～7V，用 3 位二进制数进行编码，将 0～7V 分为 8 份，每份为 0.875，所以 0～0.875V 为第一份，以 0 为基准，在 0～0.875V 范围内的电压都当成 0V，用"000"编码；0.875~1.75V 为第二份，在 0.875~1.75V 范围内的电压用"001"编码；1.75~2.625V 为第三份，在 1.75~2.625V 范围内的电压用"010"编码；依此类推，6.125~7V 为第八份，在 6.125~7V 范围内的电压用"111"编码。

第 2 种量化方法：取 $\triangle=2U_M/(2^{n+1}-1)=(2/15)$ V，并规定 $0\triangle$ 表示 $0V<u_i<(1/15)$ V，对应的输出二进制代码为 000；$1\triangle$ 表示 $(1/15)$ V$<u_i<(3/15)$ V，对应的输出二进制代码为 001，依此类推，$7\triangle$ 表示 $(13/15)$ V$<u_i<1$V，对应的输出二进制代码为 111，如图 6-16（b）所示。显然，这种量化方法的最大量化误差为 $\triangle/2$。

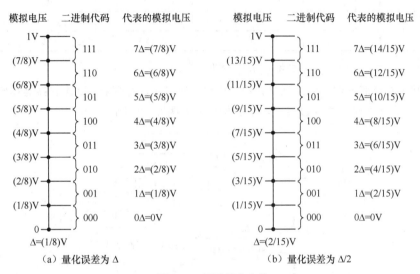

图 6-16 两种量化方法

A/D 转换器有并联比较型 A/D 转换器、逐次逼近式 A/D 转换器等直接转换器；还有双积分型 A/D 转换器、V-T 变换型 A/D 转换器等间接 A/D 转换器。各种类型的转换器的电路结构不同，这里主要介绍常用的逐次逼近式 A/D 直接转换器和双积分型 A/D 间接转换器。

6.3.2 逐次逼近式 A/D 转换器

要想理解逐次逼近式 A/D 转换器的转换过程和原理，首先要掌握什么是逐次逼近，例如用 4 个分别重 8g、4g、2g 和 1g 的砝码去称质量为 13g 的物体，称重顺序见表 6-1。

表 6-1 逐次逼近式称重示例

顺序	砝码重量	比较判别	该砝码是否保留或除去
1	8g	8g < 13g	留
2	8g+4g	12g < 13g	留
3	8g+4g+2g	14g > 13g	去
4	8g+4g+1g	13g=13g	留

逐次逼近过程是用不同的砝码组合依次逼近被测量的数值，小于被测量留下，大于被测量去除，直到等于被测量。

对于 A/D 转换器来说，这个过程就是取一个数字量进行 D/A 转换，得到一个对应的模拟电压，与输入的模拟量比较，如果不相等，则改变所取输入的数字量，直到转换成的模拟量和被转换的模拟量相等，则这个数字量就是最后的转换结果。

例如，被转换的电压为 5.5V，D/A 转换的参考电压 U_{REF} 为 8V，D/A 转换后的电压为 $U_A = -\dfrac{U_{REF}}{2^4}$ $(2^3 d_3 + 2^2 d_2 + 2^1 d_1 + 2^0 d_0)$。逐次逼近过程如表 6-2 所示。

表 6-2　逐次逼近式转换过程

顺序	d_3	D_2	D_1	D_0	U_A(V)	比较判别	1 的留否
1	1	0	0	0	4	$U_A < U_i$	留
2	1	1	0	0	6	$U_A > U_i$	去
3	1	0	1	0	5	$U_A < U_i$	留
4	1	0	0	1	5.5	$U_A = U_i$	留

通过表 6-2 的转换过程可知，转换后的结果为"1001"。

逐次逼近式 A/D 转换器一般由顺序脉冲发生器、逐次逼近寄存器、D/A 转换器和电压比较器等几部分组成，4 位逐次逼近式 A/D 转换器的结构框图如图 6-17 所示。

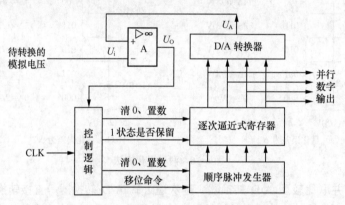

图 6-17　4 位逐次逼近式 A/D 转换器结构框图

转换过程为：顺序脉冲发生器输出的顺序脉冲先将寄存器的最高位置 1，经 D/A 转换器转换为相应的模拟电压 U_A 送入比较器与待转换的输入电压 U_i 进行比较。若 $U_A > U_i$，说明数字量太大，将最高位的 1 去除，将次高位置 1；若 $U_A < U_i$，则说明数字量还不够大，应将该位的 1 保留，还须将下一次高位置 1，这样逐次比较下去，一直到最低位为止。

以 3 位二进制数码的逐次逼近式 A/D 转换器为例，3 位输出的 D/A 转换器完成一次转换需要 5 个时钟信号周期的时间；如果是 4 位输出的 D/A 转换器完成一次转换需要 6 个时钟信号周期的时间；n 位输出的 D/A 转换器完成一次转换需要 $n+2$ 个时钟信号周期的时间。

常用的单片集成逐次逼近式 A/D 转换器有 ADC0809、ADC0804 等。

6.3.3　双积分型 A/D 转换器

1. 双积分型 A/D 转换器的组成

双积分型 A/D 转换器是 V-T 变换型间接 A/D 转换器，双积分型 A/D 转换器的结构框图如图 6-18 所示。

它包含集成运算放大器构成的积分器和比较器、计数器、控制逻辑（时钟控制门电路）等组成。

（1）积分器。

积分器是利用集成运算放大器 A1 组成的积分电路，它是转换器的核心部分，输入端接开关 S_1，

此开关由定时信号 Q_n 控制。当 Q_n 为不同电平时，分别接输入电压 u_I 和参考电压 U_{REF}，这两个量极性相反，因此积分器会分别进行两次方向相反的积分，积分时间常数 $\tau=RC$。

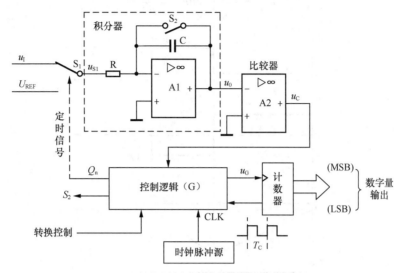

图 6-18 双积分型 A/D 转换器的结构框图

（2）比较器。

比较器为由集成运算放大器 A2 组成的过零比较器，用来确定积分器的输出电压 u_O 过零的时刻。当 $u_O \geq 0$ 时，比较器输出为低电平；当 $u_O < 0$ 时，比较器输出为高电平。比较器的输出信号接至时钟控制门（G）作为关门和开门信号。

（3）计数器。

计数器由 $n+1$ 个触发器 $FF_0 \sim FF_n$ 串联组成。触发器 $FF_0 \sim FF_{n-1}$ 组成 n 位计数器，实现对输入时钟脉冲 CLK 的计数，把与输入电压平均值成正比的时间间隔转变成数字信号输出。当计数到 2^n 个时钟脉冲时，触发器 $FF_0 \sim FF_{n-1}$ 均回到 0 态，而 FF_n 翻转到 1 态，$Q_n=1$ 后开关 S_1 从接入输入信号位置转到接入参考电压位置。

（4）控制逻辑（时钟控制门电路）。

时钟脉冲源标准周期 T_C，作为测量时间间隔的标准时间。当比较器的输出为高电平时，门打开，时钟脉冲通过门加到触发器 FF_0 的输入端。

2. 双积分型 A/D 转换器的原理

双积分型 A/D 转换器的基本原理是对输入模拟电压 u_I 和参考电压 U_{REF} 分别进行两次积分，将输入电压平均值变成与之成正比的时间间隔，然后利用时钟脉冲和计数器测出此时间间隔，进而得到相应的数字量输出。由于该转换电路是对输入电压的平均值进行变换，所以它具有很强的抗工频干扰能力，在数字测量中得到广泛应用。

下面介绍双积分 ADC 电路将模拟电压转换为数字量的工作过程。假如输入信号为正极性的直流电压 u_I，电路工作过程分为以下几个阶段进行，图 6-18 中各处的工作波形如图 6-19 所示。

首先控制电路提供 CLR 信号使计数器清零，同时使开关 S_2 闭合，待积分电容放电完毕后，再将 S_2 断开。

（1）第一次积分。

在转换控制为 1（高电平）时，开始转换。在转换过程开始时（$t=0$），开关 S_1 接通 u_I，正的输入电压 u_I 加到积分器的输入端，积分器从 0V 开始对 u_I 积分，其波形如图 6-19 所示的 u_O 波形中斜线 0-U_p 段，根据积分器的原理可得：

$$u_{O(t_1)} = -\frac{1}{\tau}\int_0^{t_1} u_1 dt = -\frac{T_1}{RC}u_I$$

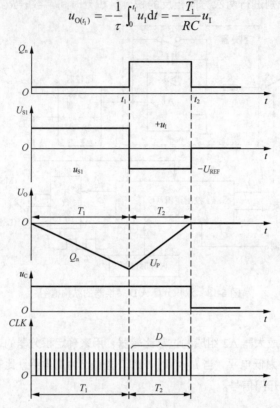

图 6-19 双积分型 A/D 转换器的电压波形图

由于 $u_O<0$，过零比较器输出为高电平，时钟控制门 G 被打开。于是计数器在 CLK 作用下从 0 开始计数，经 2^n 个时钟脉冲后，触发器 $FF_0 \sim FF_{n-1}$ 都翻转到 0 态，这时 $Q_n=1$，$t=t_1$，开关 S_1 从接入输入信号 u_1 位置转到接入参考电压 U_{REF} 位置，第一次积分结束。

第一次积分时间 $t=T_1=2^n T_C$，令 U_1 为输入电压在 T_1 时间间隔内的平均值，可得第一次积分结束时积分器的输出电压 U_p 为：

$$U_P = -\frac{T_1}{\tau}U_1 = -\frac{2^n T_C}{\tau}U_1$$

（2）第二次积分。

当 $t=t_1$ 时，开关 S_1 从接入输入信号位置转到接入参考电压位置，基准电压$-U_{REF}$ 加到积分器的输入端，积分器开始向相反方向进行第二次积分。当 $t=t_2$ 时，积分器输出电压 $u_O \geq 0$，比较器输出为低电平，时钟脉冲控制门 G 被关闭，计数停止。此时输出电压为：

$$u_{O(t_2)} = U_P - \frac{1}{\tau}\int_{t_1}^{t_2}(-U_{REF})dt = 0$$

设在此期间计数器所累计时钟脉冲个数为 D，则有 $T_2=t_2-t_1=DT_C$。而且由

$$\frac{U_{REF}T_2}{\tau} = \frac{2^n T_C}{\tau}U_1,$$

可得 $T_2 = \dfrac{2^n T_C}{U_{REF}}U_1$， $D = \dfrac{2^n}{U_{REF}}U_1$

从以上分析可知，T_2 与 U_1 成正比，T_2 就是双积分 A/D 转换过程中的中间变量。

在计数器中所得的数 D 与在 t_1 取样时间内输入电压的平均值 U_1 成正比。只要 $U_1 < U_{REF}$，转换器就能正常地将输入模拟电压转换为数字量，并能从计数器读取转换的结果。如果取 $U_{REF} = 2^n$V，则 $D = U_1$，计数器所计的数在数值上就等于被测电压。上式中的 D 为计数结果的数字量。

在第二积分阶段结束后，控制电路使开关 S_2 闭合，电容 C 放电，积分器回零，电路再次进入准备阶段，等待下一次转换开始。

双积分 A/D 转换器在取样时间内采用的是输入电压的平均值，因此具有很强的抗工频干扰能力，而且由于计数脉冲个数 λ 与 RC 无关，可以减小由 RC 积分非线性带来的误差。转换精度高，但是转换速度慢，不适于高速应用场合。

常用的单片集成双积分式 A/D 转换器有 MC1443、CC7106 等。

6.3.4 ADC 转换器的主要技术指标

1. 转换精度

单片集成的 A/D 转换器用分辨率和转换误差来描述转换精度。以输出二进制数的位数表示分辨率。位数越多，误差越小，转换精度越高，分辨率也越高。转换误差为实际转换的数字量值和理论上的数字量之间的差别，常用最低有效位的倍数给出。

2. 转换速率

转换速率是指完成一次从模拟转换到数字转换所需要的时间的倒数。积分型 A/D 转换器的转换时间是毫秒级，属低速转换；逐次比较型 A/D 转换器是微秒级，属中速转换；全并行/串并行型 A/D 转换器可达到纳秒级。

3. 量化误差

量化误差是由于 A/D 的有限分辨率而引起的误差，即有限分辨率 A/D 的阶梯状转移特性曲线与无限分辨率 A/D（理想 A/D）的转移特性曲线（直线）之间的最大偏差。通常是 1 个或半个最小数字量的模拟变化量，表示为 1LSB、1/2LSB。

4. 偏移误差

偏移误差是指输入信号为零输出信号不为零时的值，可外接电位器进行调节，调至最小。

5. 满刻度误差

满刻度误差指满刻度输出时对应的输入信号值与理想输入信号值之差。

除上述指标外，还有绝对精度、相对精度、线性度、功率消耗、温度系数、输入模拟电压等。

6.3.5 ADC0809 集成转换器

1. ADC0809 的结构组成

ADC0809 是采用 CMOS 工艺制成的单片 8 位 8 通道逐次逼近式模-数转换器，内部结构如图 6-20 所示。

ADC0809 的内部逻辑结构主要由三部分组成。

第一部分为模拟输入选择部分，包括一个 8 路模拟开关、一个地址锁存译码电路。输入的 3 位通道地址信号由锁存器锁存，经译码电路后控制模拟开关选择相应的模拟输入。

第二部分为转换器部分，主要包括比较器、8 位 A/D 转换器、逐次逼近寄存器 SAR、电阻网络以及控制逻辑电路等。

第三部分为输出部分，包括一个 8 位三态输出缓冲器，可直接与 CPU 数据总线接口。

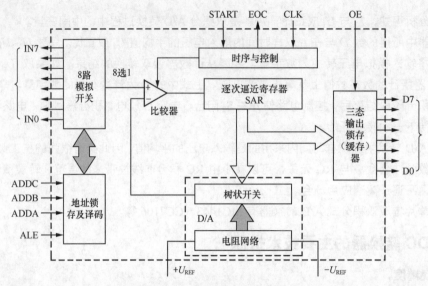

图 6-20　ADC0809 内部结构

ADC0809A/D 转换器的基准电压由外部供给；分辨率为 8 位；内部的三态缓冲器由 OE 控制，当 OE 为高电平时，三态缓冲器打开，将转换结果取出；当 OE 为低电平时，三态缓冲器处于阻断状态，内部数据对外部的数据总线没有影响。在实际应用中，如果转换结束，要读取转换结果则只要在 OE 引脚上加一个正脉冲，ADC0809 就会将转换结果送到数据总线上。

ADC0809 通过引脚 IN0～IN7 输入 8 路模拟直流电压，ALE 将三位地址线 ADDC、ADDB、ADDA 进行锁存，然后由译码电路选通 8 路中的某一路进行 A/D 转换。地址译码与模拟输入通道的选通关系见表 6-3。

表 6-3　ADC0809 地址码与模拟输入通道的选通关系

被选模拟通道		IN0	IN1	IN2	IN3	IN4	IN5	IN6	IN7
地址	ADDC	0	0	0	0	1	1	1	1
	ADDB	0	0	1	1	0	0	1	1
	ADDA	0	1	0	1	0	1	0	1

在启动端（START）加启动脉冲（正脉冲），A/D 转换器即开始工作。如果将启动端（START）与转换结束端（EOC）直接相连，则转换是连续的。在使用这种转换方式时，开始时应在外部加启动脉冲。

2. 引脚功能介绍

ADC0809 的外形及引脚分布图如图 6-21 所示。

ADC0809 的引脚功能说明如下。

IN0～IN7：8 路模拟信号输入端，ADC0809 要求输入模拟信号单极性，电压范围是 0～5V，若信号太小需进行放大，而且输入的模拟量在转换过程中应该保持不变，如果模拟量变化太快，则需在输入前增加采样保持电路。

地址输入和控制线：4 条。

ADDC、ADDB、ADDA：模拟量选通地址输入端（由高位至低位），通道选择见表 6-3。

ALE：地址锁存允许的输入信号，为上升沿触发。当给此引脚加正脉冲时，锁存 ADDC、ADDB、ADDA 确定的模拟量选通地址，来自相应通道的模拟量就可以被转换成数字量。

图 6-21 ADC0809 的外形及引脚分布图

START：启动信号输入端，为上升沿触发。当给此引脚加正脉冲时，芯片内部逐次逼近式寄存器 START 复位，在下降沿到达后，开始 A/D 转换。

EOC：转换结束输出信号（转换结束标志），高电平有效。在进行转换过程中，EOC 为低电平，转换结束，EOC 自动变为高电平，标志 A/D 转换已结束。

OE：输入允许信号，高电平有效。当 $OE=1$ 时，将输出寄存器中的数据输出到数据总线上。

CLOCK：时钟信号输入端，外接时钟脉冲为 10 ~ 1280kHz，一般可选 640kHz。

U_{CC}：+5V 单电源供电。

U_{REF+}、U_{REF-}：基准电压的正极和负极。一般 U_{REF+} 接+5V 电源，U_{REF-} 接地。

两个参考电压的选择必须满足以下条件：

$$0 \leqslant U_{REF-} \leqslant U_{REF+} \leqslant U_{CC}$$

$$\frac{U_{REF+} + U_{REF-}}{2} = \frac{1}{2}U_{CC}$$

D7 ~ D0：数字信号输出端。D7 为最高有效位，D0 为最低有效位。

3. ADC0809 应用电路

ADC0809 电路的典型应用电路如图 6-22 所示。

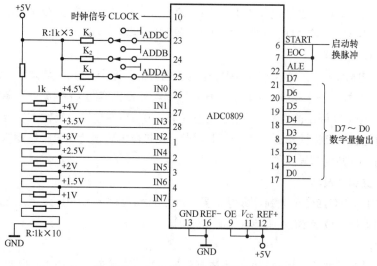

图 6-22 ADC0809 电路的典型应用电路

图中模拟通道选通地址端 ADDC、ADDB、ADDA 通过转换开关和接限流电阻（1kΩ）接电源或地，来选择不同的输入通道。+5V 电压经过电阻分压后连接到 IN0～IN7 8 路模拟信号输入端；启动转换脉冲必须使用消除抖动以后的单脉冲信号，以保证模拟通道地址的稳定性和转换启动时机正确。

ADC0809 输入的模拟电压 U_I 转换成数字量 N 的公式为：

$$N = \frac{U_I - U_{REF-}}{U_{REF+} - U_{REF-}} \times 2^8$$

在本电路中如果选择地址 ADDC、ADDB、ADDA 为 011，则选择通道 IN3，输入电压为 2.5V，又因 U_{REF+} 接+5V 电源，U_{REF-} 接地，转换成的数字量为：

$$N = \frac{U_I - U_{REF-}}{U_{REF+} - U_{REF-}} \times 2^8 = \frac{2.5}{5} \times 2^8 = 128 = (1000000)_2 = (80)_H$$

本电路模拟量转换成数字量的理论值的数据表见表 6-4。

表 6-4　ADC0809 模拟量转换成数字量的理论值的数据表

通道		通道地址			输出的理论值								
输入值		ADDC	ADDB	ADDA	D_7	D_6	D_5	D_4	D_3	D_2	D_1	D_0	十六进制
IN0	4.5V	0	0	0	1	1	1	0	0	1	1	0	E6
IN1	4V	0	0	1	1	1	0	0	1	1	0	0	CC
IN2	3.5V	0	1	0	1	0	1	1	0	0	1	1	B3
IN3	3V	0	1	1	1	0	0	1	1	0	1	0	9A
IN4	2.5V	1	0	0	1	0	0	0	0	0	0	0	80
IN5	2V	1	0	1	0	1	1	0	0	1	1	0	66
IN6	1.5V	1	1	0	0	1	0	0	1	1	1	1	4F
IN0	1V	1	1	1	0	0	1	1	0	0	1	1	33

ADC0809 的数据输出端驱动能力有限，不能直接驱动显示设备（如发光二极管、数码管）等，可在数据输出端加反相器和 I/O 接口驱动芯片，以提高输出驱动能力。

6.3.6　MC14433 集成 ADC 转换器

1. MC14433 集成 ADC 转换器的结构组成

MC14433 集成 ADC 转换器是美国 Motorola 公司推出的单片三位半 A/D 转换器，属于双积型 A/D 转换器。MC14433 集成 ADC 转换器的内部结构如图 6-23 所示。

（1）CMOS 模拟电路。

图 6-23 所示内部结构图中的 CMOS 模拟电路中包含上千万个 CMOS 晶体管。CMOS 模拟电路包括外接的 R_1、C_1 构成一个积分放大器，电压比较器与外接电容器 C_0 构成自动调零电路。积分放大器完成 V/T（电压/时间）的转换；电压比较器完成 "0" 电平检出，将输入电压与零电压进行比较，根据两者的差值决定极性输出是 "1" 还是 "0"。比较器的输出传送给控制逻辑单元，用作内部数字控制电路的一个判别信号。

（2）四位十进制计数器。

MC14433 内部含有四位十进制计数器（图 6-23 的虚线框部分），由个、十、百、千四位组成。对反向积分时间进行三位半 BCD 码计数（0～1999）。

（3）锁存器。

锁存四位十进制计数器转换的三位半十进制代码数据，在控制逻辑和实时取数信号（DU）作用下，实现 A/D 转换结果的锁定和存储。

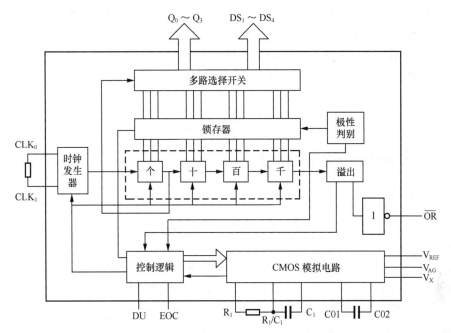

图 6-23　MC14433 集成 ADC 转换器的内部结构

（4）多路选择开关。

多路选择开关从高位到低位逐位输出 BCD 码 $Q_0 \sim Q_3$，并输出相应位的多路选通脉冲标志信号 $DS_1 \sim DS_4$，实现三位半数码的扫描方式（多路调制方式）输出。

（5）控制逻辑。

MC14433 内部的控制逻辑是 A/D 转换的指挥中心，它统一控制各部分电路的工作。根据比较器的输出极性接通电子模拟开关，完成 A/D 转换各个阶段的开关转换，产生定时转换信号以及过量程等功能标志信号。在对基准电压 U_{REF} 进行积分时，控制逻辑发出指令，令四位计数器开始计数，完成 A/D 转换。

（6）时钟发生器。

MC14433 内部具有时钟发生器，它通过外接电阻构成反馈，并利用内部电容形成振荡，产生节拍时钟脉冲，使电路统一动作。外接电阻为 360kΩ 时，振荡频率为 100kHz；当外接电阻为 470kΩ 时，振荡频率则为 66kHz；当外接电阻为 750kΩ 时，振荡频率为 50kHz。如果采用外时钟频率，就不要外接电阻，时钟频率信号从 CLK1（10 脚）端输入，时钟脉冲 CP 信号可从 CLK0（11 脚）处获得。

（7）极性判别和溢出。

MC14433 内部可实现极性检测，用于显示输入电压 U_X 的正负极性；溢出具有过载指示功能，是当输入电压 U_X 超出量程范围时，过量程标志 $\overline{OR}$ 为低电平。

2. MC14433ADC 的转换过程

MC14433 是双斜率双积分 A/D 转换器，采用电压/时间间隔方式，通过先后对被测模拟量电压 U_X 和基准电压 U_{REF} 的两次积分，将输入的被测电压转换成与其平均值成正比的时间间隔，用计数器测出这个时间间隔对应的脉冲数目，即可得到被测电压的数字值。

首先对被测电压 U_X 进行固定时间、固定斜率的积分，不同的输入电压积分的结果不同；然后

再对基准电压 U_{REF} 以及由 R_1、C_1 所决定的积分常数按照固定斜率反向积分直至积分器输出归零；对于第一次 U_X 积分过程形成的不同电压，反向积分时积分时间必然不同。对第二次积分过程历经的时间用时钟脉冲计数，则该数 D 就是被测电压对应的数字量，由此实现了 A/D 转换。

积分电阻电容的选择应根据实际条件而定。若时钟频率为 66kHz，C_1 一般取 0.1μF。R_1 的选取与量程有关，量程为 2V 时，选取 R_1 为 470kΩ；量程为 200mV 时，选取 R_1 为 27kΩ。

选取 R_1 和 C_1 的计算公式如下：

$$R_1 = \frac{U_{X(max)}}{C_1} \frac{T}{\Delta U_C}$$

式中，ΔU_C 为积分电容上充电电压幅度，$\Delta U_C = U_{DD} - U_{X(max)} - \Delta U$，$\Delta U = 0.5V$。

其中，$T = 4000 \times \dfrac{1}{f_{CLK}}$。

例如，假定 $C_1 = 0.1μF$，$U_{DD} = 5V$，$f_{CLK} = 66kHz$。当 $U_{X(max)} = 2V$ 时，代入上式可得 $R_1 = 484.8kΩ$，取 $R_1 = 470kΩ$。

被测直流电压 U_X 经 A/D 转换成数字信号（8421）码，以动态扫描形式从输出端 Q_0、Q_1、Q_2、Q_3 上按照时间先后顺序输出，位选信号 DS_1、DS_2、DS_3、DS_4 通过位选开关分别控制着千位、百位、十位和个位上的数据输出。

MC14433 在每次 A/D 转换结束时，在芯片的 EOC 端输出一个正脉冲，同时输出过量程、欠量程和极性标志信号。过量程标志由 $\overline{OR}$ 端输出，$\overline{OR}$ 为低电平表示被测电压超出目前的量程范围，即 $|U_X| > U_{REF}$，而 U_{REF} 为 1 时，$|U_X| < U_{REF}$。

MC14433 具有外接元件少、输入阻抗高、功耗低、电源电压范围宽、精度高等特点，只要外接少量的阻容件即可构成一个完整的 A/D 转换器。其主要功能特性如下。

（1）转换精度具有 ±1/1999 的分辨率或读数的 ±0.05% 加减 1 个字（相当于 11 位二进制数）。

（2）模拟电压输入量程：1.999V 和 199.9mV 两档。

（3）转换速度为 3～10 次/秒，相应的时钟频率变化范围为 50～150kHz。

（4）输入阻抗大于 1000MΩ。

（5）基准电压取 2V 或 200mV（分别对应量程为 1.999V 或 199.9mV）。

（6）具有过量程和欠量程输出标志。

（7）片内具有自动极性转换和自动调零功能。

（8）转换结束输出经过多路调制的 BCD 码。

（9）工作电压范围为 ±4.5 V～±8 V，当电源为 ±5 V 时，典型功耗为 8mW。

3. 引脚功能介绍

MC14433 的外形及引脚分布图如图 6-24 所示。

MC14433 的引脚功能说明如下。

（1）VAG：模拟地，为高阻输入端，被测电压和基准电压的地端接入。

（2）U_{REF}：基准电压，为外接基准电压的输入端。MC14433 只要一个正基准电压即可测量正、负极性的电压。此外，U_{REF} 端只要加上一个大于 5 个时钟周期的负脉冲（VR），就能够复位至转换周期的起始点。

（3）U_X：被测电压的输入端。

（4）R_1、R_1/C_1、C_1：外接积分元件端，三个引脚外接积分电阻和电容，改变时钟频率。

（5）C_{01}、C_{02}：外接失调补偿电容端，电容一般选 0.1μF 聚酯薄膜电容即可。

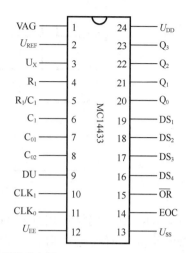

图 6-24　MC14433 的外形及引脚分布图

（6）DU：更新显示控制端，此引脚用来控制转换结果的输出。如果在积分器反向积分周期之前，DU 端输入一个正跳变脉冲，该转换周期所得到的结果将被送入输出锁存器，经多路开关选择后输出。否则继续输出上一个转换周期所测量的数据。这个作用可用于保存测量数据，若不需要保存数据而是直接输出测量数据，可将 DU 端与 EOC 引脚直接短接。

（7）CLK₁、CLK₀：时钟外接元件端，MC14433 内置了时钟振荡电路，对时钟频率要求不高的场合，可选择一个电阻即可设定时钟频率。

若需要较高的时钟频率稳定度，则需采用外接石英晶体或 LC 电路，如图 6-25 所示。

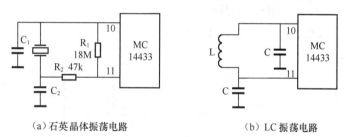

（a）石英晶体振荡电路　　　　　　　　（b）LC 振荡电路

图 6-25　MC14433 外接振荡电路图

图 6-25（a）所示的石英晶体振荡电路中，一般取 $C_1>10pF$，$C_2<200pF$。图 6-25（b）所示的 LC 振荡电路中，振荡频率为 $f=\dfrac{1}{2}\sqrt{2/LC}$ 。

（8）U_{EE}：电源端。U_{EE} 是整个电路的电压最低点，此引脚的电流约为 0.8mA，驱动电流并不流经此引脚，故对提供此负电压的电源供给电流要求不高。

（9）U_{SS}：数字电路的负电源引脚。U_{SS} 工作电压范围为 $V_{DD}-5V\geq V_{SS}\geq V_{EE}$。除 CLK₀ 外，所有输出端均以 V_{SS} 为低电平基准。

（10）EOC：转换周期结束标志位。每个转换周期结束时，EOC 将输出一个正脉冲信号。

（11）$\overline{OR}$：过量程标志位，当 $|U_X|>U_{REF}$ 时，输出为低电平。

（12）DS₁ ~ DS₄：多路选通脉冲输出端。DS₁、DS₂、DS₃ 和 DS₄ 分别对应千位、百位、十位、个位选通信号。当某一位 DS 信号有效（高电平）时，所对应的数据从 Q₀、Q₁、Q₂ 和 Q₃ 输出，两个选通脉冲之间的间隔为 2 个时钟周期，以保证数据有充分的稳定时间。输出选通脉冲时序图如图 6-26 所示。

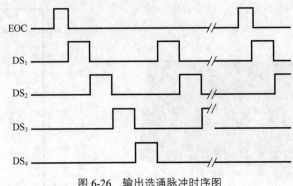

图 6-26 输出选通脉冲时序图

（13）$Q_0 \sim Q_3$：BCD 码数据输出端。MC14433A/D 转换器以 BCD 码的方式输出，通过多路开关分时选通输出个位、十位、百位和千位的 BCD 数据。同时在 DS_1 高电平期间输出的千位 BCD 码还包含过量程、欠量程和极性标志信息。

（14）U_{DD}：正电源。

若 $U_{SS} = VAG$，则输出幅度为 $VAG \sim U_{DD}$；若 $U_{SS} = U_{DD}$，则输出幅度为 $U_{EE} \sim U_{DD}$。

4. MC14433 集成 ADC 转换器的应用

MC14433 集成 ADC 转换器最主要的用途是数字电压表、数字温度计等各类数字化仪表及计算机数据采集系统的 A/D 转换接口。

由 MC14433 集成 ADC 转换器构成的电子电压表的原理图如图 6-27 所示。

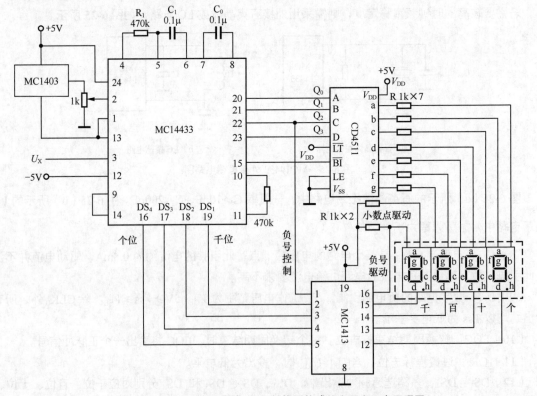

图 6-27 由 MC14433 集成 ADC 转换器构成的电子电压表原理图

图 6-27 所示的电子电压表主要分为五个模块，分别为基准电压模块、A/D 转换模块、译码模块、显示电路模块和驱动模块。

译码模块由译码器 CD4511 构成,图 6-27 中的译码器 CD4511 电路在 3.4.3 小节中已经进行了讲解,下面介绍基准电源模块 MC1403、驱动器 MC1413 和显示回路。

(1)基准电压模块 MC1403。

MC1403 是利用一个负温度系数三极管 T_1 的基射结正向电压 U_{BE1} 与正温度系数三极管 T_2 的基射结电压 U_{BE2},当工作在不同电流密度下,两个晶体管基射结电压差 ΔU_{BE} 相加而形成的零温度系数的参考电压源,是高精度低漂移能隙基准电源,它的输出电压的温度系数为零,即输出电压与温度无关。

MC1403 的主要特性如下:

① 输出电压为 2.475 ~ 2.525V(2.5V ± 1%);

② 输入电压为 4.5 ~ 15V,当输入电压从+4.5V 变化到+15V 时,输出电压值变化量小于 3mV;

③ 电源最大输出电流为 10mA。

MC1403 的外形和引脚分布如图 6-28 所示。

(2)驱动器 MC1413。

MC1413 采用 NPN 达林顿复合晶体管的结构,因此具有很高的电流增益和很高的输入阻抗,可直接接受 MOS 或 CMOS 集成电路的输出信号,并把电压信号转换成足够大的电流信号驱动各种负载。该电路内含有 7 个集电极开路反相器。

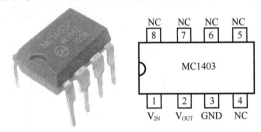

(a) MC1403 外形　　　　(b) MC1403 引脚分布

图 6-28　MC1403 的外形和引脚分布

MC1413 在图 6-29 中用来直接驱动数码管显示所转换成的数字量。

(a) MC1413 外形

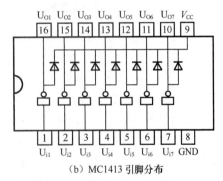

(b) MC1413 引脚分布

图 6-29　MC1413 的外形和引脚分布

(3)显示回路。

显示回路通过四个数码管显示,千位数码管显示极性和半位,详细连接如图 6-30 所示。

百、十、个位的数码管相同的字段并联在一起,连接到译码器 CD4511 对应的输出端。千位数码管的 b、c 字段和百、十、个位的数码管相同的字段并联在一起,负号字段单独控制和驱动,小数点字段通过分压电阻连接到电源,通过动态选通端来控制。

图 6-27 所示为三位半电子电压表,通过位选信号 $DS_1 \sim DS_4$ 进行动态扫描显示,通过 CD4511 译码器对 MC14433 电路的 A/D 转换结果进行译码,将转换结果以数字方式实现四位数字的 LED 发光数码管动态扫描显示。

$DS_1 \sim DS_4$ 输出多路调制选通脉冲信号。DS 选通脉冲为高电平时,表示对应的数位被选通,此时该位数据在 $Q_0 \sim Q_3$ 端输出。每个 DS 选通脉冲高电平宽度为 18 个时钟脉冲周期,两个相邻选通脉冲之间间隔 2 个时钟脉冲周期。其中 DS_1 对应最高位(MSD),DS_4 则对应最低位(LSD)。在 DS_2、

DS_3 和 DS_4 选通期间，$Q_0 \sim Q_3$ 输出 BCD 全位数据，即以 8421 码方式输出对应的数字 $0 \sim 9$。在 DS_1 选通期间，$Q_0 \sim Q_3$ 输出千位的半位数 0 或 1 及过量程、欠量程和极性标志信号。

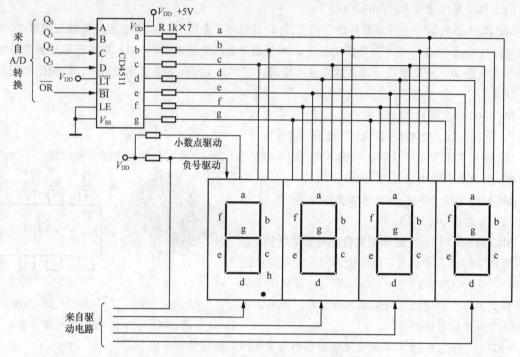

图 6-30　电子电压表显示回路原理图

如果位选信号 DS_1 选通，Q_3 表示千位数，$Q_3=0$ 代表千位数的数字显示为 1，$Q_3=1$ 代表千位数的数字显示为 0；Q_2 表示被测电压的极性，Q_2 的电平为 1，表示极性为正，即 $U_X>0$，Q_2 的电平为 0，表示极性为负，即 $U_X<0$；负的显示（负电压）由 MC1413 中的一只晶体管控制，符号位的 "−" 阴极与千位数阴极接在一起，当输入信号 U_X 为负电压时，Q_2 端输出置 "0"，Q_2 负号控制位使得驱动器不工作，通过限流电阻使显示器的 "−"（即 g 字段）点亮；当输入信号 U_X 为正电压时，Q_2 端输出置 "1"，负号控制位使达林顿驱动器导通，电阻接地，使 "−" 旁路而熄灭。小数点显示是由正电源通过限流电阻 R 供电点亮小数点。若量程不同则选通对应的小数点。

过量程是当输入电压 U_X 超过量程范围时，输出过量程标志信号 $\overline{OR}$。当 $Q_3=0$、$Q_0=1$ 表示 U_X 处于过量程状态，当 $Q_3=1$、$Q_0=1$ 表示 U_X 处于欠量程状态。

平时 $\overline{OR}$ 输出为高电平，表示被测量在量程内，当 $\overline{OR}=0$ 时，$|U_X|>1999$，则溢出。MC14433 的 OR 端与 MC4511 的消隐端 $\overline{BI}$ 直接相连，当 U_X 超出量程范围时，$\overline{OR}$ 输出低电平，即 $\overline{OR}=0 \rightarrow \overline{BI}=0$，MC4511 译码器输出全 0，使发光数码管显示数字熄灭，而负号和小数点依然发亮。

第 7 章

数据存储

在数字电路中需要对大量的二进制数据进行处理和运算，因此需要对一些数据进行存储。存储器是现代数字系统中重要的组成部分，采用半导体器件构成。存储器包括许多存储单元，主要分为随机存储器（RAM）和只读存储器（ROM）两大类。本章主要讲解了半导体存储器的基本知识，随机存储器（RAM）和只读存储器（ROM）的构成和工作原理，并结合常用的存储器集成电路来讲述它们的结构和应用；讲解了针对存储器芯片的容量不能满足实际需要时，如何进行扩展，包括位扩展、字扩展和位字同时扩展三种；还简要介绍了可编程逻辑器件的结构和应用。

7.1 半导体存储器的基本知识

用半导体集成电路工艺制成的存储二进制数据信息的固态电子器件，简称半导体存储器。下面介绍半导体存储器的基本知识。

7.1.1 基本半导体存储阵列

二进制数据的最小单位是"位"（bit），8 位构成的数据称为"字节"（byte），一个字节分为两个 4 位，该单位称为"半字节"（nibble），"字"在存储器中为"位"的组合。存储器存储二进制数据一般存储 1 位 ~ 8 位（1 个字节）。

存储器的一个单元（cell）可以保存一个位，即 0 或 1。存储器由大量的存储单元组成，每个存储单元能存放 1 位二进制数据，通常存储单元排列成 N 行 $\times M$ 列矩阵形式，称为半导体矩阵或半导体阵列。

存储器阵列示意图如图 7-1 所示。

存储阵列是存储器的主体，是由存储单元组成的集合体，每个存储单元又包含若干个基本存储单元，从而形成存储阵列。每个存储单元所包含的基本存储单元数由存储器容量中的"字长"来决定；存储阵列中所包含的存储单元数由存储容量中的"字节数"来决定。通常组成基本存储单元的元件可以是电容、半导体二极管、三极管和 MOS 管等，而每个基本存储单元可以存储一位二进制信息。

图 7-1 中存储器的每一个方块表示一个存储单元。例如，由 64 个存储单元组成的阵列可以有多种以上的排列，比如 8×8 阵列、16×4 阵列、64×1 阵列等。

存储器由大量存储单元组成，因此需要用编号区别每个单元，把这些编号称为存储器的地址。存储器的地址取决于存储器的组成方式，可以由二维阵列的行和列来表示；在计算机中可以采用十六进制数来表达地址，如 Intel 8086 具有 1 兆字节（1MB）存储器容量，存储器地址表示为 0000H ～ FFFFH。

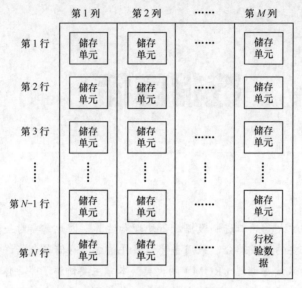

图 7-1　存储器阵列示意图

7.1.2　半导体存储器的技术指标

1. 存储容量

存储容量表示存储器可以存储的数据单位总数，常用字节和位来表示。例如，一个存储阵列，其容量是 8 字节，也就是 64 位。存储容量越大，所能存储的信息越多。

2. 存取时间

存取时间是指从启动一次存储器操作到完成该操作所经历的时间，一般以 ns 为单位。存取时间越小，存取速度越快。

3. 存储周期

存储周期是两次独立的存储器操作所需间隔的最小时间。它是衡量存储器工作速度的重要指标。一般情况下，存储周期略大于存取时间。

4. 功耗

功耗可用每个存储单元所消耗的功率来表示。功耗反映了存储器耗电的多少，同时也反映了其发热的程度。

5. 可靠性

可靠性一般指存储器对外界电磁场及温度等变化的抗干扰能力。存储器的可靠性用平均故障间隔时间（Mean Time Between Failures，MTBF）来衡量。MTBF 可以理解为两次故障之间的平均时间间隔。平均故障时间 MTBF 越长，可靠性越高，存储器正常工作能力越强。

7.1.3　半导体存储器的基本操作

存储器用来存储二进制数据，所以需要存储时必须把数据放到存储器中，然后在需要的时候从存储器中复制出数据。把这两个过程分别称为"写操作"和"读操作"。

1. 写操作

写操作是将数据放到存储器中指定地址的过程，图 7-2 所示为写操作过程的示意图。

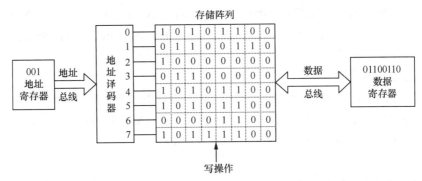

图 7-2　写操作过程的示意图

首先将地址寄存器所保存的代码放到地址总线上（例如为 001），地址码位于地址总线上后，地址译码器就会对地址进行译码并且在存储器中选择指定的地址（对应位置为 1 的行）。对于多阵列存储器的情况，一般有两个译码器，一个用于行译码，一个用于列译码。地址总线上线的数目由存储器的容量确定，图 7-2 中 3 位地址码可以选择 8 个地址（2^3），例如一个 15 位地址码可以选择存储器中的 32768 个地址（2^{15}），一个 16 位的地址码可以选择存储器中的 65536 个地址（2^{16}）。

存储器得到一个写命令，数据寄存器中的数据字节（例如为 01100110）就被放到数据总线上，并且存储在指定的存储器地址中，从而完成了写操作。这个以字节组成的存储器中，数据总线至少有 8 条线，这样使得选中地址中的 8 位数据以并行的方式传送。

当新的数据字节写入存储器地址时，存储在那个地址上的当前数据字节就由新的数据字节替代，准备下一个写操作。

2. 读操作

读操作是把存储器中指定地址的数据复制出来。

将地址寄存器中的代码放到地址线上，地址码位于总线上后，地址译码器就会对地址进行译码并且选择存储器中指定的地址。存储器得到一个读命令，存储在对应的存储器中的数据进行一个副本操作（非破坏性读出）并放到数据总线上，数据寄存器读取这个数据并放入寄存器中，完成了读操作。

读操作可以说是写操作的逆过程，数据总线是双向的，因此数据的传送可以有两个方向，即进入或离开存储器。

7.1.4　半导体存储器的分类

1. 按照功能分类

半导体存储器按照功能可分为随机存取存储器（Random Access Memory，RAM）和只读存储器（Read Only Memory，ROM）。

随机存取存储器（RAM）是具有读和写的存储器，CPU 可以对 RAM 的内容随机地读/写访问，RAM 中的信息断电后即丢失所存储的数据。RAM 根据所采用的存储单元工作原理的不同又分为静态 RAM（Static RAM，SRAM）和动态 RAM（Dynamic RAM，DRAM）。

只读存储器（ROM）是数据只能随机读出而不能写入的一类寄存器，断电后数据信息不会丢失，常用来存放不需要改变的信息，信息一旦写入就固定不变了。ROM 在使用过程中，只能读出存储的信息而不能用通常的方法将信息写入存储器。目前常见的有：掩膜式 ROM，用户不可对其编程，其内容已由厂家设定好，不能更改；可编程 ROM（Programmable ROM，PROM），用户只能对其进行一次编程，写入后不能更改；可擦除的 PROM（Erasable PROM，EPROM），其内容可用紫外线擦除，用户可对其进行多次编程；电擦除的 PROM（Electrically Erasable PROM，EEPROM 或 E²PROM），能以字节为单位擦除和改写。

2. 按照制造工艺分类

根据制造工艺的不同，存储器分为双极型和 MOS 型两类。双极型存储器具有存取速度快、集成度较低、功耗较大、成本较高等特点，适用于对速度要求较高的高速缓冲存储器。MOS 型存储器具有集成度高、功耗低、价格便宜等特点，适用于内存储器。

7.2 随机存储器（RAM）

上节讲到 RAM 根据所采用的存储单元工作原理的不同又分为静态 RAM（Static RAM，SRAM）和动态 RAM（Dynamic RAM，DRAM）。下面分别讲述它们的结构和工作原理。

7.2.1 静态随机存储器（SRAM）

1. 静态随机存取存储器（SRAM）的结构

静态随机存取存储器（SRAM）是随机存取存储器的一种。静态是指这种存储器只要保持通电，里面储存的数据就可以一直保持，除非断电消失。SRAM 的组成结构如图 7-3 所示。

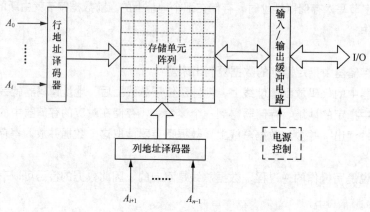

图 7-3　SRAM 的组成结构

SRAM 存储器主要有存储阵列、地址译码器、输入/输出电路组成。

（1）存储陈列。

存储陈列由许多存储单元按照行和列（$N×M$）排列构成，存储单元由 RS 锁存器和外围的门控管组成，只要电源加到 SRAM 上，就可以一直保存数据。正因为只要供电，它的资料就会一直存在，不需要动态刷新，所以称为静态随机存储器。存储阵列的布局对整个存储器的面积、功耗、可靠性等有着非常重要的影响。

（2）地址译码器。

地址译码器的译码方式有两种方式，单译码方式和双译码方式。单译码方式又称为字结构方式；双译码方式又称为 X-Y 译码结构。

① 单译码方式。

图 7-4 所示为存储器单译码方式的示意图。

16 字×4 位的存储器共有 64 个存储单元，排列成 16 行×4 列的矩阵，每个小方块表示一个存储单元。电路设有 4 根地址线，可寻址 $2^4 = 16$ 个地址逻辑单元，若把每个字的所有 4 位看成一个逻辑单元，使每个逻辑单元的 4 个存储单元具有相同的地址码，译码电路输出的这 16 根字线刚好可以选择 16 个逻辑单元。每选中一个地址，对应字线的 4 位存储单元同时被选中。选中的存储单元将与数据位线连通，即可按照要求实现读或写操作了。

② 双译码方式。

图 7-5 所示为存储器双译码方式的示意图。

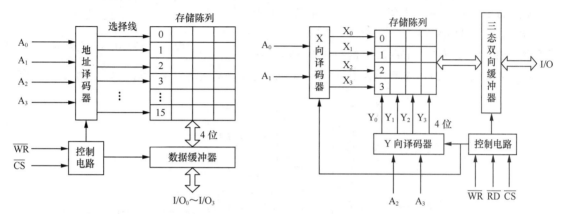

图 7-4　存储器单译码方式示意图　　　　图 7-5　存储器双译码方式示意图

图 7-5 是一个双译码结构的 16 字×1 位的地址译码存储器，每个字的 1 位存储单元构成一个逻辑单元，图中每个小方块表示一个逻辑单元，16 个可寻址逻辑单元排列成 4×4 的矩阵。地址译码电路采用双重译码结构，每个地址译码的输出线数为 $2^2=4$ 根（如果是单译码方式需 16 根地址输出线）。A_0、A_1 是行地址码，A_2、A_3 是列地址码。行、列地址经译码后分别输出 4 根字线 $X_0 \sim X_3$ 和 $Y_0 \sim Y_3$。X 字线控制矩阵中的每一行是否与位线连通，Y 字线控制对应行中哪个逻辑单元被选中。被选中的单元与数据线连通，通过控制电路控制信息的读/写操作。

图 7-3 中存储器的地址译码器为双译码方式结构，分为行译码器和列译码器，因为存储阵列是按行、列分开布局的。地址译码之前，需要对地址进行缓存，因此还包括地址寄存器。地址寄存器用于存放外部（CPU）送来的地址码，地址译码器则对地址寄存器中的地址码进行译码，产生相应的地址选择信号，进而选中相应的基本存储单元。

（3）输入/输出缓冲电路。

输入/输出缓冲是存储阵列与外部数据交换的接口，用于放大存储单元读出的信号，以及将输入信号写入到存储阵列之中；输入/输出控制模块根据控制信号的时序要求，控制存储器的读出、写入等操作。

（4）电源控制。

电源控制是一个可选的电路单元，主要是为了满足低功耗的要求，当整个存储器不需要进行读/写操作时，通过电源控制可以控制内部无效的翻转操作，从而降低功耗。

2. SRAM 的存储单元

SRAM 的存储单元由 6 个 MOS 管构成的电路如图 7-6 所示。

图 7-6 中，MOS 管 $T_1 \sim T_4$ 构成 RS 锁存器，用来锁存二进制数值，T_5、T_6 为门控管，作为模拟开关来控制锁存器的输出 Q、$\overline{Q}$ 与位线 BL（Bit Line）之间的联系，T_5 和 T_6 的开关状态由字线 WL

（Word Line）的状态决定，WL=1，T_5、T_6导通，锁存器的输出 Q、$\overline{Q}$ 与位线 BL 接通；WL=0，T_5、T_6截止，锁存器的输出 Q、$\overline{Q}$ 与位线 BL 之间的联系被切断。

这种采用 CMOS 工艺的 SRAM 存储器相对于双极性的存储器功耗低，可以低电压保持，不需要刷新，速度快。

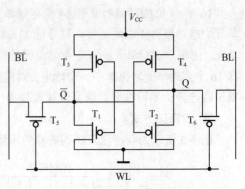

图 7-6　SRAM 的存储单元

3. SRAM 集成电路

常用的 SRAM 集成芯片有 2114（1K×4 位）、6116（2K×8 位）、6264（8K×8 位）、62256（32K×8 位）等。下面讲述 SRAM 集成芯片 Intel 2114 的组成原理和应用。

SRAM 集成芯片 2114 的容量为 1K×4 位，18 脚封装，+5V 电源供电，其内部构成如图 7-7 所示。

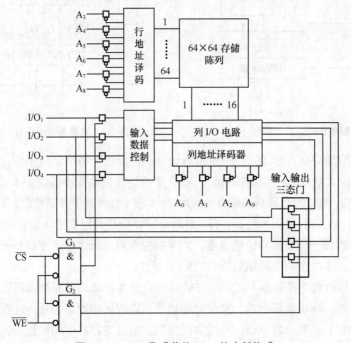

图 7-7　SRAM 集成芯片 2114 的内部构成

SRAM 集成芯片 2114 的容量为 1024×4 位，因此存储阵列排成 64×64 的矩阵，共有 4096 个基本存储电路。每根列选择线同时连接 4 位列线，对应于并行的 4 位，从而构成了 64 行×16 列=1K 个存储单元，每个单元有 4 位。

A_0 ~ A_9 为 10 根地址线，可寻址 2^{10}=1024（1K）个存储单元。用 A3 ~ A8 六根地址线作为行译码，产生 64 根行选择线，用 A_0 ~ A_2 与 A_9 四根地址线作为列译码，产生 16 根列选择线，而每根列选择线控制一组 4 位同时进行读或写操作。

存储器内部有 4 路 I/O 电路以及 4 路输入/输出三态门电路，并由 4 根双向数据线 I/O_1 ~ I/O_4 与外部数据总线相连。$\overline{WE}$ 为写允许控制信号线，$\overline{WE}$=0 时为写入；$\overline{WE}$=1 时为读出。$\overline{CS}$ 为芯片片选信号，$\overline{CS}$=0 时，该芯片被选中。当 $\overline{WE}$=0 与 $\overline{CS}$=0 时，经 G1 门的输出高电平将输入数据控制线上的 4 个三态门打开，使数据写入；当 $\overline{WE}$=1 与 $\overline{CS}$=0 时，经 G2 门输出的高电平将输出数据控制线上的 4 个三态门打开，使数据读出。完成数据的写入和读取操作。

SRAM 集成芯片 Intel 2114 的引脚图和逻辑符号如图 7-8 所示。

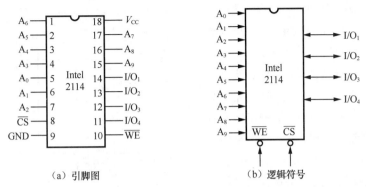

（a）引脚图　　　　　　　　　　　（b）逻辑符号

图 7-8　SRAM 集成芯片 Intel 2114 的引脚图和逻辑符号

7.2.2　动态随机存取存储器（DRAM）

动态随机存取存储器（DRAM）是随机存取存储器的一种，它与 SRAM 的区别是需要不停地刷新电路，否则内部的数据将会消失。

1.　动态随机存取存储器（DRAM）的存储单元

DRAM 使用电容器存储集成电路中的每一位数据。通过电容充电或放电以表示二进制数字的两种状态。存储单元的原理图如图 7-9 所示。

它由单个 MOS 管 T 和一个电容 C 组成，MOS 管 T 作为开关，是利用 MOS 管栅极电容可以存储电荷的原理来存储数据。这种结构简单，成本低，但是存储电容不能长时间保持电荷，需要定期刷新，及时补充漏掉的电荷以避免存储的信息丢失，定期进行刷新操作的时间必须小于栅极电容自然保持信息的时间（一般小于 2ms），因需刷新而使外围电路复杂。

例如，将数据 1 写入存储单元过程的简化操作如图 7-10 所示。

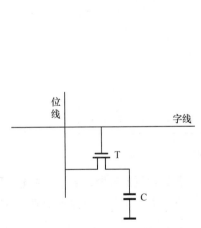

图 7-9　DRAM 存储单元的原理图

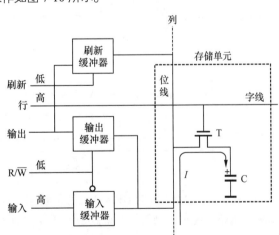

图 7-10　将数据 1 写入存储单元过程的简化操作

R/$\overline{\text{W}}$ 线的低电平使三态输入缓冲器的数据输入，并且禁止输出缓冲器输出。因为写入的数据为 1，所以数据输入线为高电平，行线上的高电平使晶体管导通，将电容连接到位线上，输入的高电平 1 对电容充电，形成电流 I，电容充电到一个正电压，数据 1 被存储到存储单元中。

需要读出数据时，R/$\overline{\text{W}}$ 线为高电平，使输出缓冲器输出，并且禁止三态输入缓冲器的数据输入。

行线上的高电平使晶体管导通，将电容连接到位线上，即连接到输出缓冲器上，电容放电，电流方向与图 7-10 中 I 的方向相反，数据位就出现在输出端，完成数据 1 的读取。

需要刷新存储单元的数据时，R/W 线为高电平，行线为高电平，刷新线也为高电平，晶体管导通，将电容连接到位线上，输出缓冲器开启，数据送入刷新缓冲器，在相应的存储位的位线上产生电压，重新对电容充、放电。刷新存入 DRAM 的存储单元 1 的操作过程示意图如图 7-11 所示。

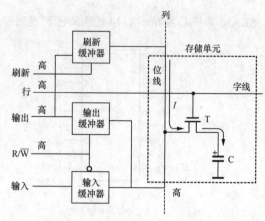

图 7-11　刷新存入 DRAM 的存储单元 1 的操作过程示意图

2. 动态随机存取存储器（DRAM）的结构

动态随机存取存储器（DRAM）的储存单元结构简单，但是需要外围的刷新电路经常进行刷新来保持存储的数据位。因此，为了减少地址线的数目，DRAM 采用地址多路复用的技术，即 1 位输入、1 位输出和地址分时输入的方式。

图 7-12 所示为 1M×1 位的 DRAM 的结构框图，1M×1 位组成 1048576 位（1Mbit）的存储器。

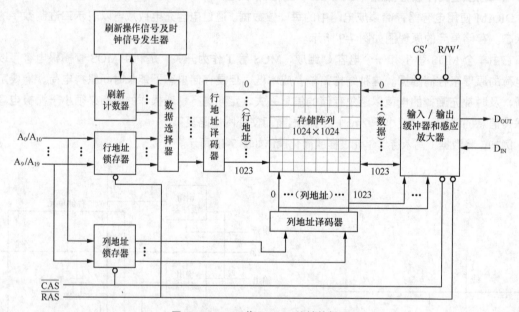

图 7-12　1M×1 位 DRAM 的结构框图

从图中看出，1M×1 位的 DRAM 由存储阵列、地址锁存/译码器、数据选择器、刷新控制电路和输入/输出电路等组成。刷新控制电路由刷新操作信号、时钟信号发生器、刷新计数器等组成，结构框图中就不一一列举了。

（1）地址多路复用操作。

$\overline{RAS}$ 为行地址选择，$\overline{CAS}$ 为列地址选择。在存储周期的开始，通过行地址选择 $\overline{RAS}$ 和列地址选择 $\overline{CAS}$，10 条地址线对两个独立的 10 位地址字段进行时分多路复用。首先 10 位行地址被锁存到行地址锁存器中，接下来 10 位列地址被锁存到列地址锁存器中。行地址和列地址被译码以后，在存储阵列中选择 1048576 个地址(2^{20}=1048576)中的一个地址。

地址多路复用操作的基本时序图如图 7-13 所示。

从图 7-12 可以看出，在进行读/写操作时，地址代码是分两次从同一组引脚输入的。图 7-13 给出了通过 $\overline{RAS}$ 和 $\overline{CAS}$ 两个端子信号控制选择行地址还是列地址，实现两个地址的分时操作。首先令 $\overline{RAS}=0$，输入地址代码的 $A_0 \sim A_9$，然后令 $\overline{CAS}=0$，再输入地址代码的 $A_{10} \sim A_{19}$。$A_0 \sim A_9$ 被送到行地址锁存器，行地

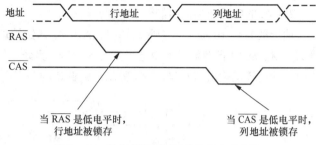

图 7-13　地址多路复用操作的基本时序图

址译码器的输出从存储矩阵的 1024 行中选中一行；$A_{10} \sim A_{19}$ 被送往列地址锁存器，列地址译码器的输出再从行地址译码器选中的一行中选出一位。这种操作实现了地址的多路复用。

（2）读/写操作

当 $R/\overline{W}=1$ 时进行读操作，被输入地址代码选中单元中的数据经过输入/输出电路中的三态缓冲器到达数据输出端 D_{OUT}，数据被取出。

当 $R/\overline{W}=0$ 时进行写操作，数据输入端 DIN 的数据经过输入/输出电路中的三态缓冲器写入，存储在由输入地址指定的存储单元中去。

（3）数据刷新操作。

启动数据刷新操作后，刷新计数器从 0 开始计数。计数器输出的 10 位二进制代码经过行地址数据选择器加到行地址译码器上，行地址译码器的输出依次给出 1024（0 ~ 1023）个行地址。在刷新控制信号的操作下，被选中一行中所有单元中的数据将被重新写回到原来的单元中。这种刷新操作是自动进行的，每隔 10 ms 左右必须进行一次，确保存储单元里的数据不丢失。需要注意的是，在刷新操作过程中不能进行正常的数据读/写。

7.2.3　集成 RAM 电路

集成 RAM 电路有多种类型，常用的 SRAM 集成芯片有 2114A（1K×4）、2116（16K×1）、6116（2K×8）、6264（8K×8）等；常用的 DRAM 集成芯片有 2116（16K×1 位）、2164（64K×1 位）、4116（16K×1 位）、4164（64K×1 位）、41256（256K×8 位）等。

1. 集成 SRAM 芯片

集成 SRAM 芯片除存储容量和编程电压等参数不同外，其他参数基本相同。常用的 SRAM 芯片主要技术特性如表 7-1 所示。

表 7-1　常用的 SRAM 芯片主要技术特性

型号	2114A	6116	6264	62256
容量（KB）	1	2	8	32
引脚数	18	24	28	28
工作电压（V）	5	5	5	5
典型工作电流（mA）	35	35	40	8
典型维持电流（μA）	NMOS	5	2	0.5

（1）2114A 芯片。

2114A 是一个 1024×4 位 SRAM（即有 1K 个字，每个字 4 位），排列成 64 行×64 列的存储阵

列构成 4096 个存储单元。芯片为双列直插 18 脚封装，采用单一+5V 电源，全部电平和 TTL 兼容。

2114A 的电路结构框图如图 7-14 所示。

地址线共有 10 条，分为两组译码，$A_3 \sim A_8$ 六位地址码送到行地址译码器中，通过译码输出信号 $X_0 \sim X_{63}$ 从 64 行存储单元中选出指定的一行，另外四位地址码 A_0、A_1、A_2 和 A_9 送到列地址译码器中，通过译码输出信号 $Y_0 \sim Y_{15}$ 再从已经选定的一行中选出要进行读/写的一列（4 个存储单元）。

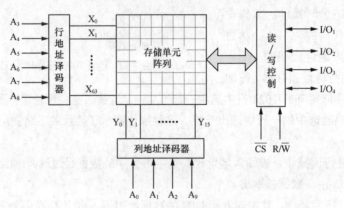

图 7-14　2114A 的电路结构框图

$\overline{CS}$ 为片选控制信号。当 $\overline{CS}=0$，$R/\overline{W}=1$ 时，读/写控制电路工作在读状态，即将上述选中的单元数据送到 $I/O_1 \sim I/O_4$；当 $\overline{CS}=0$，$R/\overline{W}=0$ 时，读/写控制电路工作在写状态，在 $I/O_1 \sim I/O_4$ 端的数据将被写入指定的四个单元中。当 $\overline{CS}=1$ 时，读/写控制电路处于禁止态，不能对芯片进行读/写操作。

（2）6116 芯片

6116 芯片是一种典型的 CMOS 静态 RAM，其引脚分布如图 7-15 所示。

电路采用标准的 24 脚双列直插式封装，电源电压为+5V，输入、输出电平与 TTL 兼容。

图中 $A_0 \sim A_{10}$ 是 11 条地址输入线，$D_0 \sim D_7$ 是数据输入/输出端。6116 芯片可存储的字

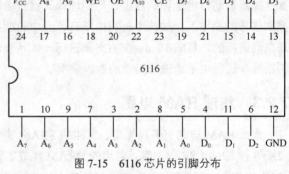

图 7-15　6116 芯片的引脚分布

数为 $2^{11}=2048$ (2K)，字长为 8 位，其存储的总位数的容量为 2048 字×8 位/字=16384 位。

$\overline{CE}$ 为片选端，低电平有效；$\overline{OE}$ 为输出使能端，低电平有效；$\overline{WE}$ 为读/写控制端。

6116 芯片的操作控制如表 7-2 所示。

表 7-2　6116 芯片的操作控制

操作方式	控制输入			功能
	$\overline{CE}$	$\overline{OE}$	$\overline{WE}$	
读出	0	0	1	数据输出
写入	0	1	0	数据输入
维持	1	×	×	高阻态

2. DRAM 集成芯片

常用的 DRAM 集成芯片有 2116（16K×1 位）、2164（64K×1 位）、4116（16K×1 位）、4164（64K×1 位）、41256（256K×8 位）等。下面讲述 DRAM 集成芯片 Intel 2164A 的组成结构示意图。

Intel 2164A 芯片的存储容量为 64K×1 位, 采用单管动态基本存储电路, 每个单元只有一位数据, 其内部结构如图 7-16 所示。

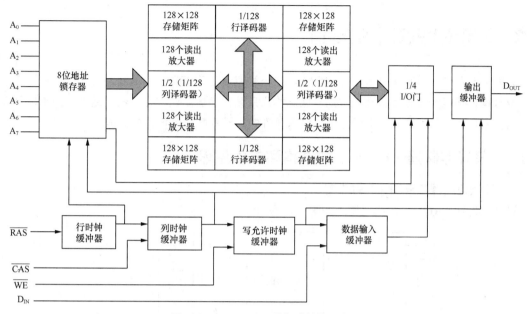

图 7-16　Intel 2164A 的组成结构示意图

DRAM 集成芯片 2164A 存储矩阵分为 4 个 128×128 矩阵, 每个 128×128 矩阵配有 128 个读出放大器, 各有一套 I/O 控制电路。芯片的存储应构成一个 256×256 的存储矩阵, 为提高工作速度（减少行列线上的分布电容）, 因此分为 4 个 128×128 矩阵。

64K 容量需要 16 位地址, 因采用地址多路复用技术, 芯片引脚有 8 根地址线 $A_0 \sim A_7$。在行地址选通信号 $\overline{RAS}$ 控制下先将 8 位行地址送入行地址锁存器, 锁存器提供 8 位行地址 $RA_7 \sim RA_0$, 译码后产生两组行选择线, 每组 128 根。然后在列地址选通信号 $\overline{CAS}$ 控制下将 8 位列地址送入列地址锁存器, 锁存器提供 8 位列地址 $CA_7 \sim CA_0$, 译码后产生两组列选择线, 每组 128 根。

读/写操作时, 当全部地址码输入后, 256 行中必有一行被选中, 这一行中的 256 个基本存储电路的信息都被选通到各自的读出放大器, 信息被鉴别、放大和刷新。同时列译码器的作用是根据列地址选择 256 个读出放大器中的一个, 从而唯一地确定欲读/写的基本存储电路, 并将被选中的基本存储电路通过读出放大器、I/O 控制门与输入数据锁存器或输出数据锁存器及缓冲器相连, 完成对该基本存储电路的读/写操作。

Intel 2164A 芯片的引脚和逻辑符号如图 7-17 所示。

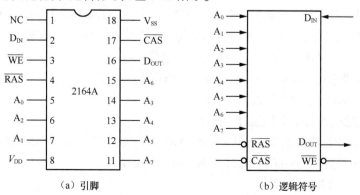

（a）引脚　　　　　（b）逻辑符号

图 7-17　Intel 2164A 芯片的引脚与逻辑符号

芯片引脚中 $A_0 \sim A_7$ 为 8 根地址线；$\overline{RAS}$ 为行地址选择；$\overline{CAS}$ 为列地址选择；$\overline{WE}$ 为写允许，低电平有效；V_{DD} 接+5V 电源；V_{DD} 接地。

7.3 只读存储器（ROM）

只读存储器(Read Only Memory，ROM)，是一种存储固定信息的存储器，在正常工作状态下只能读取数据，不能修改或重新写入数据，因此称为只读存储器。这种存储器电路结构简单，且存放的数据在断电后不会丢失，特别适合于存储永久性的、不变的程序代码或数据。

7.3.1 只读存储器（ROM）的结构和工作原理

1. 只读存储器（ROM）的结构
只读存储器（ROM）的组成框图如图 7-18 所示。

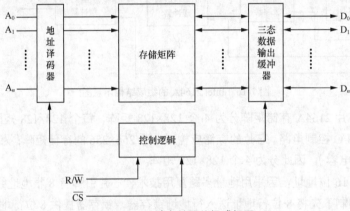

图 7-18 只读存储器的组成框图

只读存储器（ROM）由存储阵列、地址译码器、三态数据输出缓冲器及存储器控制逻辑电路组成。

地址译码器由地址寄存器和地址译码器两部分组成。地址寄存器用于存放 CPU 送来的地址码，地址译码器则对地址寄存器中的地址码进行译码，产生相应的地址选择信号，进而选中相应的存储单元或基本存储单元。根据地址译码器的不同结构，存储器也可分为单译码编址存储器及双译码编址存储器。单译码编址时选中的是存储单元，双译码编址时，选中的是基本存储单元。

三态数据输出缓冲器是一个双向的缓冲器，用于锁存从存储单元中读出的每位信息，或用于存放需要写入存储单元的信息，因此是一个双向的缓冲器；三态数据输出缓冲器主要是为了方便与系统总线连接，其位数由存储阵列中存储单元的位数决定。例如：8K×4 存储器的三态双向缓冲器应当有 4 位。三态双向缓冲器受控制电路和输出允许信号控制。

控制电路主要是通过接受外部（中央处理器）送来的控制信号，经过组合变换后对地址寄存器、存储阵列和三态数据输出缓冲器等进行控制。

2. 只读存储器（ROM）的工作原理
ROM 根据器件的组成可分为二极管 ROM、MOS 管 ROM 和双极型三极管 ROM 三种类型。下面以二极管、MOS 场效应管构成的 ROM 为例来讲述其工作原理。

（1）二极管构成的 ROM 电路。

图 7-19 所示为由 4×4 位二极管构成的 ROM 电路。

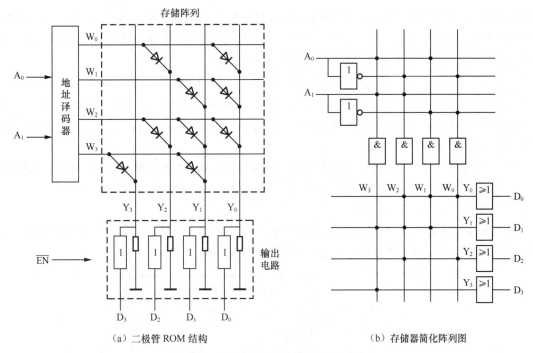

（a）二极管 ROM 结构　　　　　　　（b）存储器简化阵列图

图 7-19　4×4 位二极管构成的 ROM 电路

　　它由 2 线-4 线地址译码器、4×4 的二极管存储阵列和输出电路组成。地址译码器采用单译码方式，其输出为 4 条字选择线 $W_0 \sim W_3$，当输入一组地址，相应的一条字线输出高电平。存储阵列（也称为存储矩阵）由二极管或门组成，有 16 个存储单元，$Y_0 \sim Y_3$ 称为位线，输出数据端为 $D_0 \sim D_3$，每组 4 位二进制代码称作一个字。每个十字交叉点代表一个存储单元，交叉处有二极管的单元，表示存储数据为 "1"，无二极管的单元表示存储数据为 "0"，输出电路由 4 个驱动器组成，四条位线经驱动器由 $D_0 \sim D_3$ 输出。

　　输出控制端 $\overline{EN}$ =0 时，4 条位线上的数据便能够通过三态门从 $D_0 \sim D_3$ 上输出。例如，当地址码 A_1A_0=00 时，经过地址译码，使得字线 W_0=1，而 $W_1=W_2=W_3$=0，W_0 字线上的高电平通过接有二极管的位线 Y_0、Y_2 使得 D_0=1，D_2=1，而位线 Y_1、Y_3 由于和 W_0 的交叉处无二极管，因此 $D_1=D_3$=0，最终输出的数据为 0101。根据图的二极管阵列，不难分析出全部地址所对应的存储单元内容的真值表，如表 7-3 所示。

表 7-3　二极管存储阵列的真值表

地址		选中的字线状态	数据			
A_1	A_0	W_i	D_3	D_2	D_1	D_0
0	0	W_0	0	1	0	1
0	1	W_1	0	0	1	1
1	0	W_2	0	1	1	1
1	1	W_3	1	0	1	0

　　从上述分析中可以看出，这个存储阵列实际上是由 16 个存储单元构成的，图中每个十字交叉点就代表一个存储单元，交叉处有二极管的单元表示存储数据 1，否则存储数据 0；从图中还可看到，与位线 Y_0 的交叉点处二极管的字线有三根，即 W_0、W_1、W_2，而这三根字线都可能通过交叉点处的二极管使得 D_0=1，因此位线上各点之间的关系是一种逻辑 "或" 的关系，故该存储阵列实际上是一

个编码电路，即一个组合电路，又可以将其看作是图 7-19（b）所示的简化阵列图。图中有二极管的交叉点画有实心圆点，无二极管的交叉点不画。存储阵列中位线上各圆点之间的关系为逻辑或，如 $Y_0 = W_0 + W_1 + W_2$，因此位线 Y_0 上画了这三个位线的或门。

地址译码器由 4 个二极管与门组成的，其输出字线 W_i 与输入的关系是逻辑与的关系：$W_0 = \overline{A_1 A_0}, W_1 = \overline{A_1} A_0, W_2 = A_1 \overline{A_0}, W_3 = A_1 A_0$，因此地址译码器也可用阵列形式画出，其输出线上为"与"门。有时为画图方便，与门和或门的逻辑符号可以省略。故从阵列图中可以看出，ROM 实际上就是一个"与-或阵列"。

由于 ROM 是一个与-或阵列，因此可以将存储器的地址线作为输入变量，将存储器的数据线作为输出变量，实现多输入、多输出的组合逻辑功能，即可以用存储器来实现组合逻辑函数。

（2）MOS 管构成的 ROM 电路。

图 7-20 所示为由 4×4 位 MOS 管构成的 ROM 电路。字线与位线的交叉点接有 MOS 管的单元，表示存储数据为"1"，无 MOS 管的单元表示存储数据为"0"。

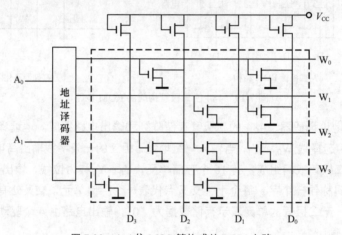

图 7-20　4×4 位 MOS 管构成的 ROM 电路

地址输入后经地址译码器译码，对应字线 $W_0 \sim W_3$ 中某一根为高电平，使这根字线上的 MOS 管导通，使得与 MOS 管漏极相连的位线为低电平，经输出缓冲后输出数据。

图 7-20 中存储器所存的数据与图 7-19 中存储器所存的数据相同。

7.3.2　只读存储器（ROM）的分类

只读存储器（ROM）根据数据是否能重新写入，分为不可重写只读存储器和可重写只读存储器两大类。

1. 不可重写只读存储器

不可重写只读存储器包括掩模只读存储器（MROM）和可编程只读存储器（PROM）。

（1）掩模只读存储器（MROM）。

掩模只读存储器，又称固定 ROM。在厂家制造存储器时，采用掩模（Mask）操作或称掩模编程把信息写入存储器中，使用时用户无法更改，适宜大批量生产。MROM 根据器件的组成可分为二极管 ROM、双极型三极管 ROM 和 MOS 管 ROM 三种类型。

（2）可编程只读存储器（PROM）。

可编程只读存储器（Programmable ROM，PROM）是用户根据需要借助于专门的设备建立的只读存储器，可由用户一次性写入信息，写入后就不能再修改。对 PROM 的编程在编辑器上完成。

可编程只读存储器在出厂前，存储单元的内容全部为 1，用户根据需要进行一次性的编程改写，将某些单元的内容改为 "0"。PROM 的一种存储单元如图 7-21 所示。

它由三极管和串联在发射极的低熔点的快速熔丝组成，所有字线和位线的交叉点都接有一个这样的熔丝开关电路，三极管的 be 结相当于接在字线和位线之间的二极管。存储矩阵中的所有存储单元都具有这种结构。出厂时所有存储单元的熔丝都是连通的，相当于所有的存储内容全为 "1"，在写

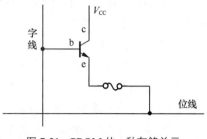

图 7-21　PROM 的一种存储单元

入数据时使熔丝通过足够大的电流，把熔丝烧断，该单元的存储内容就变为 "0"。熔丝一旦烧断将不可恢复，也就是一旦写成 "0" 后就无法再重写成 "1"，因此这种可编程存储器只能进行一次编程。

2. 可重写只读存储器

可重写只读存储器由用户写入数据（程序），后续的使用过程中也可以操作修改，使用起来比较自由、方便。可重写 ROM 分为紫外线擦除（光擦）EPROM、电擦除 EEPROM 和闪速存储器 Flash ROM 等类型。

（1）光擦可编程只读存储器（EPROM）。

光擦可编程只读存储器（EPROM）的特点是内容可以用光照的方式擦除和重写。EPROM 一般是将芯片用紫外线照射 15～20min，以擦除其中的内容，然后用专用的 EPROM 写入器将信息重新写入，一旦写入则相对固定。

紫外线擦除 EPROM 的基本存储电路由一个浮置栅雪崩注入 MOS（FAMOS）管和一个普通 MOS 管串联组成，如图 7-22 所示。

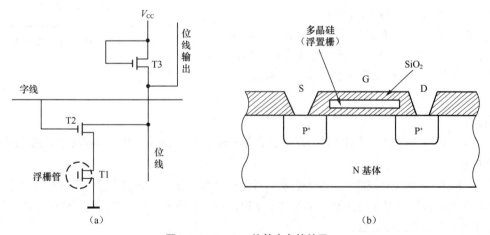

图 7-22　EPROM 的基本存储单元

图 7-22（a）所示的 FAMOS 管（T1）作为存储器件用，MOS 管（T2）作为地址选择用，它的栅极受字线控制，漏极接位线并经负载管（T3）到电源 V_{CC}。

FAMOS 管的多晶硅栅浮置在绝缘的 SiO_2 层中，与四周无电接触，因此称为浮置栅，如图 7-22（b）所示。FAMOS 管存储器件是以浮置栅是否积存电荷来区分信息 0 与信息 1 的。对 P 沟道 FAMOS 管，在制造之后浮置栅没有电荷，则管子无导电沟道，D 和 S 之间是不导通的，所以字线被选中为高电平时，位线也输出高电平。如采用这样的基本存储电路组成存储矩阵，可以认为它存储的信息全都为 1，编程时根据需要可将选中的某些基本电路的 D 和 S 之间加一个 25V 高压（正常为 5V），

另外加上编程脉冲（其宽度为 50 ms），它们的 D 和 S 之间就会瞬时击穿并有电子通过绝缘层注入浮置栅。当高压去掉后，注入浮置栅的电子因有绝缘层包围无处泄漏，浮置栅就为负，形成导电沟道，FAMOS 管导通。这时我们就认为这些基本存储单元被写入了 0。

一般在 EPROM 存储器芯片上方有一个石英玻璃窗口，当用紫外线照射这个窗口时，所有基本存储电路的浮置栅上的电荷会形成光电流泄漏掉，使电路恢复初始状态，从而把写入的信息擦除，这样就可以对其再编程。

（2）电可擦可编程只读存储器（EEPROM 或 E^2PROM）。

电可擦可编程的 ROM 也称为 EEPROM 或 E^2PROM。它的工作原理与 EPROM 类似，当浮置栅上没有电荷时，管子的漏极 S 和源极 D 之间不导电。若设法使浮动栅带上电荷，则管子就导通，在 E^2PROM 中，使浮动栅带上电荷和消去电荷的方法与 EPROM 是不同的。在 E^2PROM 中，漏极上面增加了一个隧道二极管，它在第二级栅级与漏极之间的电压 V_G 的作用下（在电场的作用下），可以使电荷通过它流向浮动栅（即起编程作用），若 V_G 的极性相反就会使电荷从浮动栅流向漏极（起擦除作用），而编程与擦除所用的电流是极小的，用普通的电源供给 V_G 即可。

E^2PROM 的结构示意图如图 7-23 所示。

通过上面讲述可知，数据是通过外加电源实现可编程的，所以称为电可擦可编程只读存储器。E^2PROM用电气方法将芯片中存储内容擦除，擦除速度较快，甚至在联机状态下也可以操作。E^2PROM 既可使用字擦除方式又可使用块擦除方式，使用字擦除方式可擦除一个存储单元，使用块擦除方式可擦除数据块中所有的存储单元。

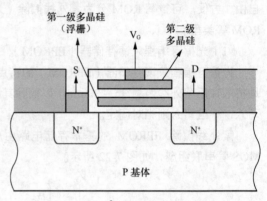

图 7-23 E^2PROM 的结构示意图

（3）闪速存储器（Flash ROM）。

闪速存储器（Flash ROM）是一种高密度、非易失性的读/写半导体存储器，属于块擦写型存储器，Flash ROM 也常用于数码相机和 U 盘中，特别适合于便携式设备。

7.3.3 只读存储器（ROM）的应用

存储器可以用来存放二进制信息，也可以实现函数运算、代码的转换、各种波形的信号发生器、时序控制等功能。

因为 PROM 的地址译码器是一个与阵列，存储矩阵是可编程或阵列，因此可以将存储器的地址线作为输入变量，将存储器的数据线作为输出变量，实现多输入、多输出的组合逻辑功能，即可以用存储器来实现组合逻辑函数。

具体实现方法是把 ROM 中的 n 位地址端作为逻辑函数的输入变量，则 ROM 的 n 位地址译码器的输出是由输入变量组成的 2^n 个最小项，即实现了逻辑变量的"与"运算；ROM 中的存储矩阵是把有关的最小项进行"或"运算后输出，实现了最小项的或运算，即形成了各个逻辑函数。

例 7-1：用 ROM 实现函数：

$$Y_1 = A\overline{B}C + BC$$
$$Y_2 = A\overline{C} + \overline{B}C$$
$$Y_3 = \overline{AB} + AB$$

解：（1）写出函数的最小项形式。

上述逻辑式中的函数是三变量函数，第一步根据函数化简变换，把上述函数换成最小项形式。得到：

$$Y_1 = A\overline{B}C + BC = A\overline{B}C + ABC + \overline{A}BC = \sum(3,5,7)$$

$$Y_2 = A\overline{C} + \overline{B}C = AB\overline{C} + A\overline{B}\overline{C} + A\overline{B}C + \overline{A}\overline{B}C = \sum(1,4,5,6)$$

$$Y_3 = \overline{AB} + AB = \overline{A}\overline{B}\overline{C} + \overline{A}\overline{B}C + AB\overline{C} + ABC = \sum(0,1,6,7)$$

（2）画出阵列图。

通过最小项表达式可知，函数 Y_1 有三个存储单元应为"1"，函数 Y_2 有四个存储单元应为"1"，函数 Y_3 也有四个存储单元应为"1"，实现上述逻辑函数可用如图 7-24 所示的阵列图。

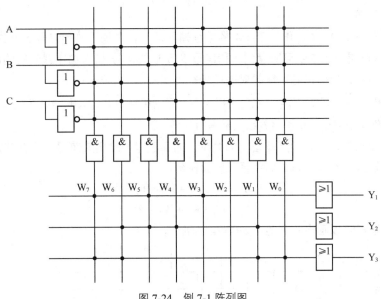

图 7-24　例 7-1 阵列图

图中与阵列中的垂直线代表与逻辑，交叉圆点代表与逻辑的输入变量；或阵列中的水平线代表或逻辑，交叉圆点代表字线输入。

例 7-2：用 ROM 实现一位全加器电路，并画出其相应的阵列图。

解题思路为：根据输出函数表达式，写成最小项之和的形式，这样便构成了一个标准的与-或表达式，从而根据 ROM 与-或阵列的特点，画出其阵列图。

解：（1）写出逻辑函数的表达式。

一位全加器包括本位的和信号 S_i 及进位信号 C_i。

全加器的功能表如表 7-4 所示。其中，A_i 和 B_i 是两个加数、C_{i-1} 是低位来的进位，S_i 是相加的和，C_i 是向高位的进位。

表 7-4　全加器的功能表

输入			输出	
A_i	B_i	C_{i-1}	S_i	C_i
0	0	0	0	0
0	0	1	1	0
0	1	0	1	0
0	1	1	0	1

输入			输出	
A_i	B_i	C_{i-1}	S_i	C_i
1	0	0	1	0
1	0	1	0	1
1	1	0	0	1
1	1	1	1	1

根据逻辑状态表写出逻辑表达式：

$$S_i = \overline{A_i}\,\overline{B_i}C_{i-1} + \overline{A_i}B_i\overline{C_{i-1}} + A_i\overline{B_i}\,\overline{C_{i-1}} + A_iB_iC_{i-1}$$

$$C_i = \overline{A_i}B_iC_{i-1} + A_i\overline{B_i}C_{i-1} + A_iB_i\overline{C_{i-1}} + A_iB_iC_{i-1}$$

（2）画出阵列图。

选择输入信号 A_i、B_i、C_{i-1} 作为 ROM 的地址输入信号，全加器的和信号 S_i 及进位信号 C_i 作为 ROM 的输出。从逻辑表达式中可以看到，和信号 S_i 及进位信号 C_i 可由字线对应的最小项相或得到的。由地址输入信号译码得出各字线的最小项分别为：

$$W_0 = \overline{A_i}\,\overline{B_i}\,\overline{C_{i-1}},\ W_1 = \overline{A_i}\,\overline{B_i}C_{i-1}, W_2 = \overline{A_i}B_i\overline{C_{i-1}}, W_3 = \overline{A_i}B_iC_{i-1}, W_4 = A_i\overline{B_i}\,\overline{C_{i-1}},$$

$$W_5 = A_i\overline{B_i}C_{i-1}, W_6 = A_iB_i\overline{C_{i-1}}, W_7 = A_iB_iC_{i-1}$$

地址译码器输出与输入之间是逻辑与的关系，而译码器的输出又可看作是存储矩阵的输入，存储矩阵的输出与输入之间是逻辑或的关系，因此得到：

$$S_i = W_1 + W_2 + W_4 + W_7$$

$$C_i = W_3 + W_5 + W_6 + W_7$$

根据上述表达式可以画出阵列图，如图 7-25 所示。

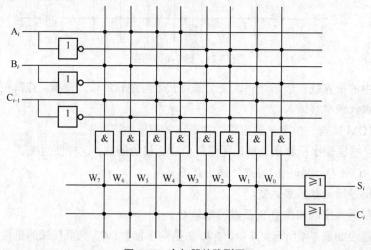

图 7-25　全加器的阵列图

7.3.4　集成 ROM 电路

集成 ROM 电路有多种类型，常用的 EPROM 芯片有 2708（1K×8）、2716（2K×8）、2732（4K×8）、2764（8K×8）、27128（16K×8）、27256（32K×8）等；常用的 E^2PROM 芯片有 2816、2817、2864、28C256、28F010 等。

1. 集成 EPROM 芯片

常用的 EPROM 芯片主要技术特性如表 7-5 所示。

表 7-5　常用的 EPROM 芯片主要技术特性

型号	2708	2716	2732	2764	27128	27256	27512
容量/KB	1	2	4	8	16	32	64
引脚数	24	24	24	28	28	28	28
读出时间/ns	350~450	350~450	200~450	200~450	250~450	250~450	250~450
需用电源/V	±5, ±12	±5	±5	±5	±5	±5	±5
制造工艺	NMOS	NMOS	NMOS	HMOS	HMOS	HMOS	HMOS

EPROM 集成电路的读出时间随型号不同略有不同，一般在 100~300ns 之间，CMOS 构成的 EPROM 的读出时间快、耗电少，例如 27C256 的读出时间仅为 120ns。下面介绍集成电路 EPROM 2716 芯片的结构和功能。

集成 EPROM 2716 芯片采用 NMOS 工艺制造，双列直插式 24 引脚封装。其内部结构如图 7-26 所示。

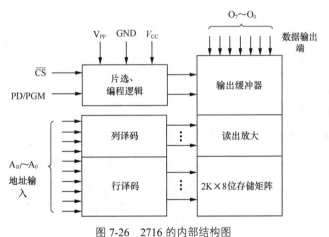

图 7-26　2716 的内部结构图

2716 存储器芯片的存储阵列由 $2K \times 8$ 个带有浮置栅的 MOS 管构成，共可保存 $2K \times 8$ 位二进制信息；行译码器可对 7 位行地址进行译码；列译码器可对 4 位列地址进行译码；输出允许、片选和编程逻辑单元实现片选及控制信息的读/写；数据输出缓冲器实现对输出数据的缓冲。

2716 芯片具有 24 个引脚，其外形、引脚分布和逻辑符号如图 7-27 所示。

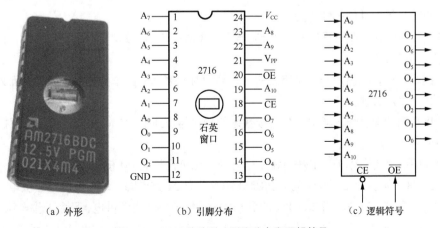

（a）外形　　　（b）引脚分布　　　（c）逻辑符号

图 7-27　2716 的外形、引脚分布和逻辑符号

各引脚的功能如下。

$A_0 \sim A_{10}$：地址信号输入引脚，可寻址芯片的 2K 个存储单元。

$O_0 \sim O_7$：双向数据信号输入/输出引脚。

$\overline{CE}$：片选使能端，低电平有效，只有当该引脚转入低电平，才能对芯片进行操作。

$\overline{OE}$：数据输出允许控制信号引脚，低电平有效。

V_{CC}：+5V 电源，主电源。

V_{PP}：+25V 电源，编程电源。

GND：地。

2716 芯片控制引脚及操作方式如表 7-6 所示。

表 7-6　2716 芯片控制引脚及操作方式

操作方式	控制输入				功能
	$\overline{CE}$	$\overline{OE}$	V_{PP}	V_{CC}	
读	0	0	5V	5V	数据输出
维持	1	×	5V	5V	高阻态
编程	1	1	25V	5V	数据输入
编程校验	0	0	25V	5V	数据输出
编程禁止	0	1	25V	5V	高阻态

2. 集成 E^2PROM 芯片

常用的集成 E^2PROM 芯片的主要技术特性如表 7-7 所示。

表 7-7　常用的集成 E^2ROM 芯片的主要技术特性

型号	2816	2816A	2817	2817A	2864A
容量/KB	2	2	2	2	8
引脚数	24	24	28	28	28
写入/擦写时间/ms	10	9~15	10	10	10
读出时间/ns	250	200~250	250	200~250	250
读电压/V	5	5	5	5	5
写/擦电压/V	21	5	21	5	5
制造工艺	NMOS	NMOS	NMOS	HMOS	HMOS

这些集成芯片具有共同的特点如下。

（1）能够在线修改。改写程序时，用 5V 电压（见表 7-7）在线就可以进行电修改，而且在断电情况下长期保存信息不变。

（2）在线改写时，在写入一个字节之前，自动地对所要写入的单元先进行擦除，而无须设置单独的擦抹操作，使用方便。

（3）读出数据的速度快。读取指令码或数据的操作与普通 EPROM 相同，但目前擦抹时间为 ns 级，写入时间为 ms 级。

E^2PROM 的以上特点弥补了 EPROM 不足之处，也可代替 RAM 使用。

集成电路 2816 芯片是 2K×8 位的 E^2PROM 芯片，有 24 条引脚，单一电源+5V 供电，其引脚配置如图 7-28（a）所示；2817A 为 2K×8 位的 E^2PROM，单一+5V 电源供电，最大工作电流为 150mA，维持电流为 55mA，电路中不需要专门配置写入电源，其引脚配置如图 7-28（b）所示；2864 为 8K×8

位的 E^2PROM，其引脚配置如图 7-28（c）所示。

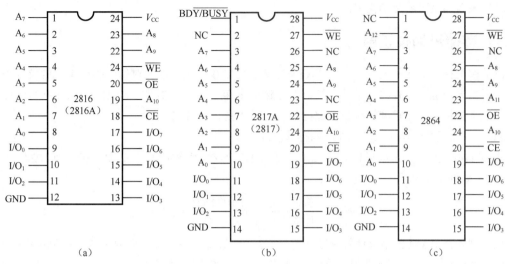

图 7-28　2816、2817A、2864E^2PROM 的引脚图

各引脚的功能如下（芯片的引脚功能基本相同）。

$A_0 \sim A_{12}$：地址信号输入引脚（芯片不同，地址线的个数不同），可寻址芯片的存储单元。

$I/O_0 \sim I/O_7$：双向数据信号输入/输出引脚。

$\overline{CE}$：为片选使能端，低电平有效。

$\overline{OE}$：数据输出允许控制信号引脚，低电平有效。

$\overline{WE}$：数据写入允许控制信号引脚，低电平有效。

$RDY/\overline{BUSY}$：忙/闲状态标志。

V_{CC}：+5V 电源。

GND：地。

E^2PROM 芯片控制引脚及操作方式如表 7-8 所示。

表 7-8　E^2PROM 芯片控制引脚及操作方式

操作方式	控制输入			功能
	$\overline{CE}$	$\overline{OE}$	$\overline{WE}$	
读出	0	0	1	数据输出
写入	0	1	0	数据输入
维持	1	×	×	高阻态
禁止写	×	0	×	高阻/数据输出
禁止写	×	×	1	高阻/数据输出

E^2PROM 2817A 芯片有"擦/写完毕"联络信号引出端 $RDY/\overline{BUSY}$。在擦/写期间，$RDY/\overline{BUSY}$ 为低电平，当字节擦写完毕时，$RDY/\overline{BUSY}$ 脚为高电平。

7.4　存储器的扩展

在数字系统或计算机的应用中，单个存储芯片往往不能满足存储容量的需求，需要将若干个存储器芯片组合起来，扩展容量，满足使用要求。RAM 的扩展有位扩展和字扩展两种,也可以将位、字同时扩展以满足对容量的需求。

7.4.1 存储器的位扩展

位扩展是指存储芯片的字（单元）数满足要求而位数不够，需要对每个存储单元的位数进行扩展。扩展的方法是将每片的地址线、控制线（读/写控制、片选）并联，数据线 I/O 端并行输出，就可以实现了位扩展。位扩展特点是存储器的单元数不变，位数增加。

例 7-3：试用 2114A 扩展成 16 位的存储器。

解：2114A 是一个 1024×4 位 SRAM （即有 1K 个字，每个字 4 位），要扩展成为 1024×16 位，需要 1024 A 的片数 N 为：

$$N = \frac{总存储量}{一片的存储量} = \frac{1024 \times 16}{1024 \times 4} = 4 片$$

只需把 4 片 RAM 的地址线并联在一起，$\overline{CS}$ 片选线并联在一起，同时 R/$\overline{W}$ 线并联在一起；每片 RAM 的 $I/O_1 \sim I/O_4$ 端并行输出到 1024×16 存储器的 I/O 端作为数据线 $I/O_1 \sim I/O_4$ 端，即实现了位扩展，其扩展连接图如图 7-29 所示。

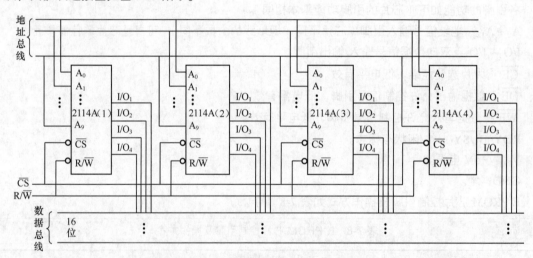

图 7-29　2114A 扩展成 16 位的存储器连线图

7.4.2 存储器的字扩展

字扩展是指存储芯片的位数满足要求而字数不够，需要进行字扩展。字扩展就是把几片相同的 RAM 的数据线并联接在一起作为共用输入/输出端，读/写控制线 $\overline{OE}$ 线也并联接在一起共用，片选端 $\overline{CE}$ 分别引出，以实现每个芯片占据不同的地址范围。扩展的位数为 n 时，可以将原来的字扩展成 $2^n = N$ 倍。

例 7-4：试用 2764（$8K \times 8$）扩展成 $32K \times 8$ 位的存储器。

解：2764 是一个 $8K \times 8$ 位的 EPROM 芯片，要扩展成为 $32K \times 8$ 位的存储器，需要 2764 的片数 N 为：

$$N = \frac{总存储量}{一片的存储量} = \frac{32 \times 1024 \times 8}{8 \times 1024 \times 8} = 4 片$$

将各芯片的 I/O 线、$\overline{OE}$ 线并联在一起，各片的地址线也都并联在一起。若字数扩展 N 倍，则

相应增加 n $(2^n=N)$ 位高位地址线，这些高位地址线通过外加译码器控制芯片的片选输入端 $\overline{CE}$ 来实现。增加的地址线与译码器的输入相连，译码器的低电平输出分别接到各片的片选输入端。

2764（8K×8）扩展成 32K×8 位的存储器扩展连接图如图 7-30 所示。

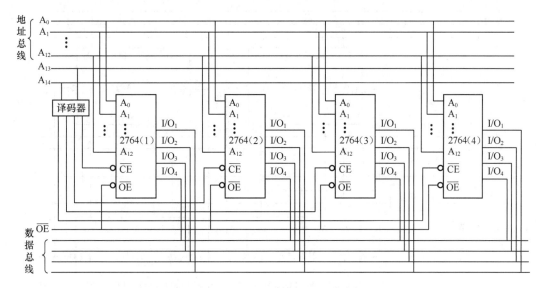

图 7-30　2764（8K×8）扩展成 32K×8 位的存储器扩展连线图

7.4.3　存储器的字/位同时扩展

字/位同时扩展是指存储芯片的位数和字数都不满足要求，需要对位数和字数同时进行扩展。扩展的方法是首先分组进行位扩展，即组成一个满足位数要求的存储芯片组，实现按字节编址；其次，对这个芯片组进行字扩展，以构成一个既满足位数又满足字数的存储器。

例 7-5：试用 2114（1K×4）SRAM 芯片扩展为 2K×8 的存储器。

解：若用一个容量为 mK×n 位的存储芯片构成容量为 MK×N 位（$M>m$，$N>n$，即需字位同时扩展）的存储器，则这个存储器所需要的存储芯片数为：$\dfrac{M}{m} \times \dfrac{N}{n} = 4$

2114 是一个 1K×4 位 SRAM，扩展为 2K×8 的存储器，需要 4 片 2114 构成。

由于芯片的字长为 4 位，因此首先需用采用位扩展的方法，用两片芯片组成 1K×8 的存储器。再采用字扩充的方法来扩充容量，使用两组经过上述位扩充的芯片组来完成。

2114（1K×4）扩展成 2K×8 位的存储器扩展连接图如图 7-31 所示。

每个芯片的 10 根地址信号引脚连接到系统地址总线的低 10 位，每组两个芯片的 4 位数据线分别接至系统数据总线的高四位。地址码的 A_{10}、A_{11} 经译码后输出，分别作为两组芯片的片选信号，每个芯片的 $\overline{WE}$ 控制端直接接到 CPU 的读/写控制端上，以实现对存储器的读/写控制。

当存储器工作时，根据高位地址 A_{10} 和 A_{11} 的不同，系统通过译码器分别选中不同的芯片组，图 7-31 中芯片分为两组，分别标注 2114（1）和 2114（2），同时低位地址码到达每一个芯片组，选中对应的存储单元。在读/写信号的作用下，选中芯片组的数据被读出，送上系统数据总线，产生一个字节的输出，或者将来自数据总线上的字节数据写入 1 芯片组。

对于字扩展和字位同时扩展的存储器与地址总线的连接分为低位地址线的连接和高位地址线的连接。低位地址线的连接和存储芯片的地址信号连接直接作为片内地址译码，而高位地址线的连接主要用来产生选片信号（称为片间地址译码），以决定每个存储芯片在整个存储单元中的地址范围，避免各芯片地址空间的重叠。

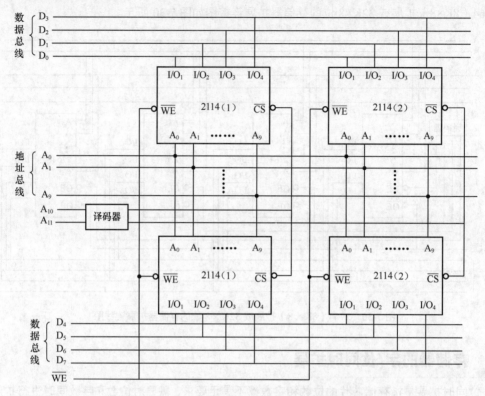

图 7-31　2114 芯片扩展为 2K×8 的存储器连线图

片间地址译码一般有线选法和译码法两种。

线选法就是直接将某一高位地址线与某个存储芯片片选端连接。这种方法的特点是简单明了，且不需要另外增加电路。但存储芯片的地址范围有重叠，且对存储空间的使用是断续的，不能充分有效地利用存储空间，扩充存储容量受限。

译码法就是使用译码电路将高位地址进行译码，以其译码输出作为存储芯片的片选信号。其特点是连接复杂，但能有效地利用存储空间。译码电路可以使用现有的译码器芯片。

常用的译码芯片有 74LS138（3-8 译码器）和 74LS139（双 2-4 译码器）等。